21世纪高等教育计算机规划教材

应用离散数学
（第2版）

Applied Discrete Mathematics

方景龙 周丽 编著

U0316365

人民邮电出版社
北 京

图书在版编目（ＣＩＰ）数据

应用离散数学 / 方景龙，周丽编著. -- 2版. -- 北京：人民邮电出版社，2014.9（2021.1重印）
21世纪高等教育计算机规划教材
ISBN 978-7-115-35027-5

Ⅰ. ①应… Ⅱ. ①方… ②周… Ⅲ. ①离散数学－高等学校－教材 Ⅳ. ①O158

中国版本图书馆CIP数据核字(2014)第143668号

内 容 提 要

本书从应用的角度介绍离散数学。

全书共分 6 章，分别是命题逻辑、谓词逻辑、集合与关系、代数结构、图和有向图。全书体系严谨，叙述深入浅出，并配有大量与计算机科学相关的有实际背景的例题和习题。在每章最后增加了上机作业，可增强学生对课堂教学内容的理解和掌握，提高学生的学习兴趣和动手能力。这对于学生学习、理解和应用离散数学理论有很大的帮助。

本书可作为普通高等学校计算机科学与技术或相关专业的本科生教材。

◆ 编　著　方景龙　周　丽
责任编辑　邹文波
责任印制　彭志环　杨林杰
◆ 人民邮电出版社出版发行　北京市丰台区成寿寺路 11 号
邮编　100164　电子邮件　315@ptpress.com.cn
网址　http://www.ptpress.com.cn
固安县铭成印刷有限公司印刷
◆ 开本：787×1092　1/16
印张：13.75　　　　　　　　　2014 年 9 月第 2 版
字数：328 千字　　　　　2021 年 1 月河北第 14 次印刷

定价：34.00 元

读者服务热线：(010)81055256　印装质量热线：(010)81055316
反盗版热线：(010)81055315

第 2 版前言

计算机的发明揭开了 20 世纪科技史上最辉煌的一页，特别是进入信息化社会的今天，计算机与人的生活已融为一体，密不可分。伴随着计算机科学技术的迅猛发展，作为计算机科学理论基础的离散数学正变得越来越重要。离散数学属于现代数学的范畴，是研究离散量的结构及相互关系的学科。它在可计算性与计算复杂性理论、算法与数据结构、程序设计语言、数值与符号计算、软件工程、数据库与信息系统、人工智能与机器人、网络系统、图形图像处理等各个领域，都有着广泛的应用。作为计算机科学与技术及其相关专业的一门重要的专业基础课，离散数学不仅能为学生的专业课学习及将来所从事的软、硬件开发和应用研究打下坚实的基础，而且能培养他们抽象思维和逻辑推理的能力。

本书第 1 版于 2005 年出版，第 2 版是在前版的基础上，广泛听取了读者和同行的建议，并根据作者的授课经验而修订的，主要是对篇幅进行了一定压缩，删除了一些既难懂又太理论的内容，适当增加了一些应用性强的内容，并订正了有关错误。

第 2 版共分 6 章，分别是：命题逻辑、谓词逻辑、集合与关系、代数结构、图和有向图。

第 1 章 "命题逻辑" 删除了第 1 版 "字位运算与布尔检索"、"逻辑连接词完备集" 的内容，把第 1 版中第 5 章的 "逻辑门电路" 放在了本章，并对部分内容进行了重新组织。

第 2 章 "谓词逻辑" 删除了第 1 版 "前束范式" 的内容，并对部分内容进行了重新组织。

第 3 章 "集合与关系" 删除了第 1 版 "几个重要的函数" 的内容，大幅压缩了 "集合的等势与基数"，并把第 1 版中第 5 章的 "偏序关系与偏序集" 放在了本章。

第 4 章 "代数结构" 对有关内容进行了重新编排，将第 1 版中第 5 章的 "格"、"布尔代数" 整合压缩成 1 节放在了本章。

第 5 章 "图" 删除了一部分理论性较强且叙述比较啰嗦的内容，增加了 "广义优先搜索" 和 "深度优先搜索" 的内容，并对部分内容和术语进行了重新组织和修订。

第 6 章 "有向图" 对个别术语进行了修订。

本书可作为普通高等学校计算机科学与技术或相关专业的本科生教材。根据我们的经验，使用本书可在 96 学时内完成全部教学任务。如果采用更少课时，则可适当略过有关章节的部分内容。

第 2 版由方景龙在第 1 版的基础上修订，周丽对全书进行了仔细阅读和校对。在编写过程中，参阅了大量的离散数学书籍和资料，在此向有关作者表示衷心的感谢。本书在写作过程中得到了浙江大学潘志庚教授、浙江工业大学梁荣华教授的热情鼓励和支持，同时得到了杭州电子科技大学万健教授、陈勤教授、吴铤教授、余日泰副教授等的许多帮助，他们提出了许多宝贵的意见和建议，在此，我们表示深深的谢意。

本书内容在杭州电子科技大学讲授多年，但是限于作者的水平，错误和疏漏在所难免。希望使用本书的读者不吝指正。作者联系 E-mail：fil@hdu.edu.cn。

方景龙

2014 年 5 月

目　　录

第1章 命 题 逻 辑

  逻辑是探索、阐述和确立有效推理原则的学科，最早由古希腊学者亚里士多德（Aristotle）创建。数理逻辑是用数学的方法来研究逻辑问题。数理逻辑也叫符号逻辑，它已在逻辑电路、自动控制、程序设计、人工智能以及计算机科学的其他领域有着广泛的应用。

  利用计算的方法来代替人们思维中的逻辑推理过程，这种想法早在 17 世纪就有人提出过。莱布尼茨（G.W.Leibniz）就曾经设想过能不能创造一种"通用的科学语言"，可以把推理过程像数学一样利用公式来进行计算，从而得出正确的结论。限于当时的条件，他的想法并没有实现，但是他的思想却是现代数理逻辑部分内容的萌芽。从这个意义上讲，莱布尼茨可以说是数理逻辑的先驱。

  1847 年，英国数学家布尔（G.Boole）发表了《逻辑的数学分析》，建立了"布尔代数"，并创造了一套符号系统，利用符号来表示逻辑中的各种概念。布尔还建立了一系列的运算法则，利用代数的方法研究逻辑问题，初步奠定了数理逻辑的基础。19 世纪末 20 世纪初，数理逻辑有了比较大的发展，德国数学家弗雷格（G.Frege）和美国数学家皮尔斯（C.S.Peirce）都在其著作中引入了逻辑符号，从而逐步形成了现代数理逻辑的理论基础，使数理逻辑成为一门独立的学科。

  数理逻辑这门学科建立以后，发展比较迅速，促进它发展的因素也是多方面的。比如，非欧几何的建立，促进人们去研究非欧几何和欧氏几何的无矛盾性，从而促进了数理逻辑的发展。

  集合论的产生是近代数学发展的重大事件，但是在集合论的研究过程中，出现了一次危机（常被称作数学史上的第三次大危机）。这次危机是由于发现了集合论的悖论引起的。什么是悖论呢？悖论就是逻辑矛盾。

  集合论本来是论证很严格的一个分支，被公认为是数学的基础。1903 年，英国唯心主义哲学家、逻辑学家、数学家罗素（B.A.W. Russell）对集合论提出了以他名字命名的"罗素悖论"，这个悖论的提出几乎动摇了整个数学基础。

  罗素悖论中有许多例子，其中一个很通俗也很有名的例子就是"理发师悖论"：某乡村有一位理发师，有一天他宣布，给且仅给不自己刮胡子的人刮胡子。这样就产生了一个问题：理发师究竟给不给自己刮胡子？如果他给自己刮胡子，他就是自己刮胡子的人，按照他的原则，他又不该给自己刮胡子；如果他不给自己刮胡子，那么他就是不自己刮胡子的人，按照他的原则，他又应该给自己刮胡子。这就产生了矛盾。

  悖论的提出，促使许多数学家去研究集合论的无矛盾性问题，从而产生了数理逻辑的一个重要分支——公理集合论。

  非欧几何的产生和罗素悖论的发现，说明数学本身还存在许多问题。为了研究数学系统的无矛盾性问题，需要以数学理论体系的概念、命题、证明等作为研究对象，研究数学系统的逻辑结构和证明的规律，这样又产生了数理逻辑的另一个分支——证明论。

数理逻辑新近还发展了许多新的分支，如递归论、模型论等。递归论主要研究可计算性理论，它与计算机的发展和应用有密切的关系。模型论主要研究形式系统和数学模型之间的关系。

数理逻辑近年来发展特别迅速，主要原因是这门学科对于数学其他分支，如集合论、数论、代数、拓扑学等的发展有重大的影响，特别是对新近形成的计算机科学的发展起了推动作用。反过来，其他学科的发展也推动了数理逻辑的发展。

正因为它是一门新近兴起而又发展很快的学科，所以它本身也存在许多问题有待于深入研究。现在许多数学家正针对数理逻辑本身的问题进行研究。

总之，这门学科的重要性已经十分明显，它已经引起了更多人的关心和重视。

本书介绍数理逻辑的两个最基本，也是最重要的部分：命题逻辑和谓词逻辑。本章首先介绍命题逻辑。

命题逻辑是研究命题如何通过一些逻辑连接词构成更复杂的命题以及逻辑推理的方法。命题是指具有具体意义且又能判断它是真还是假的句子。

如果我们把命题看做运算的对象，如同代数中的数字、字母或代数式，而把逻辑连接词看做运算符号，就像代数中的"加、减、乘、除"那样，那么，由简单命题组成复合命题的过程就可以当作逻辑运算的过程，也就是命题的演算。

逻辑运算同代数运算一样具有一定的性质，满足一定的运算规律。例如，满足交换律、结合律、分配律，同时还满足逻辑上的双重否定律、吸收律、零律、单位律、德·摩根律等。利用这些定律，我们可以进行逻辑推理，可以简化复合命题，可以推证两个命题是否等价等。这些推理和证明在计算机程序设计、程序正确性证明和程序设计语言以及人工智能等诸多方面都有应用。

本章主要介绍命题、逻辑连接词、命题公式、命题公式的范式、命题公式的等价演算、命题公式的推理演算等命题逻辑中的有关内容。

1.1 命题和逻辑连接词

1.1.1 命题

我们从逻辑的基本成分——命题开始介绍。所谓**命题**，是指能区分真假的陈述句，这与中学数学中的命题定义是一样的。

命题可分为真命题和假命题。如果命题所表述的内容与客观实际相符，则称该命题是**真命题**；否则称之为假命题。命题的这种真假属性称为命题的**真值**。当一个命题是真命题时，我们称它的真值为"真"，用 T 表示；当一个命题是假命题时，我们称它的真值为"假"，用 F 表示。

例 1.1 判断下面的语句是否是命题。

（1）6 是质数。　　　　　　　　　　（2）5 是有理数。

（3）2105 年元旦是晴天。　　　　　（4）地球外存在智慧生物。

（5）现在是白天。　　　　　　　　　（6）王平是大学生。

（7）12 > 8。 （8）$x > y$。

（9）请不要吸烟！ （10）我正在说假话。

解 本例中，语句（1）、（2）、（3）、（4）、（5）、（6）、（7）是命题，语句（8）、（9）、（10）不是命题。

语句（1）是一个假命题，语句（2）是一个真命题。语句（3）和（4）也都是命题，虽然限于现在的认知，我们还不能确定语句（3）和（4）的真值，但它们的真值客观存在而且唯一。

命题的真假可能与该命题的范围、时间和空间有关。例如，语句（5），如果对生活在北京的人来说是真命题，则对居住在纽约的人来说便是假命题了。尽管如此，这里语句（5）的范围、时间、空间应是有所指的，是特定的，所以，它的真值也是客观存在而且唯一的，所以它也是命题。同样，对于语句（6），这里的人"王平"应是特指某个人，所以它们的真值也客观存在而且唯一，所以它们都是命题。

语句（8）不是命题，是因为根据变量 x 和 y 的不同取值情况它可真可假，即无唯一的真值，所以不是命题。而语句（9）不是命题，是因为该语句不是陈述句。

对于语句（10），若（10）的真值为"真"，即"我正在说假话"为真，则（10）这句话也应是假话，所以（10）的真值应为假，矛盾。反之，若（10）的真值为"假"，即"我正在说假话"为假，也就是"我正在说真话"，则（10）这句话也应是真话，所以（10）的真值应为"真"，也矛盾。于是（10）的真值无法确定，从而不是命题。

像例 1.1 中语句（10）这样由真推出假，又由假推出真的陈述句称为**悖论**。悖论的例子很多，例如"本命题是假的"这句话也是一个悖论，读者不妨试着分析一下。

命题还可以分为简单命题和复合命题。**简单命题**也称为**原子命题**，是一个不能再分解为更简单的陈述句的命题，如例 1.1 的命题（1）、（2）、（3）、（4）、（5）、（6）、（7）。简单命题可以用小写英文字母 p, q, r, $\cdots$, p_1, p_2, p_3, $\cdots$等表示，例如，用 p 表示命题"6 是质数"，用 q 表示命题"5 是有理数"等。但是在各种论述和推理中，所出现的命题多数不是简单命题，而是由原子命题和自然语言中的连接词构成的**复合命题**，如下面的例 1.2。

例 1.2 将下列复合命题写成原子命题与连接词的复合。

（1）6 是偶数是不对的。 （2）6 是偶数且是 3 的倍数。

（3）6 是偶数或是 3 的倍数。 （4）如果 6 是偶数，那么 3 是奇数。

（5）6 是偶数当且仅当 3 是奇数。

解 本例中 5 条语句都是复合命题，它们都是由原子命题通过自然语言中的连接词复合而成的。如果我们将涉及的原子命题符号化如下。

$$p：6 是偶数；\quad q：6 是 3 的倍数；\quad r：3 是奇数。$$

则 5 个复合命题可以表示为：

$$非 p；\quad p 且 q；\quad p 或 q；\quad 如果 p，那么 r；\quad p 当且仅当 r。$$

例 1.2 中出现的"非"、"且"、"或"、"如果……，那么……"、"当且仅当"等是自然语言中常用的连接词，但自然语言中出现的连接词可能具有二义性。为了排除二义性，在数理逻辑中必须给出连接词的严格定义，并且用特定的符号表示。

1.1.2 逻辑连接词与命题符号化

本小节我们首先给出常用的 5 种逻辑连接词：否定词、合取词、析取词、蕴涵词和等值词。类似于实数的加、减、乘、除等运算，这 5 种逻辑连接词也可称为命题的 5 种运算。

一个复合命题，不论其构成多么复杂，一般都可以分析出构成该命题的原子命题，将这些原子命题以及它们之间的逻辑联系用恰当的小写英文字母符号、逻辑连接词符号和括号表示出来，形成符号串，这个过程称为**命题符号化**。一个命题可以有多个不同的符号化结果，但它们是等价的。

定义 1.1 设 p 是一个命题，用 $\neg p$ 表示这样一个复合命题：当 p 为真时它为假，当 p 为假是它为真，如表 1.1 所示。$\neg$ 称为**否定词**，$\neg p$ 称为 p 的否定式，读作"非 p"。

定义 1.2 设 p 和 q 是命题，用 $p \wedge q$ 表示这样一个复合命题：当 p 和 q 均为真时它为真，否则它为假，如表 1.2 所示。$\wedge$ 称为**合取词**，$p \wedge q$ 称为 p 和 q 的合取式，读作"p 与 q"。

除"p 与 q"外，自然语言中的"既 p，又 q"，"不但 p，而且 q"，"虽然 p，但是 q"，"一面 p，一面 q"等复合命题都可以用逻辑连接词"$p \wedge q$"表示。

定义 1.3 设 p 和 q 是命题，用 $p \vee q$ 表示这样一个复合命题：当 p 和 q 均为假时它为假，否则它为真，如表 1.3 所示。$\vee$ 称为**析取词**，$p \vee q$ 称为 p 和 q 的析取式，读作"p 或 q"。

表1.1	$\neg p$的真值
p	$\neg p$
F	T
T	F

表1.2		$p \wedge q$的真值
p	q	$p \wedge q$
F	F	F
F	T	F
T	F	F
T	T	T

表1.3		$p \vee q$的真值
p	q	$p \vee q$
F	F	F
F	T	T
T	F	T
T	T	T

否定词 $\neg$、析取词 $\vee$、合取词 $\wedge$ 又常被称为**逻辑非（逻辑否）**、**逻辑加（逻辑或）**和**逻辑乘（逻辑与）**，是 3 个最基本的逻辑运算。

定义 1.4 设 p 和 q 是命题，用 $p \rightarrow q$ 表示这样一个复合命题：当 p 为真而 q 为假时它为假，否则它为真，如表 1.4 所示。$\rightarrow$ 称为**蕴涵词**，$p \rightarrow q$ 称为 p 与 q 的蕴涵式，读作"若 p 则 q"，并称 p 为蕴涵式的前件，q 为蕴涵式的后件。

表1.4		$p \rightarrow q$的真值
p	q	$p \rightarrow q$
F	F	T
F	T	T
T	F	F
T	T	T

在使用蕴涵词时，要注意以下几点：

（1）$p \rightarrow q$ 的逻辑关系是，p 是 q 的充分条件，q 是 p 的必要条件。即当 $p \rightarrow q$ 为真时，若 p 取 T，则 q 一定取 T；若 p 取 F，则 p 一定取 F。

（2）从表 1.4 可以看出，只要前件 p 取 F，则不管后件 q 是取 T 还是取 F，蕴涵式 $p \rightarrow q$ 都取 T。这就像合同中的职责或义务，如果规定的条件不成立，也就无需承担职责或义务。例如，下面例 1.3 的语句（1）。

（3）在自然语言中，蕴涵语句通常要求前件 p 和后件 q 之间有着语意上的联系。在数理逻辑中，我们关心的只是原子命题和复合命题之间的真值关系，因此并不要求它们在语意上有必然联系，例如下面例 1.3 的语句（2）和（3）。其他逻辑连接词的使用也是如此，我们就不一一说明了。

（4）除"若 p 则 q"外，自然语言中的"只要 p 成立，就有 q 成立"，"因为 p 成立，所以 q 成立"，"只有 q 成立，才有 p 成立"，"p 成立仅当 q 成立"，"除非 q 成立，否则 p 不成立"等复合命题都可以符号化为"$p \rightarrow q$"。

例 1.3　将下列复合命题符号化。

（1）如果你的月工资收入超过 3500 元，那你必须交纳个人所得税。

（2）如果今天不是星期天，那么 $2+3=5$。

（3）只有你离散数学及格，你才能毕业。

解　在解题时，首先将涉及的原子命题符号化，然后再符号化该复合命题。

（1）设 p：你的月工资收入超过 3500 元；q：你必须交纳个人所得税。则命题（1）符号化为：
$$p \rightarrow q$$

（2）设 p：今天是星期天；q：$2+3=5$。则命题（2）符号化为：
$$\neg p \rightarrow q$$

（3）设 p：离散数学及格；q：你能够毕业。这句话的意思可以翻译成"如果你能够毕业，你的离散数学必定是及格了"，因此命题（3）符号化为：
$$q \rightarrow p$$

另外，"只要你能够毕业，那么你的离散数学就必定及格了"的符号化也是 $q \rightarrow p$；"除非你离散数学及格，否则你不能毕业"的符号化也是 $q \rightarrow p$。

例 1.4　中学数学中讨论的四种命题：原命题、逆命题、否命题和逆否命题，都是针对蕴含式这种复合命题的。将原命题用 $p \rightarrow q$ 表示，则 $q \rightarrow p$、$\neg p \rightarrow \neg q$ 和 $\neg q \rightarrow \neg p$ 就是相应的逆命题、否命题和逆否命题。例如，用 p 表示"今天是星期四"，q 表示"今天有英语考试"，则：

原命题 $p \rightarrow q$：如果今天是星期四，那么我今天有英语考试。

逆命题 $q \rightarrow p$：如果我今天有英语考试，那么今天是星期四。

否命题 $\neg p \rightarrow \neg q$：如果今天不是星期四，那么我今天没有英语考试。

逆否命题 $\neg q \rightarrow \neg p$：如果我今天没有英语考试，那么今天不是星期四。

例 1.5　大部分程序设计语言中都有 **if** p **then** S 这样的语句，其中 p 是命题，而 S 是一个程序段（待执行的一条或几条语句）。当程序在运行中遇到这样一条语句时，如果 p 为真就执行 S，如果 p 为假就不执行 S。因此程序设计语言中使用的 if-then（如果—那么）结构与蕴涵逻辑连接词是不同的。例如，若原来 $x=0$，则执行语句

$$\textbf{if}\ \ 2+2=4\ \ \textbf{then}\ \ x:=x+1$$

后 x 的值是 $0+1=1$。这是因为 $2+2=4$ 为真，所以赋值语句 $x:=x+1$ 被执行的缘故。

定义 1.5　设 p 和 q 是命题，用 $p \leftrightarrow q$ 表示这样一个复合命题：当 p 与 q 同时为真或同时为假时它为真，否则它为假，如表 1.5 所示。$\leftrightarrow$ 称为**等值词**，$p \leftrightarrow q$ 称为 p 与 q 的等值式，读作"p 当且仅当 q"。

表1.5	$p \leftrightarrow q$的真值	
p	q	$p \leftrightarrow q$
F	F	T
F	T	F
T	F	F
T	T	T

$p \leftrightarrow q$ 的逻辑关系是 p 和 q 互为充分必要条件，即当 $p \leftrightarrow q$ 为真时，p 取 T 时 q 必须取 T，而

q 取 T 时 p 也必须取 T，因此 $p \leftrightarrow q$ 与 $(p \rightarrow q) \wedge (q \rightarrow p)$ 等价。

要注意，"p 成立仅当 q 成立" 表示 "仅当 q 成立时 p 才可能成立，但 q 成立时 p 并不一定成立"，与 "p 成立当且仅当 q 成立" 意思不一样，前者的符号化结果是 "$p \rightarrow q$"，后者的符号化结果是 "$p \leftrightarrow q$"。

前面给出了几个命题符号化的例子，事实上，命题符号化在数理逻辑中有着重要的作用，后面讨论的本章大部分内容都是在命题符号化后展开的。因为一切人类语言都可能有二义性，所以只有把语句表达的命题都进行符号化才可以消除歧义（当然，做这种翻译需要在语句含义的基础上做些合理假设以消除歧义，否则命题符号化过程本身也会有歧义）。一旦完成了命题符号化，我们就可以分析它们以决定它们的真值，并且还可以对它们进行处理，用推理规则对它们做推理分析。

命题符号化时可能同时使用多种逻辑连接词，因此，命题符号化涉及逻辑运算的先后次序问题。对前面讲过的 5 种逻辑连接词，规定运算的先后次序为（按自左向右）：

$$\neg, \quad \wedge, \quad \vee, \quad \rightarrow, \quad \leftrightarrow$$

由于基于运算的先后次序来理解逻辑表达式往往费时费力，而且容易出错，因而也可采用添加括号的办法，按先括号内后括号外的规则进行命题运算。**我们推荐采用添加括号的方法来处理逻辑运算的先后次序。**

例 1.6 将下列复合命题符号化。

（1）除非你已满 16 周岁，否则只要你身高不足 4 英尺就不能乘公园滑行铁道。

（2）只有你主修计算机科学或不是新生，你才可以从校园网访问因特网。

（3）不管你或他努力与否，比赛定会取胜。

（4）选修过 "高等数学" 或 "微积分" 的学生可以选修本课。

（5）学过 "离散数学" 或 "数据结构"，但不是两者都学过的学生，必须再选学 "计算机算法" 这门课。

解 在解题时，首先将涉及的原子命题符号化，然后再符号化该复合命题。

（1）此句话的意思是 "如果你不满 16 周岁且身高不足 4 英尺，你就不能乘公园滑行铁道"，或者表达成 "如果你能乘公园滑行铁道，则你已满 16 周岁或身高达到 4 英尺"。因此设 p：你已满 16 周岁；q：你身高不足 4 英尺；r：你能乘公园滑行铁道，则命题（1）的符号化结果是：

$$(\neg p \wedge q) \rightarrow \neg r \quad \text{或} \quad r \rightarrow p \vee \neg q$$

此命题表达的是不能乘坐公园滑行铁道的一个充分条件，即能乘坐的一些必要条件，但没有给出能够乘坐的任何充分条件，所以不能符号化为 $p \vee \neg q \rightarrow r$。例如，一个人满了 16 周岁或身高达到 4 英尺但有心脏病，照样不能乘坐。

（2）此句话可以翻译成 "如果你不主修计算机又是新生，那么就不能从校园网访问因特网"，或则 "如果你能够从校园网访问，那你就主修了计算机或不是新生"，因此设 p：你主修计算机科学；q：你是新生；r：你可以从校园网访问因特网。类似于命题（1），命题（2）的符号化结果是：

$$(\neg p \wedge q) \rightarrow \neg r \quad \text{或} \quad r \rightarrow (p \vee \neg q)$$

注意，如果符号化为 $(p \vee \neg q) \rightarrow r$ 就不对了，因为你主修计算机科学并不一定非要你从校园网访问英特网；同样，你不是新生也并不一定非要从校园网访问因特网。

（3）设 p：你努力；q：他努力；r：比赛取胜，则命题（3）的符号化结果是：

$$(p \wedge q) \vee (\neg p \wedge q) \vee (p \wedge \neg q) \vee (\neg p \wedge \neg q) \to r$$

（4）此句话的意思是"如果你没有选修过'高等数学'或'微积分'这两门课中的任何一门，你就不能选修本课"，或者表达成"如果你选修本课，则你必须选修'高等数学'或'微积分'两门课中的至少一门"。因此，设 p：选修过"高等数学"；q：选修过"微积分"；r：选修本课，则命题（4）的符号化结果是：

$$(\neg p \wedge \neg q) \to \neg r \text{ 或 } r \to p \vee q$$

注意，如果符号化为 $(p \vee q) \to r$ 就不对了，原因与题（2）的分析一样。

（5）设 p：学过"离散数学"；q：学过"数据结构"；r：选学"计算机算法"，则命题（5）的符号化结果是：

$$(p \wedge \neg q) \vee (\neg p \wedge q) \to r$$

从例 1.6 可以看出，命题的符号化并不是唯一的。

习题 1.1

1. 下列哪些语句是命题？在是命题的语句中，哪些是真命题？哪些是假命题？哪些命题的真值现在还不知道？

（1）中国有四大发明。

（2）你喜欢计算机吗？

（3）地球上海洋的面积比陆地的面积大。

（4）请回答这个问题！

（5）$2+3=6$。

（6）$x+7<10$。

（7）圆的面积等于半径的平方乘以圆周率。

（8）只有 6 是偶数，3 才能是 2 的倍数。

（9）若 $x=y$，则 $x+z=y+z$。

（10）外星人是不存在的。

（11）2020 年元旦下大雪。

（12）如果 $1+1=3$，则血就不是红的。

2. 令原子命题 p：气温在零度以下，q：正在下雪。用 p、q 和逻辑连接词符号化下列复合命题。

（1）气温在零度以下且正在下雪。

（2）气温在零度以下，但不在下雪。

（3）气温不在零度以下，也不在下雪。

（4）也许在下雪，也许气温在零度以下，也许既下雪气温又在零度以下。

（5）若气温在零度以下，那一定在下雪。

（6）也许气温在零度以下，也许在下雪，但如果气温在零度以上就不下雪。

（7）气温在零度以下是下雪的充分必要条件。

3. 令原子命题 p：你的车速超过每小时 120 公里，q：你接到一张超速罚款单。用 p、q 和逻辑连接词符号化下列复合命题。

（1）你的车速没有超过每小时 120 公里。

（2）你的车速超过了每小时 120 公里，但没接到超速罚款单。

（3）你的车速若超过了每小时 120 公里，将接到一张超速罚款单。

（4）你的车速不超过每小时 120 公里，就不会接到超速罚款单。

（5）你接到一张超速罚款单，但你的车速没超过每小时 120 公里。

（6）只要你接到一张超速罚款单，你的车速就肯定超过了每小时 120 公里。

4．判断下列各蕴涵式是真是假。

（1）若 $1+1=2$，则 $2+2=4$。　　　（2）若 $1+1=2$，则 $2+2=5$。

（3）若 $1+1=3$，则 $2+2=4$。　　　（4）若 $1+1=3$，则 $2+2=5$。

（5）若猪会飞，那么 $2+2=4$。　　　（6）若猪会飞，那么 $2+2=5$。

（7）若 $1+1=3$，猪就会飞。　　　　（8）若 $1+1=2$，猪就会飞。

5．给出下列各蕴涵形式命题的逆命题、否命题和逆否命题。

（1）如果今天下雪，我明天就去滑雪。

（2）只要有测验，我就来上课。

（3）只有当正整数没有 1 和它自己以外的因数时，它才是质数。

6．你会用什么样的布尔检索寻找关于新泽西州海滩的网页？如果你想找关于泽西岛（在英吉利海峡）海滩的网页呢？

7．你会用什么样的布尔检索寻找关于徒步旅行西弗吉尼亚的网页？如果你想找关于徒步旅行弗吉尼亚的网页，而不是西弗吉尼亚呢？

1.2　命题公式及其真值表

1.2.1　命题公式

就像数学中有变量的概念一样，数理逻辑中也有**命题变元**的概念，它是用来表示任意命题的标识符，用小写英文字母表示，而 1.1 节的真值 T（或 1）和 F（或 0）又通常称为**命题常元**。

将命题变元用逻辑连接词按一定的逻辑关系连接起来就得到命题公式，下面给出**命题公式**的严格定义，它采用的是一种归纳定义方式，本书后面还将出现多次这种定义方式。

定义 1.6　命题公式是按下列规则定义字符串的。

（1）命题常元 0 和 1 是命题公式。

（2）命题变元是命题公式。

（3）若 A 和 B 都是命题公式，则 $\neg A$，$\neg B$，$A \wedge B$，$A \vee B$，$A \rightarrow B$，$A \leftrightarrow B$ 是命题公式。

（4）只有有限次使用（1）、（2）和（3）所得到的符号串才是命题公式。

在定义 1.6 中引进了大写字母 A，B 等，用它们表示任意的命题公式。

例如，$\neg p \wedge q$，$(\neg p \rightarrow q) \vee 1$ 都是命题公式，而 $\wedge q$，$p \wedge \rightarrow q$ 不是命题公式。

在命题公式中，由于有命题变元的出现，因而真值是不确定的，所以命题公式本身不是命题。只有对命题公式中出现的每个命题变元都解释成具体的命题，才能将命题公式"翻译"成一个具体的复合命题，这实际上相当于通过对公式中的每一变元都确定一个真值来确定命题公式的真值。

1.2.2　真值表

定义 1.7　设 A 是以 p_1，p_2，p_3，…，p_n 为变元的命题公式，给 p_1，p_2，p_3，…，p_n 各指

定一个真值，称为对 A 的一个**解释**（赋值，真值指派）。若指定的一组值使 A 的真值为 1，则称这组值为 A 的**成真解释**（成真赋值，成真指派）；若使 A 的真值为 0，则称这组值为 A 的**成假解释**（成假赋值，成假指派）。

定义 1.8　将命题公式 A 在所有解释下的取值情况列成表，称做 A 的**真值表**，一个命题公式如果含有 n 个命题变元，则它有 2^n 种解释，从而，真值表有 2^n 行。

例 1.7　构造下列命题公式的真值表。

（1）$(\neg p \wedge q) \wedge p$　　　　　　　　　　（2）$(p \rightarrow q) \vee p$

（3）$(\neg p \rightarrow q) \rightarrow (q \rightarrow p)$　　　　　　（4）$(p \rightarrow q) \vee (q \rightarrow r)$

解　命题公式（1）、（2）、（3）、（4）的真值表分别如表 1.6、表 1.7、表 1.8、表 1.9 所示。

表1.6　$(\neg p \wedge q) \wedge p$的真值表

p	q	$\neg p \wedge q$	$(\neg p \wedge q) \wedge p$
0	0	0	0
0	1	1	0
1	0	0	0
1	1	0	0

表1.7　$(p \rightarrow q) \vee p$的真值表

p	q	$p \rightarrow q$	$(p \rightarrow q) \vee p$
0	0	1	1
0	1	1	1
1	0	0	1
1	1	1	1

表1.8　$(\neg p \rightarrow q) \rightarrow (q \rightarrow p)$的真值表

p	q	$\neg p \rightarrow q$	$q \rightarrow p$	$(\neg p \rightarrow q) \rightarrow (q \rightarrow p)$
0	0	0	1	1
0	1	1	0	0
1	0	1	1	1
1	1	1	1	1

表1.9　$(p \rightarrow q) \vee (q \rightarrow r)$的真值表

p	q	r	$p \rightarrow q$	$q \rightarrow r$	$(p \rightarrow q) \vee (q \rightarrow r)$
0	0	0	1	1	1
0	0	1	1	1	1
0	1	0	1	0	1
0	1	1	1	1	1
1	0	0	0	1	1
1	0	1	0	1	1
1	1	0	1	0	1
1	1	1	1	1	1

从上例可以看出，有的命题公式在任何解释下都取值 1，有的在任何解释下都取值 0，有的在一些解释下取值 1，在另一些解释下取值 0，这些就是我们下面要定义的永真式、永假式和可满足式。

定义 1.9　设 A 是一命题公式。

（1）若 A 在所有解释下取值均为真，则称 A 是**永真式**（有效式）。

（2）若 A 在所有解释下取值均为假，则称 A 是**永假式**（矛盾式）。

（3）若 A 不是永假式，则称 A 是**可满足式**。

显然，根据命题公式的真值表可以判断一个命题公式是永真式、永假式还是可满足式。例如，在例 1.7 中，根据真值表，可以知道公式 $(\neg p \wedge q) \wedge p$ 是永假式，公式 $(p \rightarrow q) \vee p$ 是永真式，公式 $(\neg p \rightarrow q) \rightarrow (q \rightarrow p)$ 是可满足式，公式 $(p \rightarrow q) \vee (q \rightarrow r)$ 也是永真式。

下面的定理，也可以用来判断一个命题公式是否是永真式或永假式。

定理 1.1（代替规则） 把一个永真式中的某个命题变元用一个命题公式处处代替，所得公式仍为永真式。把一个永假式中的某个命题变元用一个命题公式处处代替，所得公式仍为永假式。

证明 对任意解释，永真式都取值 1，即永真式的取值与其中的命题变元的取值无关，因此，用一公式处处代替永真式中某个命题变元后所得的公式仍是永真式。同样，对任意解释，永假式都取值 0，即永假式的取值与其中的命题变元的取值无关，因此，用一公式处处代替永假式中某个子公式后所得的公式仍是永假式。

例如，从例 1.7 中我们已经知道 $(p \rightarrow q) \vee p$ 是永真式，所以根据定理 1.1，命题公式 $((p \vee q) \rightarrow q) \vee (p \vee q)$，$(\neg(p \wedge r) \rightarrow (p \vee r)) \vee \neg(p \wedge r)$ 都是永真式。

下面我们给出一个应用实例，它是一道智力游戏题。

例 1.8 有一个逻辑学家误入某部落，被拘于牢狱，酋长意欲放行，他对逻辑学家说："今有两门，一为自由，一为死亡，你可任意开启一门。为协助你逃脱，今派两名战士负责解答你提的任何问题。惟可虑者，此两战士中一名天性诚实，一名说谎成性，今后生死由你自己选择。"逻辑学家沉思片刻，即向一战士发问，然后开门从容离去。请问该逻辑学家是怎样发问的？

解 逻辑学家手指一门问身旁的战士说："这扇门是死亡门，他（指另一名战士）将回答'是'，对吗？"当被问战士回答"对"，则逻辑学家开启所指的门从容离去；当被问战士回答"否"，则逻辑学家开启另一扇门从容离去。

我们来分析一下上面的结果是否正确，分几种情况进行讨论如下。

（1）如果被问者是诚实战士，他回答"对"。则另一名战士是说谎战士，且他回答"是"，所以这扇门不是死亡门。

（2）如果被问者是诚实战士，他回答"否"。则另一名战士是说谎战士，且他回答"不是"，所以这扇门是死亡门。

（3）如果被问者是说谎战士，他回答"对"。则另一名战士是诚实战士，且他回答"不是"，所以这扇门不是死亡门。

（4）如果被问者是说谎战士，他回答"否"。则另一名战士是诚实战士，且他回答"是"，所以这扇门是死亡门。

从上面的分析可以看出，当被问战士回答"对"时，所指的门不是死亡门；当被问战士回答"否"时，所指的门是死亡门。现在假设 p 表示被问战士是诚实人，q 表示被问战士回答"对"，r 表示另一名战士回答"是"，s 表示这扇门（所指的门）是死亡门，则根据以上分析有如表 1.10 所示的真值表。

这里，r 和 s 都不是独立的命题变元，可以看成命题 p，q 的逻辑表达式，即

$$r = (\neg p \wedge \neg q) \vee (p \wedge q)$$

$$s = (\neg p \wedge \neg q) \vee (p \wedge \neg q)$$

这就是逻辑学家判断的依据。

表1.10 逻辑学家的判断依据

p	q	r	s
0	0	1	1
0	1	0	0
1	0	0	1
1	1	1	0

习题 1.2

1. 设简单命题 p：$2+3=5$，q：大熊猫产在中国，r：复旦大学在广州。求下列复合命题的真值。

(1) $(p \leftrightarrow q) \rightarrow r$

(2) $(r \rightarrow (p \wedge q)) \leftrightarrow \neg p$

(3) $\neg r \rightarrow (\neg p \vee \neg q \vee r)$

(4) $(p \wedge q \wedge \neg r) \leftrightarrow ((\neg p \vee \neg q) \rightarrow r)$

2. 构造下列复合命题的真值表，并由此判断它们是永真式、永假式还是可满足式。

(1) $p \rightarrow \neg q$

(2) $\neg p \leftrightarrow q$

(3) $(p \rightarrow q) \vee (\neg p \rightarrow q)$

(4) $(p \rightarrow \neg q) \wedge (\neg p \rightarrow \neg q)$

(5) $(p \leftrightarrow q) \wedge (\neg p \leftrightarrow q)$

(6) $(p \leftrightarrow \neg q) \vee (\neg p \leftrightarrow \neg q)$

3. 构造下列复合命题的真值表，并由此判断它们是永真式、永假式还是可满足式。

(1) $(p \leftrightarrow q) \rightarrow r$

(2) $(r \rightarrow (p \wedge q)) \leftrightarrow \neg (p \wedge q) \wedge r$

(3) $\neg r \rightarrow (\neg p \vee \neg q \vee r)$

(4) $(p \wedge q \wedge \neg r) \rightarrow ((\neg p \vee \neg q) \rightarrow r)$

下面 4 道题是智力游戏题，解题时可以先把语句翻译成命题公式，再利用其成真解释进行求解。

4. 边远村庄的每个人要么总说真话，要么总说谎话。对旅游者的问题，村民要么回答"是"，要么回答"不"。假定你在这一地区旅游，走到了一个岔路口，一条岔路通向你想去的遗址，另一岔路通向丛林深处。此时恰有一村民站在岔路口，问村民什么样的一个问题就能决定走那条路？

5. 一个探险者被几个吃人者抓住了。有两种吃人者：总是说谎的和永不说谎的。除非探险者能判断出一位指定的吃人者是说谎者还是说真话者，否则就要被吃人者烤了吃。探险者只被允许问这位吃人者一个问题。

(1) 解释为什么问"你说谎吗？"是不行的。

(2) 找一个问题，使探险者可以用来判断该吃人者是说谎者还是说真话者。

6. 侦探调查了罪案的四位证人。从证人的话，侦探得出的结论是：如果男管家说的是真话，那么厨师说的也是真话；厨师和园丁不可能都说真话；园丁和杂役不可能都在说谎；如果杂役说真话，那么厨师在说谎。侦探能判定这四位证人分别是在说谎还是在说真话吗？说明你的理由。

7. 四个朋友中的一个被认定为非法进入某计算机系统的嫌疑人。他们已对调查员作了陈述。爱丽丝说"卡诺斯干的"，约翰说"我没干"，卡诺斯说"黛安娜干的"，黛安娜说"卡诺斯说是我干的，他说谎"。

(1) 如果调查员知道四个嫌疑人中恰有一人说真话，那么，谁非法进入了计算机系统？说明理由。

(2) 如果调查员知道四个嫌疑人中恰有一人说谎，那么，谁非法进入了计算机系统？说明理由。

1.3　命题公式的等价演算

定义 1.10　设 A 和 B 是两个命题公式，如果在任何解释下，A 和 B 都有相同的真值，则称 A 和 B **等价**，记为 $A = B$。

例 1.9　用真值表判断下面命题公式是否等价。

（1）$\neg(p \wedge q)$ 与 $\neg p \vee \neg q$ 　　　　　　　（2）$p \wedge \neg q$ 与 $p \rightarrow q$

解　根据定义 1.10，只要公式 A 和 B 在任意解释下都有相同的真值，则公式 A 与 B 等价，为此，首先列出真值表，然后进行判断。

（1）将公式 $\neg(p \wedge q)$ 与公式 $\neg p \vee \neg q$ 的真值表合二为一，如表 1.11 所示。从表 1.11 可见两个公式在任意解释下都有相同的真值，所以两个公式等价。

（2）公式 $p \wedge \neg q$ 与 $p \rightarrow q$ 的真值表如表 1.12 所示。从表 1.12 可见 $p \wedge \neg q$ 与 $p \rightarrow q$ 的取值不尽相同，所以公式 $p \wedge \neg q$ 与 $p \rightarrow q$ 不等价。

表1.11	$\neg(p \wedge q)$ 与 $\neg p \vee \neg q$ 的真值表		
p	q	$\neg(p \wedge q)$	$\neg p \vee \neg q$
0	0	1	1
0	1	1	1
1	0	1	1
1	1	0	0

表1.12	$p \wedge \neg q$ 与 $p \rightarrow q$ 的真值表		
p	q	$p \wedge \neg q$	$p \rightarrow q$
0	0	0	1
0	1	0	1
1	0	1	0
1	1	0	1

请不要将符号"$\leftrightarrow$"和"$=$"混淆，"$\leftrightarrow$"是命题公式间的一种运算，而"$=$"是命题公式之间的一种关系。虽然等值运算和等价关系是两个不同的概念，但我们可以通过下面的定理 1.2 了解两者的联系。

定理 1.2　设 A 和 B 是两个命题公式，$A = B$ 的充要条件是 $A \leftrightarrow B$ 是永真式。

显然，依据等值运算"$\leftrightarrow$"和命题公式等价关系"$=$"的定义不难证明该定理。

真值表可以用来判断一个命题公式是否是永真式，也可以判断两个命题公式是否等价，但这种方法的计算量是问题规模的指数函数，因而随着规模的增大，计算量会急剧增大。事实上，对于只含少数命题变元的命题公式，可以用手工完成这一工作。但当命题变元数目增加时，就不可行了。例如，对于含 20 个命题变元的命题公式，它的真值表就有 $2^{20} = 1\,048\,576$ 行。显然，你需要一台计算机帮助你以这种方式判定含 20 个命题变元的命题公式是否为永真式。但是当命题变元数目增加到 1000 时，就要检查 2^{1000}（这是一个超过 300 位的十进制数）种可能的真值组合中的每一种，现有的一台计算机在几万亿年之内都不可能完成。而且迄今尚没有其他已知的算法能使计算机在合理的时间内判断规模这么大的命题公式是否为永真式。因此有必要将一个给定的命题公式进行化简，即找出和它等价的，但比较简单的命题公式来，这就是命题公式的等价演算。

对于命题公式的等价演算，有下面的基本等价公式，它们的正确性都可以用真值表进行验证。

定理 1.3　设 A, B, C 是命题公式，则有

（1）双重否定律：　　　　　　　$\neg \neg A = A$

（2）等幂律：　　　　　$A \vee A = A$，　$A \wedge A = A$

（3）交换律：　　　　　$A \vee B = B \vee A$，　$A \wedge B = B \wedge A$

（4）结合律：　　　　　$(A \vee B) \vee C = A \vee (B \vee C)$

　　　　　　　　　　　　$(A \wedge B) \wedge C = A \wedge (B \wedge C)$

（5）分配律：　　　　　$A \vee (B \wedge C) = (A \vee B) \wedge (A \vee C)$

　　　　　　　　　　　　$A \wedge (B \vee C) = (A \wedge B) \vee (A \wedge C)$

（6）德·摩根律：　　　$\neg(A \vee B) = \neg A \wedge \neg B$，　$\neg(A \wedge B) = \neg A \vee \neg B$

（7）吸收律：　　　　　$A \vee (A \wedge B) = A$，　$A \wedge (A \vee B) = A$

（8）零律：　　　　　　$A \vee 1 = 1$，　$A \wedge 0 = 0$

（9）单位律：　　　　　$A \vee 0 = A$，　$A \wedge 1 = A$

（10）否定律：　　　　$A \vee \neg A = 1$，　$A \wedge \neg A = 0$

（11）蕴涵律：　　　　$A \to B = \neg A \vee B$

（12）等值律：　　　　$A \leftrightarrow B = (A \to B) \wedge (B \to A)$

在等价演算过程中，除了上面的基本等价公式外，有时还要用到下面的置换规则。

定理 1.4（置换规则）　设 $\phi(A)$ 为含有公式 A 作为子公式的命题公式，$\phi(B)$ 是用公式 B 置换 $\phi(A)$ 中的 A（不要求处处置换）所得到的命题公式，若 $A = B$，则 $\phi(A) = \phi(B)$。

证明　由于 $A = B$，即对命题变元的任一解释，A 与 B 有相同的真值，故当用公式 B 置换 $\phi(A)$ 中的部分 A 得公式 $\phi(B)$ 后，$\phi(A)$ 和 $\phi(B)$ 对命题变元的任何解释也有相同的真值，所以 $\phi(A) = \phi(B)$。

利用基本等价公式和置换规则，可以化简一些复杂的命题公式，也可以用来证明两个命题公式等价。

例 1.10　证明下面命题公式等价。

（1）$A \to (B \to A) = \neg A \to (A \to \neg B)$

（2）$\neg(A \leftrightarrow B) = (A \vee B) \wedge (\neg A \leftrightarrow B)$

（3）$((A \wedge B) \to C) \wedge (B \to (D \vee C)) = (B \wedge (D \to A)) \to C$

解　（1）$\because$ 左边 $= A \to (B \to A)$　　　　右边 $= \neg A \to (A \to \neg B)$

　　　　　　　　　　$= A \to (\neg B \vee A)$　　　　　　　$= \neg A \to (\neg A \vee \neg B)$

　　　　　　　　　　$= \neg A \vee (\neg B \vee A)$　　　　　　$= A \vee (\neg A \vee \neg B)$

　　　　　　　　　　$= 1$　　　　　　　　　　　　　　　　$= 1$

　　　　$\therefore$　$A \to (B \to A) = \neg A \to (A \to \neg B)$

（2）　　$\because$ 左边 $= \neg(A \leftrightarrow B)$

　　　　　　　　　　$= \neg((A \to B) \wedge (B \to A))$

　　　　　　　　　　$= \neg(\neg A \vee B) \vee \neg(\neg B \vee A)$

　　　　　　　　　　$= (A \wedge \neg B) \vee (B \wedge \neg A)$

　　　　　　　　　　$= (A \vee B) \wedge (A \vee \neg A) \wedge (\neg B \vee B) \wedge (\neg B \vee \neg A)$

　　　　　　　　　　$= (A \vee B) \wedge (\neg A \vee \neg B)$

　　　　　　　右边 $= (A \vee B) \wedge (\neg A \leftrightarrow B)$

　　　　　　　　　　$= (A \vee B) \wedge (A \vee B) \wedge (\neg A \vee \neg B)$

$$= (A \lor B) \land (\neg A \lor \neg B)$$

$$\therefore \quad \neg(A \leftrightarrow B) = (A \lor B) \land (\neg A \leftrightarrow B)$$

（3）　　$\because$ 左边 $= ((A \land B) \to C) \land (B \to (D \lor C))$

$$= (\neg(A \land B) \lor C) \land (\neg B \lor D \lor C)$$

$$= (\neg A \lor \neg B \lor C) \land (D \lor \neg B \lor C)$$

$$= (\neg A \land D) \lor (\neg B \lor C)$$

右边 $= (B \land (D \to A)) \to C$

$$= (B \land (\neg D \lor A)) \to C$$

$$= \neg(B \land (\neg D \lor A)) \lor C$$

$$= \neg B \lor \neg(\neg D \lor A) \lor C$$

$$= (\neg A \land D) \lor (\neg B \lor C)$$

$\therefore \quad ((A \land B) \to C) \land (B \to (D \lor C)) = (B \land (D \to A)) \to C$

例 1.11　将下面一段程序简化。

```
If   A∧B   then
    If B∨C   then
        X
    Else
        Y
    End
Else
    If   A∧C   then
        Y
    Else
        X
    End
End
```

解　从上面的程序可知，执行程序段 X 的条件为：

$$((A \land B) \land (B \lor C)) \lor (\neg(A \land B) \land \neg(A \land C))$$

$$= (A \land (B \land (B \lor C))) \lor ((\neg A \lor \neg B) \land (\neg A \lor \neg C))$$

$$= (A \land B) \lor (\neg A \lor (\neg B \land \neg C))$$

$$= ((A \land B) \lor \neg A) \lor (\neg B \land \neg C)$$

$$= (B \lor \neg A) \lor (\neg B \land \neg C)$$

$$= (B \lor \neg A \lor \neg B) \land (B \lor \neg A \lor \neg C)$$

$$= \neg A \lor B \lor \neg C$$

$$= \neg(A \land \neg B \land C)$$

执行程序段 Y 的条件为：

$$((A \land B) \land \neg(B \lor C)) \lor (\neg(A \land B) \land (A \land C))$$

$$= (A \land B \land \neg B \land \neg C)) \lor ((\neg A \lor \neg B) \land (A \land C))$$

$$= (\neg A \vee \neg B) \wedge (A \wedge C)$$

$$= (\neg A \wedge A \wedge C) \vee (\neg B \wedge A \wedge C)$$

$$= A \wedge \neg B \wedge C$$

于是，这段程序可以简化为：

If　$A \wedge \neg B \wedge C$　**then**

　　　Y

Else

　　　X

End

习题 1.3

1．用真值表证明下面的等价式。

（1）　$\neg(A \wedge B) = \neg A \vee \neg B$　　　　（2）　$A \wedge (A \vee B) = A$

（3）　$A \rightarrow B = \neg A \vee B$　　　　（4）　$A \leftrightarrow B = (A \rightarrow B) \wedge (B \rightarrow A)$

（5）　$A \wedge (B \vee C) = (A \wedge B) \vee (A \wedge C)$

2．只使用命题变元 p 和 q 能构造多少不同的命题公式真值表？

3．用等价演算法证明下面的等价式。

（1）　$p = (p \wedge q) \vee (p \wedge \neg q)$

（2）　$(p \wedge \neg q) \vee (\neg p \wedge q) = (p \vee q) \wedge \neg(p \wedge q)$

（3）　$p \rightarrow (q \rightarrow p) = \neg p \rightarrow (p \rightarrow \neg q)$

（4）　$\neg(p \leftrightarrow q) = (p \vee q) \wedge \neg(p \wedge q)$

（5）　$(p \rightarrow q) \wedge (p \rightarrow r) = p \rightarrow (q \wedge r)$

（6）　$(p \rightarrow r) \wedge (q \rightarrow r) = (p \vee q) \rightarrow r$

（7）　$p \rightarrow (q \rightarrow r) = (p \wedge q) \rightarrow r$

（8）　$p \rightarrow (q \rightarrow r) = q \rightarrow (p \rightarrow r)$

1.4　命题公式的范式

1.4.1　析取范式与合取范式

本节讨论命题公式的表示形式——范式。

定义 1.11　有限个命题变元或其否定组成的合取式称为**初等积**（简单合取式），有限个命题变元或其否定组成的析取式称为**初等和**（简单析取式）。

例如，$\neg p \wedge q$，$p \wedge \neg q \wedge \neg r$ 是初等积，$\neg p \vee q$，$p \vee \neg q \vee \neg r$ 是初等和。特别地，把一个命题变元或其否定既看作初等积，又视为初等和，所以 p，$\neg q$ 既是初等积又是初等和。0和 1 也既是初等积又是初等和。

定义 1.12　设 $A_i(i = 1, 2, \cdots, m, \ m \geqslant 1)$ 是初等积，称公式

$$A_1 \vee A_2 \vee \cdots \vee A_m$$

为**析取范式**。若这个析取范式与命题公式 A 等价，则称它为公式 A 的析取范式。

定义 1.13 设 $A_i (i = 1, 2, \cdots, m, \ m \geq 1)$ 是初等和，称公式

$$A_1 \wedge A_2 \wedge \cdots \wedge A_m$$

为**合取范式**。若这个合取范式与命题公式 A 等价，则称它为公式 A 的合取范式。

例如，$(\neg p \wedge q) \vee (q \wedge \neg r)$，$(\neg p \wedge q) \vee \neg r$ 是析取范式，$(\neg p \vee q) \wedge (q \vee \neg r)$，$(\neg p \vee r) \wedge \neg q$ 是合取范式。而 $p \vee \neg q$，$\neg p \wedge q \wedge r$ 则既是析取范式又是合取范式，p、q、0 和 1 也既是析取范式又是合取范式。

定理 1.5 任意命题公式都存在与之等价的析取范式和合取范式。

证明 本定理的证明过程就是求命题公式范式的步骤。

(1) $\because$ $A \to B = \neg A \vee B$

      $A \leftrightarrow B = (A \to B) \wedge (B \to A)$

 $\therefore$ 可以消去公式中的连接词 "$\to$" 和 "$\leftrightarrow$" 而保持命题公式等价。

(2) $\because$ $\neg\neg A = A$

      $\neg(A \vee B) = \neg A \wedge \neg B$

      $\neg(A \wedge B) = \neg A \vee \neg B$

 $\therefore$ 可以将公式中的连接词 $\neg$ 移至命题变元前而保持命题公式等价。

(3) $\because$ $A \vee (B \wedge C) = (A \vee B) \wedge (A \vee C)$

      $A \wedge (B \vee C) = (A \wedge B) \vee (A \wedge C)$

 $\therefore$ 可以进行适当演算得到公式的析取范式和合取范式。

例 1.12 求下列公式的析取范式和合取范式。

$$(p \to q) \leftrightarrow r$$

解 为了演算清晰和无误，利用交换律使得每个初等积或初等和中命题变元的出现都是按字典顺序，这对于后面求标准范式更为重要。

(1) 先求合取范式。$(p \to q) \leftrightarrow r$

$$= ((p \to q) \to r) \wedge (r \to (p \to q))$$

$$= (\neg(\neg p \vee q) \vee r) \wedge (\neg r \vee (\neg p \vee q))$$

$$= ((p \wedge \neg q) \vee r) \wedge (\neg p \vee q \vee \neg r)$$

$$= (p \vee r) \wedge (\neg q \vee r) \wedge (\neg p \vee q \vee \neg r)$$

经过五步演算，得到了含三个初等和的合取范式。

(2) 再求析取范式。

求析取范式与求合取范式的前几步是一样的，只是在利用分配律时有所不同。因而可以利用（1）中的前三步的结果，接着进行 $\wedge$ 对 $\vee$ 的分配律演算。

$$(p \to q) \leftrightarrow r$$

$$= ((p \wedge \neg q) \vee r) \wedge (\neg p \vee q \vee \neg r)$$

$$= (p \wedge \neg q \wedge \neg p) \vee (p \wedge \neg q \wedge q) \vee (p \wedge \neg q \wedge \neg r) \vee (r \wedge \neg p) \vee (r \wedge q) \vee (r \wedge \neg r)$$

$$= (p \wedge \neg q \wedge \neg r) \vee (\neg p \wedge r) \vee (q \wedge r)$$

从上面可以看出，第二步和第三步的结果都是析取范式，这说明命题公式的析取范式是不唯一的。

范式能帮助人们解决工作和生活中的一些判断问题，下面就是其中的一个例子。

例 1.13　在某次研讨会的中间休息时间，3 名与会者根据王教授的口音对他是哪个省市的人进行了判断：

甲说，王教授不是苏州人，而是上海人。

乙说，王教授不是上海人，而是苏州人。

丙说，王教授既不是上海人，也不是杭州人。

听完以上三人的判断后，王教授笑着说，它们三人中有一人说得全对，有一人说对了一半，另一人说得全不对。试用逻辑演算法分析王教授到底是哪里人。

解　设 p：王教授是苏州人；q：王教授是上海人；r：王教授是杭州人。则甲判断正确即 $A_1 = \neg p \wedge q$ 为真，判断对一半即 $A_2 = (\neg p \wedge \neg q) \vee (p \wedge q)$ 为真，判断全错即 $A_3 = p \wedge \neg q$ 为真。同样，乙判断正确即 $B_1 = p \wedge \neg q$ 为真，判断对一半即 $B_2 = (p \wedge q) \vee (\neg p \wedge \neg q)$ 为真，判断全错即 $B_3 = \neg p \wedge q$ 为真；丙判断正确即 $C_1 = \neg q \wedge \neg r$ 为真，判断对一半即 $C_2 = (q \wedge \neg r) \vee (\neg q \wedge r)$ 为真，判断全错即 $C_3 = q \wedge r$ 为真。

由王教授所说，复合命题

$$E = (A_1 \wedge B_2 \wedge C_3) \vee (A_1 \wedge B_3 \wedge C_2) \vee (A_2 \wedge B_1 \wedge C_3)$$
$$\vee (A_2 \wedge B_3 \wedge C_1) \vee (A_3 \wedge B_1 \wedge C_2) \vee (A_3 \wedge B_2 \wedge C_1)$$

应为真命题。而

$$\begin{aligned}
A_1 \wedge B_2 \wedge C_3 &= (\neg p \wedge q) \wedge ((p \wedge q) \vee (\neg p \wedge \neg q)) \wedge (q \wedge r) \\
&= (\neg p \wedge q \wedge r) \wedge ((p \wedge q) \vee (\neg p \wedge \neg q)) \\
&= (\neg p \wedge q \wedge r \wedge p \wedge q) \vee (\neg p \wedge q \wedge r \wedge \neg p \wedge \neg q) \\
&= 0
\end{aligned}$$

$$\begin{aligned}
A_1 \wedge B_3 \wedge C_2 &= (\neg p \wedge q) \wedge (\neg p \wedge q) \wedge ((q \wedge \neg r) \vee (\neg q \wedge r)) \\
&= (\neg p \wedge q) \wedge ((q \wedge \neg r) \vee (\neg q \wedge r)) \\
&= (\neg p \wedge q \wedge q \wedge \neg r) \vee (\neg p \wedge q \wedge \neg q \wedge r) \\
&= \neg p \wedge q \wedge \neg r
\end{aligned}$$

类似可得

$$A_2 \wedge B_1 \wedge C_3 = 0$$
$$A_2 \wedge B_3 \wedge C_1 = 0$$
$$A_3 \wedge B_1 \wedge C_2 = p \wedge \neg q \wedge r$$
$$A_3 \wedge B_2 \wedge C_1 = 0$$

于是，由零律可知

$$E = (\neg p \wedge q \wedge \neg r) \vee (p \wedge \neg q \wedge r)$$

但因为王教授不能既是上海人，又是杭州人，因而 p，r 必有一个是假命题，所以 $p \wedge \neg q \wedge r = 0$，于是

$$E = \neg p \wedge q \wedge \neg r$$

为真命题，所以王教授是上海人。即甲说得全对，丙说对了一半，而乙全说错了。

这个求解过程也可以进行一些简化，比如，因为 p，q 不可能同时取 1，所以 A_2、B_2 可以简化为 $A_2 = \neg p \wedge \neg q$，$B_2 = \neg p \wedge \neg q$，而丙判断对一半即是"王教授是上海人"或"王教

授是杭州人"，所以可以将 C_2 表达为 $C_2 = q \vee r$。这样我们就有

$$E = (A_1 \wedge B_2 \wedge C_3) \vee (A_1 \wedge B_3 \wedge C_2) \vee (A_2 \wedge B_1 \wedge C_3)$$
$$\vee (A_2 \wedge B_3 \wedge C_1) \vee (A_3 \wedge B_1 \wedge C_2) \vee (A_3 \wedge B_2 \wedge C_1)$$
$$= (\neg p \wedge q \wedge \neg p \wedge \neg q \wedge q \wedge r) \vee (\neg p \wedge q \wedge \neg p \wedge q \wedge (q \vee r))$$
$$\vee (\neg p \wedge \neg q \wedge p \wedge \neg q \wedge q \wedge r) \vee (\neg p \wedge \neg q \wedge \neg p \wedge q \wedge \neg q \wedge \neg r)$$
$$\vee (p \wedge \neg q \wedge p \wedge \neg q \wedge (q \vee r)) \vee (p \wedge \neg q \wedge \neg p \wedge \neg q \wedge \neg q \wedge \neg r)$$
$$= 0 \vee (\neg p \wedge q \wedge (q \vee r)) \vee 0 \vee 0 \vee (p \wedge \neg q \wedge (q \vee r)) \vee 0$$
$$= (\neg p \wedge q) \vee (p \wedge ((\neg q \wedge q) \vee (\neg q \wedge r))) \qquad \text{（使用了吸收律和分配律）}$$
$$= (\neg p \wedge q) \vee (p \wedge \neg q \wedge r)$$

同样，因为 $p \wedge \neg q \wedge r = 0$，于是

$$E = \neg p \wedge q$$

为真命题，所以王教授是上海人，与前面的计算结果一致。

由于析取范式和合取范式不唯一，给我们讨论某些问题带来了不便，因此，需要在范式的基础上进一步改进，定义出一种具有唯一性的范式——标准范式。

1.4.2 标准析取范式和标准合取范式

定义 1.14 如果在命题变元 p_1，p_2，$\cdots$，p_n 组成的初等积（初等和）中，每个变元或其否定出现且只出现一次，且第 i 个命题变元或它的否定出现在从左算起的第 i 位上（若命题变元无下标，就按字典序排序），则称该初等积（初等和）为 p_1，p_2，$\cdots$，p_n 的**最小项**（**最大项**）。

n 个命题变元可以构成 2^n 个最小项。利用二进制数讨论最小项是十分方便的：以 m_k 表示最小项，其下标 k 是二进制数，当最小项中出现第 i 个变元时，二进制下标 k 左起的第 i 位为 1；当最小项中出现第 i 个变元的否定时，二进制下标 k 左起的第 i 位为 0。例如，命题变元 p，q 形成的最小项 $p \wedge \neg q$ 的符号是 m_{10}。

同样，n 个命题变元可以构成 2^n 个最大项：以 M_k 表示最大项，其下标 k 是二进制数，当最大项中出现第 i 个变元时，二进制下标 k 左起的第 i 位为 0；当最大项中出现第 i 个变元的否定时，二进制下标 k 左起的第 i 位为 1。例如，命题变元 p，q 形成的最大项 $p \vee \neg q$ 的符号是 M_{01}。

两个命题变元 p，q 形成的全部 4 个最小项如表 1.13 所示，全部 4 个最大项如表 1.14 所示。

表1.13　命题变元*p*，*q*形成的全部最小项

p	q	$\neg p \wedge \neg q$ (m_{00})	$\neg p \wedge q$ (m_{01})	$p \wedge \neg q$ (m_{10})	$p \wedge q$ (m_{11})
0	0	1	0	0	0
0	1	0	1	0	0
1	0	0	0	1	0
1	1	0	0	0	1

表1.14　命题变元*p*，*q*形成的全部最大项

p	q	$p \vee q$ (M_{00})	$p \vee \neg q$ (M_{01})	$\neg p \vee q$ (M_{10})	$\neg p \vee \neg q$ (M_{11})
0	0	0	1	1	1
0	1	1	0	1	1
1	0	1	1	0	1
1	1	1	1	1	0

定义 1.15 在析取范式中，若每个初等积都是最小项，且最小项按下标递增排序，则称该析取范式为**标准析取范式**（**主析取范式**）。若这个标准析取范式与命题公式 A 等价，则称

它为公式 A 的标准析取范式。

定义 1.16 在合取范式中，若每个初等和都是最大项，且最大项按下标递增排序，则称该合取范式为**标准合取范式（主合取范式）**。若这个标准合取范式与命题公式 A 等价，则称它为公式 A 的标准合取范式。

定理 1.6 凡不是永假式的命题公式 A 都存在唯一的与之等价的标准析取范式。

证明 这里只证存在性，唯一性的证明我们放在定理 1.10 中进行。

（1）利用定理 1.5 把命题公式 A 化成析取范式。

（2）将初等积中重复出现的命题变元、永假式及重复出现的最小项都"消去"，即用 p 代替 $p \wedge p$，0 代替 $\neg p \wedge p$，m_i 代替 $m_i \vee m_i$，等。

（3）用单位律和否定律补进初等积中未出现的其他变元。例如，根据

$$p = p \wedge 1 = p \wedge (q \vee \neg q) = (p \wedge q) \vee (p \wedge \neg q)$$

补进变元 q。

$$p = p \wedge 1 \wedge 1 = p \wedge (q \vee \neg q) \wedge (r \vee \neg r) = ((p \wedge q) \vee (p \wedge \neg q)) \wedge (r \vee \neg r)$$
$$= (p \wedge q \wedge r) \vee (p \wedge q \wedge \neg r) \vee (p \wedge \neg q \wedge r) \vee (p \wedge \neg q \wedge \neg r)$$

补进变元 q 和 r。

（4）将最小项按下标递增排序即得公式的标准析取范式。

显然，定理 1.6 的证明过程也是求命题公式标准析取范式的过程。

永假式无法由最小项的析取式来表示，故规定永假式的标准析取范式为命题常元 0。

定理 1.7 凡不是永真式的命题公式 A 都存在唯一的与之等价的标准合取范式。

证明 同定理 1.6 的一样，这里只证存在性，其证明过程也同样是求命题公式标准合取范式的过程。

（1）利用定理 1.5 把命题公式 A 化成合取范式。

（2）将初等积中重复出现的命题变元、永真式及重复出现的最大项都"消去"，即用 p 代替 $p \vee p$，1 代替 $\neg p \vee p$，M_i 代替 $M_i \wedge M_i$，等。

（3）用单位律和否定律补进初等和中未出现的其他变元。例如，根据

$$p = p \vee 0 = p \vee (q \wedge \neg q) = (p \vee q) \wedge (p \vee \neg q)$$

补进变元 q。

$$p = p \vee 0 \vee 0 = p \vee (q \wedge \neg q) \vee (r \wedge \neg r) = ((p \vee q) \wedge (p \vee \neg q)) \vee (r \wedge \neg r)$$
$$= (p \vee q \vee r) \wedge (p \vee q \vee \neg r) \wedge (p \vee \neg q \vee r) \wedge (p \vee \neg q \vee \neg r)$$

补进变元 q 和 r。

（4）将最大项按下标递增排序即得公式的标准合取范式。

由于永真式无法由最大项的合取式来表示，故规定永真式的标准合取范式为命题常元 1。

例 1.14 求下列命题公式的标准析取范式和标准合取范式。

（1）$(p \rightarrow q) \leftrightarrow r$ 　　　　　　　　　　（2）$(p \rightarrow q) \rightarrow r$

解 （1）例 1.12 已经求出了 $(p \rightarrow q) \leftrightarrow r$ 的析取范式和合取范式，下面只需将它们标准化即可。标准析取范式为

$(p \rightarrow q) \leftrightarrow r$

$= (p \wedge \neg q \wedge \neg r) \vee (\neg p \wedge r) \vee (q \wedge r)$

$= (p \wedge \neg q \wedge \neg r) \vee (\neg p \wedge q \wedge r) \vee (\neg p \wedge \neg q \wedge r) \vee (p \wedge q \wedge r) \vee (\neg p \wedge q \wedge r)$

$$= (\neg p \wedge \neg q \wedge r) \vee (\neg p \wedge q \wedge r) \vee (p \wedge \neg q \wedge \neg r) \vee (p \wedge q \wedge r)$$

$$= m_{001} \vee m_{011} \vee m_{100} \vee m_{111}$$

标准合取范式为

$$(p \to q) \leftrightarrow r$$

$$= (p \vee r) \wedge (\neg q \vee r) \wedge (\neg p \vee q \vee \neg r)$$

$$= (p \vee q \vee r) \wedge (p \vee \neg q \vee r) \wedge (p \vee \neg q \vee r) \wedge (\neg p \vee \neg q \vee r) \wedge (\neg p \vee q \vee \neg r)$$

$$= (p \vee q \vee r) \wedge (p \vee \neg q \vee r) \wedge (\neg p \vee q \vee \neg r) \wedge (\neg p \vee \neg q \vee r)$$

$$= M_{000} \wedge M_{010} \wedge M_{101} \wedge M_{110}$$

（2）标准析取范式为

$$(p \to q) \to r = \neg(\neg p \vee q) \vee r = (p \wedge \neg q) \vee r$$

$$= (p \wedge \neg q \wedge r) \vee (p \wedge \neg q \wedge \neg r) \vee (p \wedge q \wedge r) \vee (p \wedge \neg q \wedge r)$$

$$\quad \vee (\neg p \wedge q \wedge r) \vee (\neg p \wedge \neg q \wedge r)$$

$$= (\neg p \wedge \neg q \wedge r) \vee (\neg p \wedge q \wedge r) \vee (p \wedge \neg q \wedge \neg r) \vee (p \wedge \neg q \wedge r) \vee (p \wedge q \wedge r)$$

$$= m_{001} \vee m_{011} \vee m_{100} \vee m_{101} \vee m_{111}$$

标准合取范式为

$$(p \to q) \to r = (p \wedge \neg q) \vee r = (p \vee r) \wedge (\neg q \vee r)$$

$$= (p \vee q \vee r) \wedge (p \vee \neg q \vee r) \wedge (p \vee \neg q \vee r) \wedge (\neg p \vee \neg q \vee r)$$

$$= (p \vee q \vee r) \wedge (p \vee \neg q \vee r) \wedge (\neg p \vee \neg q \vee r)$$

$$= M_{000} \wedge M_{010} \wedge M_{110}$$

1.4.3 利用真值表求解标准范式

根据表 1.13 和表 1.14，我们发现最小项和最大项具有如下性质。

定理 1.8 最小项具有如下性质。

（1）对每个最小项而言，只有与下标编码相同的赋值是成真赋值，其余都是成假赋值。

（2）任意两个不同的最小项的合取式是永假式。

（3）全体最小项的析取式是永真式。

证明 （1）根据最小项下标编法即可得到。

（2）根据（1），没有两个最小项对同一种赋值都取值 1，所以任意两个不同的最小项的合取式是永假式。

（3）对任何一种赋值，必有某个最小项的下标与这种赋值一致，即这个最小项在这一赋值下取值 1，所以全体最小项的析取式是永真式。

定理 1.9 最大项具有如下性质。

（1）对每个最大项而言，只有与下标编码相同的赋值是成假赋值，其余都是成真赋值。

（2）任意两个不同的最大项的析取式是永真式。

（3）全体最大项的合取式是永假式。

证明 （1）根据最大项下标编法即可得到。

（2）根据（1），没有两个最大项对同一种赋值都取值 0，所以任意两个不同的最大项的析取式是永真式。

（3）对任何一种赋值，必有某个最大项的下标与这种赋值一致，即这个最大项在这一赋值下取值 0, 所以全体最大项的合取式是永假式。

一般地, 如果一个最小项（最大项）的下标与某个赋值相同, 我们就称这个最小项（最大项）是该赋值对应的最小项（最大项）。

根据定理 1.8 和定理 1.9, 我们可以利用真值表求解标准范式, 它是求解标准范式的一种简单明了的方法, 其缺点是当命题变元较多时计算量巨大。

定理 1.10　在命题公式 A 的真值表中, 所有成真赋值对应的最小项的析取式（按最小项下标递增排序）为公式 A 的唯一标准析取范式。

证明　存在性　列出命题公式 A 的真值表, 取使 A 的真值为 1 的所有赋值对应的最小项 m_{i_1}, m_{i_2}, $\cdots$, m_{i_k}（这里 i_1, i_2, $\cdots$, i_k 是二进制数）, 令 $B = m_{i_1} \vee m_{i_2} \vee \cdots \vee m_{i_k}$。若 A 在某一赋值下取值 1, 则对应的最小项在此赋值下也应取值 1, 所以这个最小项在 B 中, 从而 B 在此赋值下取值 1; 若 A 在某一赋值下取值 0, 则 B 中不包括此赋值对应的最小项, 所以 B 中所有的最小项在此赋值下都取值 0, 从而 B 在此赋值下取值 0, 因此 B 与 A 等价。又由于 B 具有标准析取范式的形式, 所以 B 是 A 的标准析取范式。

唯一性　若公式 A 有两个不同的标准析取范式 B_1 和 B_2, 则存在一个最小项 m_i 出现但不同时出现在 B_1 和 B_2 之中, 不妨设 m_i 在 B_1 中但不在 B_2 中, 取一个使 m_i 为真的赋值, 由最小项的性质知道, 在这组赋值下, B_1 为真而 B_2 为假, 这与 $B_1 = A = B_2$ 矛盾, 故 A 的标准析取范式是唯一的。

定理 1.11　在命题公式 A 的真值表中, 所有成假赋值对应的最大项的合取式（按最大项下标递增排序）为公式 A 的唯一标准合取范式。

证明　存在性　列出命题公式 A 的真值表, 取使 A 的真值为 0 的所有赋值对应的最大项 M_{i_1}, M_{i_2}, $\cdots$, M_{i_k}（这里 i_1, i_2, $\cdots$, i_k 是二进制数）, 令 $B = M_{i_1} \wedge M_{i_2} \wedge \cdots \wedge M_{i_k}$。若 A 在某一赋值下取值 0, 则对应的最大项在此赋值下也应取值 0, 所以这个最大项在 B 中, 从而 B 在此赋值下取值 0; 若 A 在某一赋值下取值 1, 则 B 中不包括此赋值对应的最大项, 所以 B 中所有的最大项在此赋值下都取值 1, 从而 B 在此赋值下取值 1, 因此 B 与 A 等价。又由于 B 具有标准合取范式的形式, 所以 B 是 A 的标准合取范式。

唯一性　若公式 A 有两个不同的标准合取范式 B_1 和 B_2, 则存在一个最大项 M_i 出现但不同时出现在 B_1 和 B_2 之中, 不妨设 M_i 在 B_1 中但不在 B_2 中, 取一个使 M_i 为假的赋值, 由最大项的性质知道, 在这组赋值下, B_1 为假而 B_2 为真, 这与 $B_1 = A = B_2$ 矛盾, 故 A 的标准合取范式是唯一的。

例 1.15　利用真值表方法求例 1.14 中命题公式的标准范式。

解　（1）构造公式 $(p \rightarrow q) \leftrightarrow r$ 的真值表如表 1.15 所示。

在真值表中, 圈出公式 $(p \rightarrow q) \leftrightarrow r$ 取值 1 的行, 共有 4 行, 求出其对应的 4 个最小项, 从而得到公式的标准析取范式:

$$m_{001} \vee m_{011} \vee m_{100} \vee m_{111} = (\neg p \wedge \neg q \wedge r) \vee (\neg p \wedge q \wedge r) \vee (p \wedge \neg q \wedge \neg r) \vee (p \wedge q \wedge r)$$

圈出其取值 0 的行, 也有 4 行, 求出其对应的 4 个最大项, 从而得到公式的标准合取范式:

$$M_{000} \wedge M_{010} \wedge M_{101} \wedge M_{110} = (p \vee q \vee r) \wedge (p \vee \neg q \vee r) \wedge (\neg p \vee q \vee \neg r) \wedge (\neg p \vee \neg q \vee r)$$

（2）构造公式 $(p \rightarrow q) \rightarrow r$ 的真值表如表 1.16 所示。在真值表中, 圈出公式 $(p \rightarrow q) \rightarrow r$ 取值 1 的行, 共有 5 行, 求出其对应的 5 个最小项, 从而得到公式的标准析取范式:

$$m_{001} \vee m_{011} \vee m_{100} \vee m_{101} \vee m_{111}$$
$$= (\neg p \wedge \neg q \wedge r) \vee (\neg p \wedge q \wedge r) \vee (p \wedge \neg q \wedge \neg r) \vee (p \wedge \neg q \wedge r) \vee (p \wedge q \wedge r)$$

类似地，圈出其取值 0 的行，共有 3 行，求出其对应的 3 个最大项，从而得到公式的标准合取范式：

$$M_{000} \wedge M_{010} \wedge M_{110} = (p \vee q \vee r) \wedge (p \vee \neg q \vee r) \wedge (\neg p \vee \neg q \vee r)$$

表1.15 $(p \rightarrow q) \leftrightarrow r$的真值表

p	q	r	$p \rightarrow q$	$(p \rightarrow q) \leftrightarrow r$
0	0	0	1	0
0	0	1	1	1
0	1	0	1	0
0	1	1	1	1
1	0	0	0	1
1	0	1	0	0
1	1	0	1	0
1	1	1	1	1

表1.16 $(p \rightarrow q) \rightarrow r$的真值表

p	q	r	$p \rightarrow q$	$(p \rightarrow q) \rightarrow r$
0	0	0	1	0
0	0	1	1	1
0	1	0	1	0
0	1	1	1	1
1	0	0	0	1
1	0	1	0	1
1	1	0	1	0
1	1	1	1	1

1.4.4 标准析取范式和标准合取范式的关系

现在我们来讨论标准析取范式和标准合取范式之间的关系。

设 m_i 和 M_i 是命题变元 p_1, p_2, $\cdots$, p_n 形成的下标相同的最小项和最大项，则由最小项和最大项的定义可知两者之间有如下关系：

$$\neg m_i = M_i, \quad \neg M_i = m_i$$

假设某个命题公式 A 的标准析取范式含 k 个最小项 m_{i_1}, m_{i_2}, $\cdots$, m_{i_k}，则根据定理 1.10，$\neg A$ 的标准析取范式必含其余的 $l = 2^n - k$ 个最小项（n 为 A 包括的命题变元的个数），不妨设为 m_{j_1}, m_{j_2}, $\cdots$, m_{j_l}，即

$$\neg A = m_{j_1} \vee m_{j_2} \vee \cdots \vee m_{j_l}$$

于是，

$$A = \neg(\neg A) = \neg(m_{j_1} \vee m_{j_2} \vee \cdots \vee m_{j_l})$$
$$= \neg m_{j_1} \wedge \neg m_{j_2} \wedge \cdots \wedge \neg m_{j_l}$$
$$= M_{j_1} \wedge M_{j_2} \wedge \cdots \wedge M_{j_l}$$

由此，得到由命题公式 A 的标准析取范式求 A 的标准合取范式的方法，其步骤如下。

（1）求出 A 的标准析取范式中没有包含的最小项。

（2）求出与（1）中最小项下标相同的最大项。

（3）将（2）中求出的最大项按下标递增的顺序构成的合取式即为 A 的标准合取范式。

同样的，可以得到由 A 的标准合取范式求 A 的标准析取范式的方法，其步骤为如下。

（1）求出 A 的标准合取范式中没有包含的最大项。

（2）求出与（1）中最大项下标相同的最小项。

（3）将（2）中求出的最小项按下标递增的顺序构成的析取式即为 A 的标准析取范式。

例 1.16 求命题公式 $p \rightarrow q$ 的标准析取范式。

解 先求公式 $p \rightarrow q$ 的标准合取范式

$$p \rightarrow q = \neg p \vee q = M_{10}$$

则 $p \rightarrow q$ 的标准析取方式包含最小项 m_{00}，m_{01}，m_{11}，故 $p \rightarrow q$ 的标准析取方式为

$$p \rightarrow q = m_{00} \vee m_{01} \vee m_{11} = (\neg p \wedge \neg q) \vee (\neg p \wedge q) \vee (p \wedge q)$$

当然也可由公式 $p \rightarrow q$ 的标准析取方式求出它的标准合取方式。

标准范式有许多应用，其中一个主要应用就是用来判断命题公式的类型，即判断命题公式是永真式、永假式或可满足式，在可满足式情况下还可以进一步给出成真赋值和成假赋值。虽然利用真值表也能进行这样的判定，但对于命题变元较多的情况这种方法计算量太大，因此用标准范式来进行永真式、永假式或可满足式的判断不失为一种较为有效的方法。

定理 1.12 设 A 是含有 n 个命题变元的命题公式，则

（1）A 是永真式当且仅当 A 的标准析取范式含有全部 2^n 个最小项。

（2）A 是永假式当且仅当 A 的标准析取范式不含任何最小项（即标准析取范式为 0）。

（3）A 是可满足式当且仅当 A 的标准析取范式至少含有一个最小项。

定理 1.13 设 A 是含有 n 个命题变元的命题公式，则

（1）A 是永假式当且仅当 A 的标准合取范式含有全部 2^n 个最大项。

（2）A 是永真式当且仅当 A 的标准合取范式不含任何最大项（即标准合取范式为 1）。

（3）A 是可满足式当且仅当 A 的标准合取范式不包含所有最大项。

这两个定理可以根据前面的定理 1.8 和定理 1.9 得到，具体证明留给读者。

例 1.17 用公式的标准析取范式判断下列命题公式的类型。

（1）$\neg(p \rightarrow q) \wedge q$ （2）$(p \vee q) \rightarrow r$

解 （1）$\neg(p \rightarrow q) \wedge q = \neg(\neg p \vee q) \wedge q = p \wedge \neg q \wedge q = 0$

由于标准析取范式不含任何最小项，所以根据定理 1.12，公式（1）是永假式。

（2）$(p \vee q) \rightarrow r = \neg(p \vee q) \vee r = (\neg p \wedge \neg q) \vee r$

$$= (\neg p \wedge \neg q \wedge \neg r) \vee (\neg p \wedge \neg q \wedge r) \vee (\neg p \wedge q \wedge r) \vee (p \wedge \neg q \wedge r) \vee (p \wedge q \wedge r)$$

$$= m_{000} \vee m_{001} \vee m_{011} \vee m_{101} \vee m_{111}$$

由于标准析取范式包含最小项但不包含全部最小项，所以根据定理 1.12，公式（2）是可满足式。而且，从它包含的最小项的下标可以看出，

$$p = 0, \ q = 0, \ r = 0 ;$$
$$p = 0, \ q = 0, \ r = 1 ;$$
$$p = 0, \ q = 1, \ r = 1 ;$$
$$p = 1, \ q = 0, \ r = 1 ;$$
$$p = 1, \ q = 1, \ r = 1 ;$$

是命题公式（2）的成真赋值，其他赋值是成假赋值。

习题 **1.4**

1. 下列命题公式哪些是析取范式，哪些是合取范式？

（1）$(\neg p \wedge \neg q) \vee (q \wedge r)$ （2）$(p \vee \neg q) \wedge (\neg p \vee q)$

（3）$(\neg p \wedge \neg r) \vee q$ （4）$(p \vee q) \wedge \neg q$

（5）$\neg p \lor q$ （6）$\neg p \land \neg q \land \neg r$

（7）$\neg p$ （8）q

（9）1   （10）0

2. 在下列由 3 个命题变元 p、q、r 组成的命题公式中，哪些是标准析取范式，哪些是标准合取范式？

（1）$(\neg p \land \neg q \land r) \lor (\neg p \land q \land r)$ （2）$(p \lor \neg q \lor \neg r) \land (\neg p \lor q \lor r)$

（3）$(\neg p \land \neg q \land \neg r) \lor q$ （4）$(p \lor q) \land (\neg p \lor \neg r) \land (q \lor r)$

（5）$\neg p \lor q \lor \neg r$ （6）$\neg p \land \neg q \land \neg r$

（7）1   （8）0

3. 找出一个只含命题变元 p、q 和 r 的命题公式，当 p 和 q 为真而 r 为假时，命题公式为真，否则为假。

4. 找出一个只含命题变元 p、q 和 r 的命题公式，在 p、q 和 r 中恰有两个为假时，命题公式为真，否则为假。

5. 利用等价演算法求下列命题公式的标准析取范式，并求其成真赋值。

（1）$(\neg p \to q) \to (\neg q \lor p)$ （2）$\neg(p \to q) \land q \land r$

（3）$(p \lor (q \land r)) \to (p \lor q \lor r)$

6. 利用等价演算法求下列命题公式的标准合取范式，并求其成假赋值。

（1）$\neg(p \to \neg q) \land \neg p$ （2）$(p \land q) \lor (\neg p \lor r)$

（3）$(p \to (p \lor q)) \lor r$

7. 利用真值表法求下列命题公式的标准析取范式和标准合取范式。

（1）$\neg(p \to q)$ （2）$(\neg p \lor q) \to (p \leftrightarrow \neg q)$

（3）$(p \land q) \to r$ （4）$(p \to (q \land r)) \land (\neg p \to (\neg q \land \neg r))$

8. 设 A 是含有 n 个命题变元的命题公式，证明

（1）A 是永真式当且仅当 A 的标准析取范式含有全部 2^n 个最小项。

（2）A 是永假式当且仅当 A 的标准析取范式不含任何最小项（即标准析取范式为 0）。

（3）A 是可满足式当且仅当 A 的标准析取范式至少含有一个最小项。

9. 设 A 是含有 n 个命题变元的命题公式，证明

（1）A 是永假式当且仅当 A 的标准合取范式含有全部 2^n 个最大项。

（2）A 是永真式当且仅当 A 的标准合取范式不含任何最大项（即标准合取范式为 1）。

（3）A 是可满足式当且仅当 A 的标准合取范式不包含所有最大项。

10. 求下列命题公式的标准析取范式，再根据标准析取范式求标准合取范式。

（1）$(p \land q) \lor r$

（2）$(p \leftrightarrow q) \to r$

11. 求下列命题公式的标准合取范式，再根据标准合取范式求标准析取范式。

（1）$(p \land q) \to q$

（2）$(p \to q) \land (q \to r)$

（3）$\neg(r \to p) \land p \land q$

12. 三个人估计比赛结果，甲说："A 第 1，B 第 2"，乙说："C 第 2，D 第 4"，丙说："A 第 2，D 第 4"。结果三人估计得都不全对，但都对了一个。试利用求范式的方法推算出

A、B、C、D 分别是第几名。

1.5 命题公式的推理演算

1.5.1 基本概念

定义 1.17 设 A_1，A_2，$\cdots$，A_n 和 B 都是命题公式，如果对任何赋值，当 A_1，A_2，$\cdots$，A_n 都取值 1 时，B 必取值 1，则称由前提 A_1，A_2，$\cdots$，A_n 到结论 B 的**推理是有效的（正确的）**，或者称 B 是前提 A_1，A_2，$\cdots$，A_n 的**逻辑结论（有效结论）**，记为 A_1，A_2，$\cdots$，$A_n \Rightarrow B$（$A_1 \wedge A_2 \wedge \cdots \wedge A_n \Rightarrow B$）。

定理 1.14 设 A，B 是两个命题公式，则 $A = B$ 的充要条件是 $A \Rightarrow B$ 且 $B \Rightarrow A$。

这个定理的证明可由命题公式的等价定义 1.10 和推理定义 1.17 直接得到。

显然，要断言命题公式 B 是由逻辑前提 A_1，A_2，$\cdots$，A_n 推出的逻辑结论，只需判断当 A_1，A_2，$\cdots$，A_n 全为真时，B 是否也为真，至于 A_1，A_2，$\cdots$，A_n 不全为真时，B 可真也可假。

根据定义 1.17，我们可以用真值表来进行推理，即考察真值表中当前提 A_1，A_2，$\cdots$，A_n 都取值 1 时，结论 B 是否取值 1，若是，则推理有效，否则无效。

例 1.18 证明 $(p \to q) \wedge (q \to r) \Rightarrow p \to r$。

证明 构造真值表如表 1.17 所示，由真值表得，当公式 $(p \to q) \wedge (q \to r)$ 的真值为 1 时，$p \to r$ 的真值也为 1，所以 $(p \to q) \wedge (q \to r) \Rightarrow p \to r$。

表1.17 $(p \to q) \wedge (q \to r)$ 和 $p \to r$ 的真值表

p	q	r	$p \to q$	$q \to r$	$(p \to q) \wedge (q \to r)$	$p \to r$
0	0	0	1	1	1	1
0	0	1	1	1	1	1
0	1	0	1	0	0	1
0	1	1	1	1	1	1
1	0	0	0	1	0	0
1	0	1	0	1	0	1
1	1	0	1	0	0	0
1	1	1	1	1	1	1

定理 1.15 设 A_1，A_2，$\cdots$，A_n 和 B 都是命题公式，则 A_1，A_2，$\cdots$，$A_n \Rightarrow B$ 的充要条件是 $A_1 \wedge A_2 \wedge \cdots \wedge A_n \to B$ 是永真式。

这个定理的证明可由推理定义 1.17 和蕴涵连接词定义 1.4 直接得到。

根据定理 1.15，我们可以用等价演算法来进行推理，即通过证明 $A_1 \wedge A_2 \wedge \cdots \wedge A_n \to B$ 是永真式来证明命题公式 B 是命题公式 A_1，A_2，$\cdots$，A_n 的逻辑结论。

定理 1.16 设 A_1，A_2，$\cdots$，A_n 和 B 是命题公式，则 A_1，A_2，$\cdots$，$A_n \Rightarrow B$ 的充要条件是 $A_1 \wedge A_2 \wedge \cdots \wedge A_n \wedge \neg B$ 是永假式。

证明 $\because$

$$\neg(A_1 \wedge A_2 \wedge \cdots \wedge A_n \wedge \neg B)$$
$$= \neg((A_1 \wedge A_2 \wedge \cdots \wedge A_n) \wedge \neg B)$$
$$= (\neg(A_1 \wedge A_2 \wedge \cdots \wedge A_n) \vee B)$$

$$= A_1 \wedge A_2 \wedge \cdots \wedge A_n \to B$$

∴　　　　　　　　根据定理 1.15 即知本定理成立。

同样，根据定理 1.16，我们可以通过证明 $A_1 \wedge A_2 \wedge \cdots \wedge A_n \wedge \neg B$ 是永假式来证明命题公式 B 是命题公式 A_1，A_2，$\cdots$，A_n 的逻辑结论。

例 1.19　证明 $(p \to q) \wedge (q \to r) \Rightarrow p \to r$

证明　　　　　 $((p \to q) \wedge (q \to r)) \to (p \to r)$

$$= \neg((\neg p \vee q) \wedge (\neg q \vee r)) \vee (\neg p \vee r)$$

$$= (p \wedge \neg q) \vee (q \wedge \neg r) \vee (\neg p \vee r)$$

$$= ((p \wedge \neg q) \vee \neg p) \vee ((q \wedge \neg r) \vee r)$$

$$= (\neg q \vee \neg p) \vee (q \vee r)$$

$$= 1$$

即 $((p \to q) \wedge (q \to r)) \to (p \to r)$ 是永真式，由定理 1.15 可知推理成立。

用例 1.18 使用的真值表法和例 1.19 使用的等价演算法进行推理，可以得到许多有用的结果，它们在命题逻辑推理中起着重要作用，下面给出其中最常用也是最重要的 11 个推理公式。

定理 1.17　设 A，B 和 C 是命题公式，则下面各推理公式成立。

（1）　$A \Rightarrow A \vee B$

（2）　$A \wedge B \Rightarrow A$

（3）　A，$B \Rightarrow A \wedge B$

（4）　$(A \vee B) \wedge \neg B \Rightarrow A$

（5）　$B \Rightarrow A \to B$

（6）　$\neg A \Rightarrow A \to B$

（7）　$(A \to B) \wedge A \Rightarrow B$

（8）　$(A \to B) \wedge \neg B \Rightarrow \neg A$

（9）　$(A \to B) \wedge (B \to C) \Rightarrow A \to C$

（10）　$(A \leftrightarrow B) \wedge A \Rightarrow B$

（11）　$(A \leftrightarrow B) \wedge (B \leftrightarrow C) \Rightarrow A \leftrightarrow C$

下面的几个推理公式也可以利用真值表或等价演算法进行证明。

例 1.20　设 A，B，C 和 D 是命题公式，则下面各推理公式成立。

（1）　$\neg(A \to B) \Rightarrow A$

（2）　$\neg(A \to B) \Rightarrow \neg B$

（3）　$(A \to B) \wedge (C \to D) \Rightarrow A \wedge C \to B \wedge D$

（4）　$(A \to B) \wedge (C \to D) \Rightarrow A \vee C \to B \vee D$

（5）　$(A \to B) \wedge (C \to D) \wedge (A \vee C) \Rightarrow B \vee D$

（6）　$(A \to B) \wedge (C \to D) \wedge (\neg B \vee \neg D) \Rightarrow \neg A \vee \neg C$

证明　下面用等价演算法证明推理式（4）和（6），其他留给读者自行证明。

（4）　$((A \to B) \wedge (C \to D)) \to (A \vee C \to B \vee D)$

$$= \neg((\neg A \vee B) \wedge (\neg C \vee D)) \vee (\neg(A \vee C) \vee (B \vee D))$$

$$= (A \wedge \neg B) \vee (C \wedge \neg D) \vee (\neg A \wedge \neg C) \vee (B \vee D)$$

$$= ((A \wedge \neg B) \vee B) \vee ((C \wedge \neg D) \vee D) \vee (\neg A \wedge \neg C)$$

$$= (A \lor B) \lor (C \lor D) \lor (\neg A \land \neg C)$$
$$= (A \lor B \lor C \lor D \lor \neg A) \land (A \lor B \lor C \lor D \lor \neg C)$$
$$= 1$$

由定理 1.15 可知推理式（4）成立。

（6）$((A \to B) \land (C \to D) \land (\neg B \lor \neg D)) \to (\neg A \lor \neg C)$
$$= \neg((\neg A \lor B) \land (\neg C \lor D) \land (\neg B \lor \neg D)) \lor \neg A \lor \neg C$$
$$= (A \land \neg B) \lor (C \land \neg D) \lor (B \land D) \lor \neg A \lor \neg C$$
$$= ((A \land \neg B) \lor \neg A) \lor ((C \land \neg D) \lor \neg C) \lor (B \land D)$$
$$= (\neg B \lor \neg A) \lor (\neg D \lor \neg C) \lor (B \land D)$$
$$= (\neg B \lor \neg A \lor \neg D \lor \neg C \lor B) \land (\neg B \lor \neg A \lor \neg D \lor \neg C \lor D)$$
$$= 1$$

由定理 1.15 可知推理式（6）成立。

1.5.2　演绎推理方法

前面我们说过，判断一个命题公式是否为已知前提的有效结论可以使用真值表法和等价演算法等方法，但这些方法的缺陷在于不能清晰地表达其推理过程，而且当命题公式包含的命题变元较多时，真值表法的计算量太大。下面介绍运用等价公式、推理公式和推理规则的演绎推理方法。

设 S 是命题公式集合，B 是命题公式，如果存在有限命题公式序列 $B_i(1 \leqslant i \leqslant n)$，满足：

（1）序列中的每一个公式 $B_i(1 \leqslant i \leqslant n)$ 要么属于 S，要么是有限公式序列中前面一些公式的逻辑结论。

（2）序列中最后一个公式 $B_n = B$。

则根据定义 1.17，B 就是前提 S 的有效结论，此时就称**由 S 演绎推理出了 B**。因此，进行演绎推理就是要从前提开始来构造一个有限公式序列，使得这个公式序列中的最后一个公式即为结论。

在进行演绎推理时要经常使用如下 3 个推理规则。

（1）**P 规则（前提引入规则）**：在证明的任何步骤上都可以引入前提，作为公式序列中的公式。

（2）**E 规则（置换规则）**：在证明的任何步骤上，公式序列中命题公式的子公式都可以用与之等价的公式进行置换，得到公式序列中的公式。

（3）**T 规则（结论引入规则）**：在证明的任何步骤上都可以引入公式序列中已有公式的逻辑结论，作为公式序列中的公式。

例 1.21　用演绎法证明推理公式 $\neg p \lor q$，$r \lor \neg q$，$r \to s \Rightarrow p \to s$。

解　（1）$\neg p \lor q$　　　　　　　　　　　　P 规则

（2）$p \to q$　　　　　　　　　　　　E 规则：（1）

（3）$r \lor \neg q$　　　　　　　　　　　P 规则

（4）$q \to r$　　　　　　　　　　　　E 规则：（3）

（5）$p \to r$　　　　　　　　　　　　T 规则：（2），（4）

（6）$r \to s$	P 规则
（7）$p \to s$	T 规则：（5），（6）

$\therefore \neg p \vee q, \; r \vee \neg, \; r \to s \Rightarrow p \to s$。

例 1.22 用演绎法证明推理公式 $p \to (q \vee r), \neg s \to \neg q, p \wedge \neg s \Rightarrow r$。

解

（1）$p \wedge \neg s$	P 规则
（2）p	T 规则：（1）
（3）$\neg s$	T 规则：（1）
（4）$p \to (q \vee r)$	P 规则
（5）$q \vee r$	T 规则：（2），（4）
（6）$\neg s \to \neg q$	P 规则
（7）$\neg q$	T 规则：（3），（6）
（8）r	T 规则：（5），（7）

$\therefore \; p \to (q \vee r), \; \neg s \to \neg q, \; p \wedge \neg s \Rightarrow r$

例 1.23 用演绎推理法证明下列推理过程：如果马会飞或羊吃草，则母鸡就会是飞鸟；如果母鸡是飞鸟，那么烤熟的鸭子还会跑；烤熟的鸭子不会跑，所以羊不吃草。

解 首先符号化上面的语句，设 p：马会飞，q：羊吃草，r：母鸡是飞鸟，s：烤熟的鸭子会跑，则相应的逻辑前提是：$p \vee q \to r, \; r \to s, \; \neg s$；要证的逻辑结论是 $\neg q$。

（1）$\neg s$	P 规则
（2）$r \to s$	P 规则
（3）$\neg r$	T 规则：（1），（2）
（4）$p \vee q \to r$	P 规则
（5）$\neg(p \vee q)$	T 规则：（3），（4）
（6）$\neg p \wedge \neg q$	E 规则：（5）
（7）$\neg q$	T 规则：（6）

$\therefore \; p \vee q \to r, \; r \to s, \; \neg s \Rightarrow \neg q$

1.5.3 附加前提法

在演绎推理时，采用一些技巧会带来很大方便，下面介绍一种方法——附加前提方法。事实上，利用定理 1.16，可以将 $A_1, A_2, \cdots, A_n \Rightarrow A$ 的演绎推理转变为 $A_1, A_2, \cdots, A_n, \neg A \Rightarrow 0$ 的演绎推理，这里的 $\neg A$ 称为**附加前提**（有的书上将定理 1.16 定义为**反证法**）。

例 1.24 用演绎法证明推理公式 $\neg(r \vee s) \to \neg(p \vee q), \; p, \; (s \to r) \vee \neg p \Rightarrow r$

解

（1）p	P 规则
（2）$(s \to r) \vee \neg p$	P 规则
（3）$s \to r$	T 规则：（1），（2）
（4）$\neg r$	附加前提
（5）$\neg s$	T 规则：（3），（4）
（6）$\neg r \wedge \neg s$	T 规则：（4），（5）
（7）$\neg(r \vee s)$	E 规则：（6）

（8）　$\neg(r \vee s) \to \neg(p \vee q)$ P 规则

（9）　$\neg(p \vee q)$ T 规则：（7），（8）

（10）　$\neg p \wedge \neg q$ E 规则：（9）

（11）　$\neg p$ T 规则：（10）

（12）　$p \wedge \neg p$ T 规则：（1），（11）

（13）　0   E 规则：（12）

根据定理 1.17，有 $\neg(r \vee s) \to \neg(p \vee q),\ p,\ (s \to r) \vee \neg p \Rightarrow r$。

定理 1.18　设 $A_1,\ A_2,\ \cdots,\ A_n$ 和 A，B 是命题公式，则 $A_1,\ A_2,\ \cdots,\ A_n \Rightarrow A \to B$ 的充要条件是 $A_1,\ A_2,\ \cdots,\ A_n,\ A \Rightarrow B$。

证明　$\because$

$$(A_1 \wedge A_2 \wedge \cdots \wedge A_n) \to (A \to B)$$
$$= \neg(A_1 \wedge A_2 \wedge \cdots \wedge A_n) \vee (\neg A \vee B)$$
$$= (\neg(A_1 \wedge A_2 \wedge \cdots \wedge A_n) \vee \neg A) \vee B$$
$$= \neg(A_1 \wedge A_2 \wedge \cdots \wedge A_n \wedge A) \vee B$$
$$= (A_1 \wedge A_2 \wedge \cdots \wedge A_n \wedge A) \to B$$

$\therefore$ 根据定理 1.15 即知本定理成立。

利用定理 1.18，可以将 $A_1,\ A_2,\ \cdots,\ A_n \Rightarrow A \to B$ 的演绎推理转变为 $A_1, A_2, \cdots, A_n,\ A \Rightarrow B$ 的演绎推理，这里 A 也称为**附加前提**（有的书上将定理 1.18 定义为 **CP 规则**）。

例 1.25　用演绎法证明推理公式 $p,\ p \to (q \to (r \wedge s)) \Rightarrow q \to s$。

解　（1）　p P 规则

（2）　$p \to (q \to (r \wedge s))$ P 规则

（3）　$q \to (r \wedge s)$ T 规则：（1），（2）

（4）　q 附加前提

（5）　$r \wedge s$ T 规则：（3），（4）

（6）　s T 规则：（5）

根据定理 1.18，有 $p,\ p \to (q \to (r \wedge s)) \Rightarrow q \to s$。

例 1.26　用演绎法证明推理公式 $\neg p \vee q,\ \neg q \vee r,\ r \to s \Rightarrow p \to s$。

解　（1）　p 附加前提

（2）　$\neg p \vee q$ P 规则

（3）　q T 规则：（1），（2）

（4）　$\neg q \vee r$ P 规则

（5）　r T 规则：（2），（4）

（6）　$r \to s$ P 规则

（7）　s T 规则：（5），（6）

根据定理 1.18，有 $\neg p \vee q,\ \neg q \vee r,\ r \to s \Rightarrow p \to s$。

例 1.27　用演绎法证明推理公式 $p \to (q \to r),\ q \to (r \to s) \Rightarrow p \to (q \to s)$。

解　（1）　$\neg(p \to (q \to s))$ 附加前提

（2）　$p \wedge q \wedge \neg s$ E 规则：（1）

（3）　p T 规则：（2）

（4）$p \to (q \to r)$ P 规则

（5）$q \to r$ T 规则：（3），（4）

（6）q T 规则：（2）

（7）r T 规则：（5），（6）

（8）$q \to (r \to s)$ P 规则

（9）$r \to s$ T 规则：（6），（9）

（10）s T 规则：（7），（9）

（11）$\neg s$ T 规则：（2）

（12）$s \wedge \neg s$ T 规则：（10），（11）

（13）0   E 规则：（12）

根据定理 1.16，有 $p \to (q \to r)$，$q \to (r \to s) \Rightarrow p \to (q \to s)$。

此题也可以借助于定理 1.18 来做，因为根据定理 1.18，

$$p \to (q \to r),\ q \to (r \to s) \Rightarrow p \to (q \to s)$$

的充要条件是

$$p \to (q \to r),\ q \to (r \to s),\ p \Rightarrow q \to s$$

而它的充要条件又是

$$p \to (q \to r),\ q \to (r \to s),\ p,\ q \Rightarrow s$$

所以在推理时可以引进两个附加条件进行证明，证明过程如下：

（1）p 附加前提

（2）$p \to (q \to r)$ P 规则

（3）$q \to r$ T 规则：（1），（2）

（4）q 附加前提

（5）r T 规则：（3），（4）

（6）$q \to (r \to s)$ P 规则

（7）$r \to s$ T 规则：（4），（6）

（8）s T 规则：（5），（7）

根据定理 1.18，有 $p \to (q \to r)$，$q \to (r \to s) \Rightarrow p \to (q \to s)$。

习题 1.5

1. 用真值表方法判断下列推理是否正确。

（1）$\neg p,\ p \vee q \Rightarrow p \wedge q$

（2）$\neg q \wedge r,\ r \wedge p,\ q \Rightarrow p \vee \neg q$

（3）$\neg (p \wedge \neg q),\ \neg q \vee r,\ \neg q \Rightarrow \neg p$

（4）$p \to (q \to r),\ r \Rightarrow p \wedge q$

（5）$\neg p \to q,\ q \to r,\ r \to p \Rightarrow p \vee q \vee r$

（6）$p \to q,\ r \wedge s,\ \neg q \Rightarrow p \wedge s$

2. 请对下面每组前提给出两个结论，使其中之一是有效的，而另一个不是有效的。

（1）前提：$p \to q,\ q \to r$ （2）前提：$(p \wedge q) \to r,\ \neg r,\ q$

（3）前提：$p \rightarrow (q \rightarrow r)$，$p$，$q$

3．下面各推理没有给出结论，请对每组前提给出两个结论，使其中之一是有效的，而另一个不是有效的。

（1）只有天气热，我才去游泳。我正在游泳。所以……

（2）只要天气热，我就去游泳。我没去游泳。所以……

（3）除非天气热并且我有时间，我才去游泳。天气不热或我没有时间。所以……

4．用真值表法或等价演算法证明下列推理。

（1）$\neg A \Rightarrow A \rightarrow B$

（2）$B \Rightarrow A \rightarrow B$

（3）$\neg(A \rightarrow B) \Rightarrow A$

（4）$\neg(A \rightarrow B) \Rightarrow \neg B$

（5）$(A \rightarrow B) \wedge (C \rightarrow D) \Rightarrow A \wedge C \rightarrow B \wedge D$

（6）$(A \rightarrow B) \wedge (C \rightarrow D) \Rightarrow A \vee C \rightarrow B \vee D$

（7）$(A \rightarrow B) \wedge (C \rightarrow D) \wedge (A \vee C) \Rightarrow B \vee D$

（8）$(A \rightarrow B) \wedge (C \rightarrow D) \wedge (\neg B \vee \neg D) \Rightarrow \neg A \vee \neg C$

5．用演绎推理法证明下列推理。

（1）$p \rightarrow (q \rightarrow r)$，$p$，$q \Rightarrow r \vee s$

（2）$p \rightarrow q$，$\neg(q \wedge r)$，$r \Rightarrow \neg p$

（3）$p \rightarrow q \Rightarrow p \rightarrow (p \wedge q)$

（4）$q \rightarrow p$，$q \leftrightarrow s$，$s \leftrightarrow t$，$t \wedge r \Rightarrow p \wedge q \wedge r$

（5）$p \rightarrow r$，$q \rightarrow s$，$p \wedge q \Rightarrow r \wedge s$

（6）$\neg p \vee r$，$\neg q \vee s$，$p \vee q \Rightarrow (p \wedge q) \rightarrow (r \wedge s)$

（7）$p \rightarrow (q \rightarrow r)$，$s \rightarrow p$，$q \Rightarrow s \rightarrow r$

（8）$(p \vee q) \rightarrow (r \wedge s)$，$(s \vee t) \rightarrow u \Rightarrow p \rightarrow u$

（9）$p \rightarrow \neg q$，$\neg r \vee q$，$r \wedge \neg s \Rightarrow \neg p$

（10）$p \vee q$，$p \rightarrow r$，$q \rightarrow s \Rightarrow r \vee s$

6．用演绎推理法证明下列说法不可能同时成立。

（1）如果王平因病缺了许多课，那么他考试将不及格。

（2）如果王平考试不及格，则他没有学到知识。

（3）如果王平读了许多书，则他学到了许多知识。

（4）王平因病缺了许多课，而且在家读了许多书。

7．用演绎推理法证明下列推理过程：如果今天是星期六，我们就要去长城或故宫玩；如果故宫游人太多，我们就不去故宫玩；今天是星期六；故宫游人太多。所以我们去长城玩。

8．用演绎推理法证明下列推理过程：如果小王是理科学生，则他的数学成绩一定很好；如果小王不是文科学生，他一定是理科学生；小王的数学成绩不好，所以小王是文科学生。

9．用演绎推理法证明下列推理过程：如果王平到过受害者房间并且 11 点以前没有离开，则王平犯谋杀罪；王平曾到过受害者房间；如果王平在 11 点以前离开，门卫会看见他；门卫没有看见他。所以王平犯了谋杀罪。

1.6 逻辑门电路

1.6.1 门电路

计算机和其他电子装置都是由许多电路构成的，这些电路都有输入和输出，输入是 0 或 1，输出也是 0 或 1。这些电路可以用任何具有两个不同状态的基本元件来构造，开关和光学装置都是这样的元件。开关可能处于开或关的位置，光学装置可能是点亮或未点亮。在本节所讨论的这些电路中，输出都只与输入有关，而与电路的当前状态无关，换句话说，这些电路都没有存储能力，这样的电路叫**逻辑电路**或**组合电路**。

我们首先使用三种最基本的元件来构造逻辑电路，第一种是**非门**，它以 0 或 1 作为输入，并产生这些值的逻辑非作为输出。用来表示非门的符号如图 1.1（a）所示，元件的输入画在左边，元件的输出画在右边。

第二种是**或门**，它也以 0 或 1 作为输入，但有两个输入值，输出是这两个值的逻辑加。用来表示或门的符号如图 1.1（b）所示。

第三种是**与门**，它也以 0 或 1 作为输入，同样有两个输入值，输出是这两个值的逻辑乘。用来表示与门的符号如图 1.1（c）所示。

在这里，为了画图紧凑，我们用 $\bar{a}$ 表示 a 的逻辑非，ab 表示 a 和 b 的逻辑乘，$a+b$ 表示 a 和 b 的逻辑加。

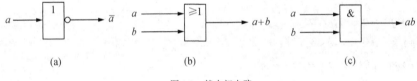

图 1.1 基本门电路

或门、与门允许有多个输入，具有多个输入的或门如图 1.2（a）所示，具有多个输入的与门如图 1.2（b）所示。

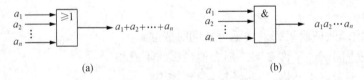

图 1.2 具有多个输入的门电路

使用非门、或门和与门的组合可以构造各种逻辑电路。在构造电路组合时，某些门可能有公共的输入。有两种方法描述公共输入：一种方法是对每个输入，将使用这个输入的门画在不同的分支上；另一种方法是对每个门，分别指出其输入，如图 1.3 所示。另外，从图 1.3 还可以看到，一个门的输出可能作为另一个或更多元件的输入。

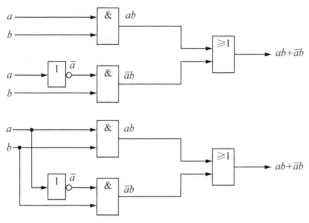

图 1.3　逻辑电路公共输入的两种方式

例 1.28　用非门、或门和与门构造产生下列输出的逻辑电路。

（1）$(a+b)\overline{a}$
（2）$\overline{a(\overline{b+\overline{c}})}$
（3）$(a+b+c)\overline{a}\overline{b}\overline{c}$

解　产生这些输出的电路如图 1.4 所示。

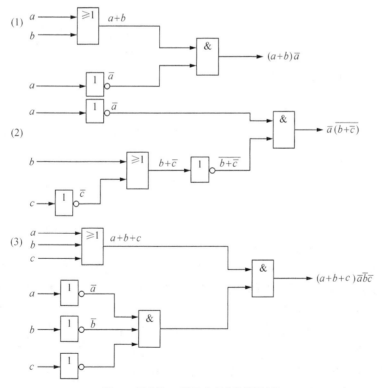

图 1.4　用非门、或门和与门构造逻辑电路

1.6.2　逻辑电路设计

例 1.29　一家航空公司，为了保证安全，用计算机复核飞行计划。每台计算机能给出飞

表1.18　三台计算机的答案及最后判断结果

A	B	C	S
0	0	0	0
0	0	1	0
0	1	0	0
0	1	1	1
1	0	0	0
1	0	1	1
1	1	0	1
1	1	1	1

行计划正确或有误的回答。由于计算机也有可能发生故障，因此采用三台计算机同时复核，由所给答案，再根据"少数服从多数"的原则进行判断。试将结果用命题公式表示，并加以简化，画出相应的组合逻辑电路图。

解　设 A, B, C 分别表示三台计算机的答案，S 表示判断结果，根据题意，我们有如表 1.18 所示的判断结果。

于是得到 S 的标准析取范式：

$$S = (\neg A \wedge B \wedge C) \vee (A \wedge \neg B \wedge C) \vee (A \wedge B \wedge \neg C) \vee (A \wedge B \wedge C)$$

$$= ((\neg A \vee A) \wedge B \wedge C) \vee ((\neg B \vee B) \wedge A \wedge C) \vee ((\neg C \vee C) \wedge A \wedge B)$$

$$= (B \wedge C) \vee (A \wedge C) \vee (A \wedge B)$$

据此得到组合逻辑电路图如图 1.5 所示。

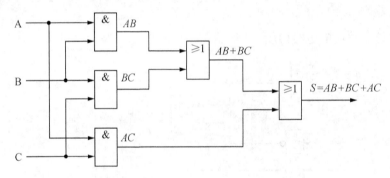

图 1.5　飞行计划决策系统逻辑电路

例 1.30　一会议室有三个门，每个门的门旁装有双态开关。为了控制全室的照明，要求设计一条线路，使得改变任一只开关的状态，就能改变全室的明暗，且保证室中无人时灯暗，有人时灯亮。写出控制电路的逻辑表达式并画出组合逻辑电路图。

解　我们用 a, c, e 表示会议室三扇门旁的开关，"0"表示开关断开，"1"表示开关接通；用 s 表示会议室的照明状态，"0"表示全室灯暗，"1"表示灯亮。

假设开始时，室内无人，灯暗，三只开关都处于"0"状态（即 a, c, e 和 s 都为 0）。当有人进入会议室时，随手改变门旁的开关状态，则会议室灯亮，s 为"1"，此时三只开关中有两只（偶数）处于"0"状态。在这种情况下，最后一个人离开会议室时，随手改变门旁的开关状态，会议室灯暗，s 为"0"。如果该门恰是首次进入的门，则三只（奇数）开关处于"0"状态；如果该门是另一扇门，则有一只（奇数）开关处于"0"状态。

以此类推，总之，当有偶数只开关处于"0"状态时，s 为"1"；当奇数只开关处于"0"状态时，s 为"0"，所以有如表 1.19 所示的分析结果，并由此得出 s 的标准析取范式：

表1.19　教室里开关的状态与亮灯情况

a	c	e	s
0	0	0	0
0	0	1	1
0	1	0	1
0	1	1	0
1	0	0	1
1	0	1	0
1	1	0	0
1	1	1	1

$$s = ace + \bar{a}ce + \bar{a}c\bar{e} + a\bar{c}\bar{e}$$

根据这个标准析取范式，我们可以画出相应的组合逻辑电路图，如图 1.6 所示。

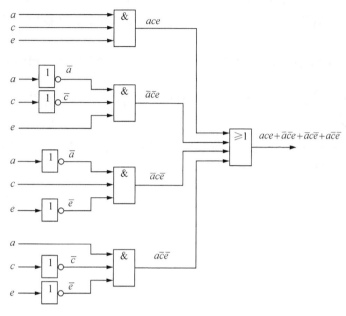

图 1.6　教室开关控制逻辑电路

习题 1.6

1．用非门、与门和或门构造产生下列输出的电路。

（1）$\bar{x} + y$　　　　　　　　　　　　　　（2）$\overline{(x+y)x}$

（3）$xyz + \overline{xyz}$　　　　　　　　　　　（4）$\overline{(\bar{x}+z)(y+\bar{z})}$

2．试设计一个电路来实现五个人的少数服从多数的表决系统。

3．试设计一个由四个开关控制的电灯混合控制器，使得当电灯在打开时，按动任意一个开关都可关闭它，在电灯关闭时，按动任意一个开关都可打开它。

4．构造一个电路来比较二进制整数 $(x_1 x_0)_2$ 和 $(y_1 y_0)_2$，使得当第一个整数大于第二个时，输出 1，否则输出 0。

第 1 章上机练习

编写下列程序并计算至少一个算例

1．已知命题变元 p 和 q 的真值，求它们的合取式 $p \wedge q$，析取式 $p \vee q$，蕴涵式 $p \to q$，等值式 $p \leftrightarrow q$ 的真值。

2．打印出由命题变元 p 和 q 组成的命题公式的真值表。

3．打印出由命题变元 p、q 和 r 组成的命题公式的真值表。

4．测试两个由命题变元 p 和 q 组成的命题公式是否等价。

5．测试两个由命题变元 p、q 和 r 组成的命题公式是否等价。

6．给定一个 n 元真值函数，构造这个函数的标准析取范式和标准合取范式。

7．给定一个 n 元真值函数，只用否定 $\lnot$ 和析取 $\lor$ 这两个逻辑连接词构造对应于这个真值函数的命题公式。

8．给定一个 n 元真值函数，只用否定 $\lnot$ 和合取 $\land$ 这两个逻辑连接词构造对应于这个真值函数的命题公式。

9．测试由命题变元 p 和 q 组成的一个命题公式是否是另一个由命题变元 p 和 q 组成的命题公式的逻辑结论。

10．测试由命题变元 p、q 和 r 组成的一个命题公式是否是另一个由命题变元 p、q 和 r 组成的命题公式的逻辑结论。

第2章 谓 词 逻 辑

在命题逻辑中，命题是最基本的单位，对原子命题不再进行分解，并且不考虑命题之间的内在联系和数量关系。因而命题逻辑具有局限性，甚至无法判断一些简单而常见的推理。例如，考虑下面著名的苏格拉底三段论：

- 所有的人都是要死的。
- 苏格拉底是人。
- 所以，苏格拉底是要死的。

这个推理是公认的真理，但在命题逻辑中却无法判断它的正确性。因为在命题逻辑中只能将推理中出现的三个原子命题依次符号化为 p, q, r，将推理的形式结构符号化为

$$(p \wedge q) \rightarrow r,$$

由于上式不是永真式，所以不能由它判断推理的正确性。

命题逻辑无法准确描述这个推理过程，原因在于命题逻辑本身未对各原子命题之间的内部成分的逻辑关系加以研究。为了更准确地对命题进行符号化，我们需要把一个逻辑判断的对象和谓语分离并细化，分析出其中的个体词、谓词和量词，研究它们的形式结构和逻辑关系、推理规则和推理形式，这就是本章的基本内容。

2.1 个体词、谓词与量词

2.1.1 个体词与谓词

定义 2.1 在原子命题中，表示对象的词称为**个体词**；表示对象所具有的性质或多个对象之间关系的词称为**谓词**。

个体词一般是原子命题中的主语或宾语。个体词可以是具体事物，也可以是抽象的概念，例如，小王，夏天，偶数，思想等都可以作为个体词。特定的个体词称为**个体常元**，用小写字母 a, b, c, $\cdots$ 或 a_1, a_2, a_3, $\cdots$ 表示；不确定的个体词称为**个体变元**，用小写字母 x, y, z, $\cdots$ 或 x_1, x_2, x_3, $\cdots$ 表示。

谓词一般是原子命题中的谓语，通常用大写字母 P, Q, R, $\cdots$ 或 P_1, P_2, P_3, $\cdots$ 表示。含有 n 个 $(n \geqslant 0)$ 个体变元的谓词称为 **n 元谓词**，也称为 **n 元简单命题函数**，通常记为 $P(x_1, x_2, x_3, \cdots, x_n)$。它实际上是 $\overbrace{D_1 \times D_2 \times \cdots \times D_n}^{n\uparrow}$ 到 $\{0, 1\}$ 的一个函数，其中 D_i 是个体变元 x_i 的个体域。所谓**个体域**就是个体变元遍历的非空集合。一般地，个体域应事先给定，如果没有给定，则约定个体域是全体事物构成的集合，称为**全总个体域**。另外，以后除非特别声明，否则认为一个 n 元谓词的所有个体变元的个体域是一样的。

由简单命题函数和命题连接词构成的表达式称为**复合命题函数**。

n 元谓词 $(n > 0)$ 不是命题，只有当 n 元谓词中的全部个体变元在个体域中取定个体常元后它才成为命题，此时，谓词已经不含个体变元而只含个体常元。通常，我们将不含个体变元的谓词称为 0 元谓词，比如 $P(a)$，$Q(b, c)$，$R(d, e, f)$ 等都是 0 元谓词。0 元谓词是命题，命题逻辑中的命题都可表示为 0 元谓词，因此可将命题看成特殊的谓词。

例 2.1　分析下列语句的个体词和谓词。

（1）计算机是现代科学技术的工具。　　　　（2）x 是偶数；2 是偶数。

（3）x 整除 y；2 整除 3。

解　（1）"计算机"是个体常元，"是现代科学技术的工具"是谓词，表示个体的性质。

（2）x 是个体变元，2 是个体常元，"是偶数"是谓词，表示个体的性质。

（3）x 和 y 是个体变元，2 和 3 是个体常元，"整除"是谓词，表示个体之间的关系。

例 2.2　用 0 元谓词符号化下列命题。

（1）只有 2 是质数，4 才是质数。　　　　（2）如果地球重于月亮，则太阳重于地球。

（3）小王热爱自己的母亲。

解　（1）设一元谓词 $P(x)$：x 是质数，个体常元 a：2，b：4。命题符号化为 0 元谓词的蕴涵式：$P(b) \rightarrow P(a)$。

（2）设二元谓词 $P(x, y)$：x 重于 y，个体常元 a：地球，b：月亮，c：太阳。命题符号化为 0 元谓词的蕴涵式：$P(a, b) \rightarrow P(c, a)$。

（3）设二元谓词 $P(x, y)$：x 热爱 y，一元函数 $f(x)$：x 的母亲，个体常元 a：小王。则 $f(a)$ 表示个体常元"小王的母亲"，命题仍符号化为 $P(a, f(a))$。

2.1.2　量词

在谓词逻辑中描述个体的性质或个体之间的关系，有时需要区分"全体个体"和"有些个体"等数量，因此有必要引进量词。

定义 2.2　设 D 为个体域，（1）"对 D 中任意的个体 x"称为 D 上的**全称量词**，记为 $\forall x$；（2）"在 D 中存在个体 x"称为 D 上的**存在量词**，记为 $\exists x$。

用 D 表示个体域，$P(x)$ 表示一元谓词，依据量词的定义，我们将 $\forall x P(x)$ 和 $\exists x P(x)$ 的含义总结如下：

$$\forall x P(x) = \begin{cases} 1, & \text{对任意的 } x \in D,\ p(x) \text{都取值} 1 \\ 0, & \text{存在 } x \in D,\ p(x) \text{取值} 0 \end{cases}$$

$$\exists x P(x) = \begin{cases} 1, & \text{存在 } x \in D,\ p(x) \text{取值} 1 \\ 0, & \text{对任意的 } x \in D,\ p(x) \text{都取值} 0 \end{cases}$$

特别地，对于个体域 D 为有限集，即 $D = \{a_1, a_2, \cdots, a_n\}$ 的情况，我们有：

$$\forall x P(x) = P(a_1) \wedge P(a_2) \wedge \cdots \wedge P(a_n)$$

$$\exists x P(x) = P(a_1) \vee P(a_2) \vee \cdots \vee P(a_n)$$

因此，对于一元谓词 $P(x)$，$\forall x P(x)$ 和 $\exists x P(x)$ 都是命题，就好像由函数 $f(x)$ 构成的定积分

$$\int_0^1 f(x) \mathrm{d}x$$

不再为 x 的函数一样。

有了个体词、个体域、谓词、量词等概念后，我们就可以对命题进行更精细的符号化了。

例 2.3   在（a）个体域 D_1 为人类全体，（b）个体域 D_2 为全总个体域两种情况下，将下列两个命题符号化。

（1）凡人都呼吸。   （2）有的人用左手写字。

解 （1）设一元谓词 $P(x)$：x 呼吸。在 D_1 中除人之外，再无别的东西，因而对于个体域 D_1 来说，"凡人都呼吸"应符号化为

$$\forall x P(x)$$

但在个体域 D_2 中除人外还有万物，因而在符号化时，必须考虑将人先分离出来。令 $M(x)$：x 是人。则在 D_2 中，命题（1）可重述如下：对于宇宙间一切事物而言，如果它是人，则它要呼吸。于是对于个体域 D_2 来说，命题（1）的符号化形式应为

$$\forall x(M(x) \to P(x))$$

（2）设一元谓词 $P(x)$：x 用左手写字。在 D_1 中除人之外，再无别的东西，因而对于个体域 D_1 来说，"有的人用左手写字"应符号化为

$$\exists x P(x)$$

同（1）一样，在 D_2 中，命题（2）可重述如下：在宇宙间存在着用左手写字的人。于是对于个体域 D_2 来说，命题（2）的符号化形式应为

$$\exists x(M(x) \land P(x))$$

其中，$M(x)$ 的含义同（1）中。

由例 2.3 可知，命题（1），（2）在不同的个体域 D_1 和 D_2 中符号化的形式不一样，主要区别在于，在使用个体域 D_2 时，要将人从其他事物中区别开来，为此引进了谓词 $M(x)$，像这样的谓词称为**特性谓词**。在命题符号化时一定要正确使用特性谓词。

在例 2.3 中要注意的是，有些初学者在个体域为 D_2 时将命题（1）符号化为

$$\forall x(M(x) \land P(x))$$

这是错误的，因为它对应的自然语言是"宇宙间的任何事物都是人并且都呼吸"，这显然与命题（1）的原意不符，事实上，任何非人的个体 a 带入后，$M(a)$ 为假，所以 $\forall x(M(x) \land P(x))$ 为假，因而命题（1）不能符号化为 $\forall x(M(x) \land P(x))$。同样，在 D_2 中将命题（2）符号化为

$$\exists x(M(x) \to P(x))$$

这也是错误的。因为它在个体域中有不是人的东西时总是成真，所以 $\exists x(M(x) \to P(x))$ 成真，即使所有的人都用右手写字也是如此，这显然与命题（2）的原意不符。

例 2.4   将下列命题符号化。

（1）所有的人都长着黑头发。   （2）有的人登上过月球。
（3）没有人登上过火星。   （4）在美国留学的学生未必都是华人。

解 本题没有指明个体域，我们这里采用全总个体域。并设一元谓词 $M(x)$：x 是人。

（1）设 $P(x)$：x 长着黑头发。命题符号化为

$$\forall x(M(x) \to P(x))$$

这是个假命题。

（2）设 $P(x)$：x 登上过月球。命题符号化为

$$\exists x(M(x) \wedge P(x))$$

这是个真命题。

（3）设 $P(x)$：x 登上过火星。命题符号化为

$$\neg\exists x(M(x) \wedge P(x))$$

这是个真命题。

（4）设 $P(x)$：x 是在美国留学的学生，$Q(x)$：x 是华人。命题符号化为

$$\neg\forall x(P(x) \rightarrow Q(x))$$

这也是个真命题。

例 2.5 将下列命题符号化。

（1）兔子比乌龟跑得快。 （2）有的兔子比所有的乌龟跑得快。

（3）并不是所有的兔子都比乌龟跑得快。 （4）不存在跑得同样快的两只兔子。

解 本题没有指明个体域，我们这里采用全总个体域。因为本例中出现了二元谓词，因而引入两个个体变元 x 和 y。设一元谓词 $P(x)$：x 是兔子，$Q(y)$：y 是乌龟，二元谓词 $R(x, y)$：x 比 y 跑得快，$S(x, y)$：x 与 y 跑得同样快。这 4 个命题可分别符号化为

$$\forall x\forall y(P(x) \wedge Q(y) \rightarrow R(x, y))$$
$$\exists x(P(x) \wedge \forall y(Q(y) \rightarrow R(x, y)))$$
$$\neg\forall x\forall y(P(x) \wedge Q(y) \rightarrow R(x, y))$$
$$\neg\exists x\exists y(P(x) \wedge P(y) \wedge S(x, y))$$

这里要注意，"有的兔子比所有的乌龟跑得快"不能符号化为 $\exists x\forall y(P(x) \wedge Q(y) \rightarrow R(x, y))$，因为它在个体域中有不是兔子的东西时总是成真，所以 $\exists x\forall y(P(x) \wedge Q(y) \rightarrow R(x, y))$ 成真，即使不存在比所有的乌龟都跑得快的兔子也是如此，这显然与命题（2）的原意不符。

下面对微积分中函数连续的定义进行符号化。

例 2.6 当 x 趋向 a 时，函数 $f(x)$ 以 b 为极限的定义："任给 $\varepsilon > 0$，存在 $\delta > 0$，当 $0 < |x-a| < \delta$ 时，有 $|f(x)-b| < \varepsilon$"。以实数集为个体域将该极限定义符号化。

解 令二元谓词 $P(x, y)$：x 大于 y，则

$$P(\delta, |x-a|) \wedge P(|x-a|, 0) \ \text{表示} \ 0 < |x-a| < \delta$$
$$P(\varepsilon, |f(x)-b|)) \ \text{表示} \ |f(x)-b| < \varepsilon$$

所以，该极限定义表示为

$$\forall\varepsilon\exists\delta\forall x(((P(\varepsilon, 0) \rightarrow P(\delta, 0)) \wedge (P(\delta, |x-a|) \wedge P(|x-a|, 0))) \rightarrow P(\varepsilon, |f(x)-b|))$$

这个符号化式子比较复杂，但如果个体域为正实数集合的话，则符号化的结果比较简单，即为

$$\forall\varepsilon\exists\delta\forall x((P(\delta, |x-a|) \rightarrow P(\varepsilon, |f(x)-b|))$$

习题 2.1

1. 将下列命题用 0 元谓词符号化。

（1）小王学过英语和法语。 （2）2 大于 3 仅当 2 大于 4。

（3）3 不是偶数。 （4）2 或 3 是质数。

（5）除非李键是东北人，否则他一定怕冷。

2．设个体域是整数集合，用自然语言表达下列各式并确定其真值。

（1）$\forall n(n^2 \geqslant 0)$ （2）$\exists n(n^2 = 2)$

（3）$\forall n(n^2 \geqslant n)$ （4）$\forall n \exists m(n^2 < m)$

（5）$\exists n \forall m(n < m^2)$ （6）$\forall n \exists m(n + m = 0)$

（7）$\exists n \forall m(n \times m = m)$ （8）$\exists n \exists m(n^2 + m^2 = 5)$

（9）$\exists n \exists m(n^2 + m^2 = 6)$ （10）$\exists n \forall m(n + m = 4 \land n - m = 1)$

（11）$\exists n \forall m(n + m = 4 \land n - m = 2)$ （12）$\forall n \forall m \exists k(k = (n + m)/2)$

3．令谓词 $P(x, y)$ 表示 "x 访问过 y"，其中，x 的个体域是学校全体学生，y 的个体域是所有网站的集合。用自然语言表达下列各式。

（1）$P(方元, \text{www.hziee.edu.cn})$。

（2）$\exists x P(x, \text{www.google.com})$。

（3）$\exists y P(冯友, y)$。

（4）$\exists y(P(吴笛, y) \land P(钱华, y))$。

（5）$\exists y \forall z(y \neq 黄帅 \land (P(黄帅, z) \to P(y, z)))$。

（6）$\exists x \exists y \forall z((x \neq y) \land (P(x, z) \leftrightarrow P(y, z)))$。

4．令谓词 $P(x)$ 表示 "x 说德语"，$Q(x)$ 表示 "x 了解计算机语言 C++"，个体域为杭电全体学生的集合。用 $P(x)$、$Q(x)$、量词和逻辑连接词符号化下列语句。

（1）杭电有个学生既会说德语又了解 C++。

（2）杭电有个学生会说德语，但不了解 C++。

（3）杭电所有学生或会说德语，或了解 C++。

（4）杭电没有学生会说德语或了解 C++。

假设个体域为全总个体域，谓词 $M(x)$ 表示 "x 是杭电学生"。用 $P(x)$、$Q(x)$、$M(x)$、量词和逻辑连接词再次符号化上面的 4 条语句。

5．令谓词 $P(x, y)$ 表示 "x 爱 y"，个体域是全世界所有人的集合。用 $P(x, y)$、量词和逻辑连接词符号化下列语句。

（1）每个人都爱王平。 （2）每个人都爱某个人。

（3）有个人人都爱的人。 （4）没有人爱所有的人。

（5）有个张键不爱的人。 （6）有个人人都不爱的人。

（7）恰有一个人人都爱的人。 （8）成龙爱的人恰有两个。

（9）每个人都爱自己。 （10）有人除自己以外谁都不爱。

6．令谓词 $P(x, y)$ 表示 "x 给 y 发过电子邮件"，$Q(x, y)$ 表示 "x 给 y 打过电话"，$N(x, y)$ 表示 "x 不是 y"，个体域是实验班所有同学。用 $P(x, y)$、$Q(x, y)$、量词和逻辑连接词符号化下列语句。

（1）周叶从未给李强发过电子邮件。

（2）方芳从未给万华发过电子邮件或打过电话。

（3）实验班每个同学都给余涛发过电子邮件。

（4）实验班没有人给吕健打过电话。

（5）实验班每个人或给肖琴打过电话或给她发过电子邮件。

（6）实验班有个学生给班上其他人都发过电子邮件。

（7）实验班有个学生给班上其他人或打过电话或发过电子邮件。

（8）实验班有两个学生互发过电子邮件。

（9）实验班有个学生给自己发过电子邮件。

（10）实验班至少有两个学生，一个给另一个发过电子邮件，而另一个给这个打过电话。

2.2 谓词公式及其解释

2.2.1 谓词公式

下面我们定义谓词逻辑中的公式——谓词公式，而为了定义它，首先要定义其他两个概念——项和原子公式。

定义 2.3 设 $D_i(1 \leqslant i \leqslant n)$ 是相应于个体变元 x_i 的个体域，则相应于 D_i 的**项**是指按下列规则定义的符号串：

（1）D_i 中的个体常元和个体变元是相应于 D_i 的项。

（2）若 f 是从 $D_1 \times D_2 \times \cdots \times D_n$ 到 D_i 的 n 元函数，$t_i(1 \leqslant i \leqslant n)$ 是相应于 D_i 的项，则 $f(t_1, t_2, t_3, \cdots, t_n)$ 也是相应于 D_i 的项。

（3）所有相应于 D_i 的项都是有限次使用（1），（2）得到的符号串。

例如，设 f 和 g 分别表示一元函数和二元函数，a 是个体常元，x，y 是个体变元，则 a，x，y，$f(x)$，$g(x, y)$，$g(f(x), x))$，$f(g(x, y))$ 等都是项。

定义 2.4 设 $P(x_1, x_2, x_3, \cdots, x_n)$ 是 n 元谓词，$t_i(1 \leqslant i \leqslant n)$ 是相应于个体变元 x_i 的个体域 D_i 的项，则称 $P(t_1, t_2, t_3, \cdots, t_n)$ 为**原子谓词公式**，简称**原子公式**。

例如，设 $R(x, y, z)$ 是三元谓词，z，$f(z)$，$g(x, y)$ 是三个项，则 $R(z, f(z), g(x, y))$ 就是一个原子公式。

定义 2.5 **谓词公式**是按下列规则定义的符号串。

（1）0 和 1 是谓词公式。

（2）原子公式是谓词公式。

（3）若 A，B 是谓词公式，则 $\neg A$，$\neg B$，$A \wedge B$，$A \vee B$，$A \rightarrow B$ 和 $A \leftrightarrow B$ 是谓词公式。

（4）若 x 是个体变元，A 是谓词公式，则 $\forall x A$ 和 $\exists x A$ 是谓词公式。

（5）所有的谓词公式都是有限次使用（1）、（2）、（3）、（4）得到的符号串。

例 如， $\forall x P(x)$ ， $\exists x (P(x) \rightarrow P(f(x)))$ ， $\exists x \forall y Q(x, y) \rightarrow \neg(\forall z P(z) \vee \neg Q(x, y))$ ， $R(z, f(z), g(x, y))$ 等都是谓词公式。

谓词公式是由原子公式、逻辑连接词、量词和圆括号等组成的符号串，命题逻辑中的命题公式仅是它的特例，所以命题逻辑包含于谓词逻辑之中。

定义 2.6 在谓词公式 $\forall x A$ 和 $\exists x A$ 中，称 x 为**指导变元**，称 A 为相应量词的**辖域**或**作用域**，辖域中凡与指导变元相同的个体变元称为**约束变元**，不是约束变元的个体变元称为**自由变元**。

例 2.7　指出下列谓词公式中的变元哪些是约束变元，哪些是自由变元。

（1）$\forall x P(x,\ y) \to Q(x)$　　　　　　　　（2）$\forall x(Q(x) \to \exists y P(x,\ y))$

（3）$\forall x(Q(x) \to R(x)) \wedge \exists x P(x,\ y)$

解　（1）量词 $\forall x$ 的辖域为 $P(x,\ y)$，因此 $P(x,\ y)$ 中的变元 x 是量词 $\forall x$ 的约束变元，但 $P(x,\ y)$ 中的变元 y 是自由变元。$Q(x)$ 不在 $\forall x$ 的辖域内，故 $Q(x)$ 中的变元 x 也是自由变元。

（2）量词 $\forall x$ 的辖域为 $Q(x) \to \exists y P(x,\ y)$，因此 $Q(x)$ 和 $P(x,\ y)$ 中的变元 x 都是量词 $\forall x$ 的约束变元。$\exists y$ 的辖域为 $P(x,\ y)$，故 $P(x,\ y)$ 中的 y 是量词 $\exists y$ 的约束变元。

（3）量词 $\forall x$ 的辖域为 $Q(x) \to R(x)$，因此 $Q(x)$ 和 $R(x)$ 中的变元 x 都是量词 $\forall x$ 的约束变元。$\exists x$ 的辖域为 $P(x,\ y)$，故 $P(x,\ y)$ 中的 x 是量词 $\exists x$ 的约束变元，但 $P(x,\ y)$ 中的变元 y 是自由变元。

从例 2.7 可知，在谓词公式中，某个符号既可以是自由变元，又可以是不同辖区中的约束变元，如（1）中的变元 x，（3）中的变元 x。为了研究方便而不致引起混淆，我们有时希望一个符号在同一个公式中只以一种身份出现，由此引入以下换名规则。

定理 2.1（换名规则）　（1）在谓词公式中，将某量词辖域中出现的某个约束变元以及对应的指导变元改成本辖域中未曾出现过的个体变元符号，其余部分保持不变，公式的等价性不变。

（2）在谓词公式中，将某个自由变元的所有出现用其中未曾出现过的某个体变元符号代替，其余部分保持不变，公式的等价性不变。

例 2.8　利用换名规则将下列公式

$$\forall x P(x,\ y,\ z) \to \exists y Q(x,\ y,\ z)$$

化成与之等价的公式，使自由变元和不同的约束变元使用不同的个体变元符号。

解　利用换名规则（1）有：

$$\forall x P(x,\ y,\ z) \to \exists y Q(x,\ y,\ z)$$
$$= \forall u P(u,\ y,\ z) \to \exists y Q(x,\ y,\ z)$$
$$= \forall u P(u,\ y,\ z) \to \exists v Q(x,\ v,\ z)$$

利用换名规则（2）同样可以达到要求：

$$\forall x P(x,\ y,\ z) \to \exists y Q(x,\ y,\ z)$$
$$= \forall x P(x,\ u,\ z) \to \exists y Q(x,\ y,\ z)$$
$$= \forall x P(x,\ u,\ z) \to \exists y Q(v,\ y,\ z)$$

2.2.2　谓词公式的解释

同命题公式一样，谓词公式仅仅是一个符号串，并不具有任何实际意义，只对谓词公式给出解释后，它才具有一定的意义，甚至有时就变成命题了。

定义 2.7　谓词公式 A 的一个**解释** I 由下面四个部分组成：

（1）非空个体域 D。

（2）对 A 中每个个体常元符号，指定 D 中一个固定元素。

（3）对 A 中每个函数符号，指定一个具体的函数。

（4）对 A 中每个谓词符号，指定一个具体的谓词。

在定义 2.7 中，所谓指定一个 n 元函数和 n 元谓词就是分别给出 $D^n \to D$ 和 $D^n \to \{0, 1\}$ 的一个映射。

例 2.9 对下面的谓词公式，分别给出一个使其为真和为假的解释。

（1） $\forall x(P(x) \to Q(x))$

（2） $\forall x P(x) \to \exists x \forall y Q(x, y)$

（3） $\forall x \forall y(P(x) \wedge P(y) \wedge Q(x, y) \to R(f(x, y), g(x, y)))$

解 （1）令个体域为全总个体域，$P(x)$：x 是人，$Q(x)$：x 是黄种人，则此谓词公式表达的命题为"所有的人都是黄种人"，这是假命题。

令个体域为实数集合，$P(x)$：x 是自然数，$Q(x)$：x 是整数，则此谓词公式表达的命题为"所有自然数都是整数"，这是真命题。

（2）令个体域为实数集合，$P(x)$：$x \geqslant 0$，$Q(x, y)$：$x > y$，则此谓词公式表达的命题为"若任意实数 x 都大于等于 0，则存在一个实数 x，它对所有的实数 y 都有 $x > y$"，这是真命题。一旦将 $P(x)$ 改为 $x^2 \geqslant 0$，则所得命题就是假命题了。

（3）令个体域为全总个体域，$P(x)$：x 是实数，$Q(x, y)$：$x \neq y$，$R(x, y)$：$x > y$，$f(x, y) = x^2 + y^2$，$g(x, y) = 2xy$，则此谓词公式表达的命题为"对于任意的 x，y，若 x 与 y 都是实数，且 $x \neq y$，则 $x^2 + y^2 > 2xy$"，这是真命题。一旦将 $R(x, y)$ 改为 $x < y$，则所得命题就是假命题了。

例 2.9 的三个公式在上面的解释下都是命题，现在我们要问，是不是谓词公式在任何解释下都可以成为命题？答案是否定的。只有**封闭的谓词公式**（简称**闭式**），它才在任何解释下都成为命题，而所谓封闭的谓词公式是指只有约束变元而没有自由变元的谓词公式。例如，例 2.9 中的公式（1）、（2）和（3）是闭式，所以它们在任何解释下都是命题。但如果一个公式不是闭式，则它在有的解释下可以成为命题，而在另一些解释下可能就不成为命题，下面再给出一个例子。

例 2.10 给定解释 I 如下：

个体域 D 为自然数集合。

个体常元 $a = 0$。

二元函数 $f(x, y) = x + y$，$g(x, y) = x \cdot y$。

二元谓词 $P(x, y)$：$x = y$。

在解释 I 下，下列公式的含义是什么？哪些成为命题，哪些不成为命题？成为命题的，其真值又如何？

（1） $\forall x P(g(x, y), z)$ （2） $P(f(x, a), y) \to P(g(x, y), z)$

（3） $\forall x P(g(x, a), x) \to P(x, y)$ （4） $\forall x \forall y \exists z P(f(x, y), z)$

解 在解释 I 下，

（1）公式被解释成" $\forall x(x \times y = z)$ "，它没有确切的真值，不是命题。

（2）公式被解释成" $(x + 0 = y) \to (x \times y = z)$ "，它没有确切的真值，不是命题。

（3）公式被解释成" $\forall x(x \times 0 = x) \to (x = y)$ "，由于此蕴涵式的前件为假，所以整个蕴涵式被解释成一个真命题。

（4）公式被解释成" $\forall x \forall y \exists z(x + y = z)$ "，为真命题。

同命题逻辑一样，有的谓词公式在任何解释下都为真命题，有些谓词公式在任何解释下都为假命题，而有些谓词公式既存在成真的解释，又存在成假的解释。下面给出谓词公式类型的定义。

定义 2.8　设 A 是一个谓词公式，若 A 在任何解释下均为真，则称 A 为**永真式**（**有效式**）。若 A 在任何解释下均为假，则称 A 为**永假式**（**矛盾式**）。若存在解释使 A 为真，则称 A 为**可满足式**。

在命题逻辑中，确定一个公式是永真式、永假式，还是可满足式，我们可用通过该公式在所有解释下的取值情况，即真值表来进行判定。在谓词逻辑中，虽然无法使用真值表，但我们也可以类似地从谓词公式在所有解释下的取值情况来进行判断，并把这种方法称为**解释法**。

例 2.11　判断下列谓词公式中，哪些是永真式，哪些是永假式，哪些是可满足式。

（1）$\forall x(P(x) \rightarrow Q(x))$

（2）$\forall x \exists y P(x, y) \rightarrow \exists x \forall y P(x, y)$

（3）$\forall x P(x) \rightarrow \exists x P(x)$

（4）$\forall x(P(y) \rightarrow Q(x)) \rightarrow (P(y) \rightarrow \forall x Q(x))$

解　（1）取解释 I_1：个体域为实数集合，$P(x)$：x 是整数，$Q(x)$：x 是有理数。在 I_1 下，公式为真，即不是永假式。取解释 I_2：个体域仍为实数集合，$P(x)$：x 是有理数，$Q(x)$：x 是整数。在 I_2 下，公式为假，即不是永真式。综合知，公式为可满足式。

（2）取解释 I_1：个体域为自然数集合，$P(x, y)$：$x \cdot y = 0$。在 I_1 下，公式的前件与后件均为真，所以公式为真，即不是永假式。取解释 I_2：个体域仍为自然数集合，但 $P(x, y)$ 取为 $x = y$。在 I_2 下，公式的前件为真而后件为假，所以公式为假，即不是永真式。综合可知，公式为可满足式。

（3）公式是永真式：设 I 为任意一个解释，个体域为 D。若存在 $a \in D$，使得 $P(a)$ 为假，则 $\forall x P(x)$ 为假，故 $\forall x P(x) \rightarrow \exists x P(x)$ 为真。若对于任意 $x \in D$，$P(x)$ 均为真，则 $\forall x P(x)$ 和 $\exists x P(x)$ 都为真，从而 $\forall x P(x) \rightarrow \exists x P(x)$ 为真。所以，在解释 I 下，公式为真，由 I 的任意性可知，公式为永真式。

（4）公式为永真式：若公式非永真，则存在一个解释，使得对某个 y 有 $\forall x(P(y) \rightarrow Q(x))$ 取 1 而 $P(y) \rightarrow \forall x Q(x)$ 取 0。$P(y) \rightarrow \forall x Q(x)$ 取 0 表明 $P(y)$ 取 1 而 $\forall x Q(x)$ 取 0，即存在某个 a 使 $Q(a)$ 取 0，从而 $P(y) \rightarrow Q(a)$ 取 0。这与前面说的 $\forall x(P(y) \rightarrow Q(x))$ 取 1 矛盾。故公式是永真式。

对某些特殊的谓词公式，可以借助于命题逻辑中的永真式和永假式进行判断。为此我们回顾一下命题逻辑中的代替规则（定理 1.1），这个规则指出，对于永真式（永假式），当其中的命题变元用任意的命题公式处处代入后所得到的新的命题公式仍然是永真式（永假式）。我们要问，对于命题逻辑中的永真式（永假式），其中的命题变元能否用谓词逻辑中的谓词公式代入呢？代入后所得到的谓词公式还是永真式（永假式）吗？回答是肯定的。

定义 2.9　设 p_1，p_2，…，p_n 是命题公式 A 中出现的 n 个命题变元，A_1，A_2，…，A_n 是 n 个谓词公式，用 $A_i (1 \leqslant i \leqslant n)$ 处处代替 A 中的 p_i 后所得谓词公式称为 A 的**代替实例**。

例如，谓词公式 $P(x) \rightarrow Q(x)$，$\forall x P(x) \rightarrow \exists y Q(y)$ 等都是命题公式 $p \rightarrow q$ 的代替实例，而

$\forall x(P(x) \rightarrow Q(x))$ 不是 $p \rightarrow q$ 的代替实例。

定理 2.2　永真式的代替实例是永真式，永假式的代替实例是永假式。

证明　（这里只证明"永真式的代替实例是永真式"，"永假式的代替实例是永假式"的证明类似）设 B 是命题公式 A 用谓词公式 A_1, A_2, …, A_n 代替其中的命题变元 p_1, p_2, …, p_n 后所得的代替实例。当给 B 任意一个解释并任意取定其中的个体变元后，A_1, A_2, …, A_n 就有确定的值 0 或 1，这相当于给命题变元 p_1, p_2, …, p_n 一个赋值。显然，B 在 A_1, A_2, …, A_n 下的取值等于 A 在相应的 p_1, p_2, …, p_n 下的取值。因为 A 是永真式，所以 B 也是永真式。

由于解释和个体变元取值的任意性，所以 B 是永真式。

例 2.12　判断下列谓词公式中，哪些是永真式，哪些是永假式，哪些是可满足式。

（1）$(\neg \forall x P(x) \rightarrow \exists x Q(x)) \rightarrow (\neg \exists x Q(x) \rightarrow \forall x P(x))$

（2）$\forall x P(x) \rightarrow (\exists x \exists y Q(x, y) \rightarrow \forall x P(x))$

（3）$\neg (\forall x P(x) \rightarrow \exists x \forall y Q(x, y)) \wedge \exists x \forall y Q(x, y)$

解　（1）易知公式是 $(\neg p \rightarrow q) \rightarrow (\neg q \rightarrow p)$ 的代替实例，而
$$(\neg p \rightarrow q) \rightarrow (\neg q \rightarrow p) = \neg(p \vee q) \vee (q \vee p) = 1$$
是永真式，所以公式是永真式。

（2）易知公式是 $p \rightarrow (q \rightarrow p)$ 的代替实例，而
$$p \rightarrow (q \rightarrow p) = \neg p \vee \neg q \vee p = 1$$
是永真式，所以公式是永真式。

（3）易知公式是 $\neg(p \rightarrow q) \wedge q$ 的代替实例，而
$$\neg(p \rightarrow q) \wedge q = \neg(\neg p \vee q) \wedge q = p \wedge \neg q \wedge q = 0$$
是永假式，所以公式是永假式。

习题 2.2

1．指出下列谓词公式的量词辖域、约束变元和自由变元。

（1）$\forall x(P(x) \rightarrow Q(x, y))$

（2）$\forall x P(x, y) \rightarrow \exists y Q(x, y)$

（3）$\forall x \exists y(P(x, y) \wedge Q(y, z)) \vee \exists x R(x, y, z)$

2．设个体域 $D = \{1, 2\}$，请给出两种不同的解释 I_1 和 I_2，使得下面谓词公式在 I_1 下都是真命题，而在 I_2 下都是假命题。

（1）$\forall x(P(x) \rightarrow Q(x))$　　　　　　　（2）$\exists x(P(x) \wedge Q(x))$

3．对下面的谓词公式，分别给出一个使其为真和为假的解释。

（1）$\forall x(P(x) \rightarrow \exists y(Q(y) \wedge R(x, y)))$

（2）$\forall x \forall y(P(x) \wedge Q(y) \rightarrow R(x, y))$

4．给定解释 I 如下：

个体域 D 为实数集合。

个体常元 $a = 0$。

二元函数 $f(x, y) = x - y$。

二元谓词 $P(x, y)$: $x = y$，$Q(x, y)$: $x < y$。

在解释 I 下，下列公式的含义是什么？哪些成为命题，哪些不成为命题？成为命题的，其真值又如何？

（1）$\forall x \forall y(Q(x, y) \rightarrow \neg P(x, y))$

（2）$\forall x \forall y(P(f(x, y), a) \rightarrow Q(x, y))$

（3）$\forall x \forall y(Q(x, y) \rightarrow \neg P(f(x, y), a))$

（4）$\forall x \forall y(Q(f(x, y), a) \rightarrow P(x, y))$

5．判断下列谓词公式哪些是永真式，哪些是永假式，哪些是可满足式，并说明理由。

（1）$P(x) \rightarrow \exists x P(x)$　　　　　　（2）$\exists x P(x) \rightarrow P(x)$

（3）$P(x) \rightarrow \forall x P(x)$　　　　　　（4）$\forall x P(x) \rightarrow P(x)$

（5）$\forall x(P(x) \rightarrow \neg P(x))$　　　　（6）$\forall x \forall y P(x, y) \rightarrow \forall y \forall x P(x, y)$

（7）$\forall x \forall y P(x, y) \rightarrow \forall x \forall y P(y, x)$　　（8）$\forall x \exists y P(x, y) \rightarrow \exists x \forall y P(x, y)$

（9）$\exists x \forall y P(x, y) \rightarrow \forall y \exists x P(x, y)$　　（10）$\forall x \forall y(P(x, y) \rightarrow P(y, x))$

6．判断下列谓词公式哪些是永真式，哪些是永假式，哪些是可满足式，并说明理由。

（1）$\forall x(P(x) \wedge Q(x)) \rightarrow (\forall x P(x) \wedge \forall y Q(y))$

（2）$\forall x(P(x) \vee Q(x)) \rightarrow (\forall x P(x) \vee \forall y Q(y))$

（3）$\neg(\forall x P(x) \rightarrow \exists y Q(y)) \wedge \exists y Q(y)$

（4）$\forall x(P(y) \rightarrow Q(x)) \rightarrow (P(y) \rightarrow \forall x Q(x))$

（5）$\forall x(P(x) \rightarrow Q(x)) \rightarrow (P(x) \rightarrow \forall x Q(x))$

（6）$\neg(P(x) \rightarrow (\forall y Q(x, y) \rightarrow P(x)))$

（7）$P(x, y) \rightarrow (Q(x, y) \rightarrow P(x, y))$

7．给出一个非闭式的永真式，给出一个非闭式的永假式，给出一个非闭式的可满足式。

2.3　谓词公式的等价演算

同命题逻辑一样，在谓词逻辑中，一个命题同样可能有多种谓词公式表示。本节讨论谓词公式之间的等价关系。

定义 2.10　设 A 和 B 是两个谓词公式，如果在任何解释下，A 和 B 都有相同的真值，则称 A 和 B **等价**，记为 $A = B$。

依据等值运算"$\leftrightarrow$"和谓词公式等价关系"$=$"的定义不难证明如下定理，它与命题逻辑中的定理 1.2 相对应。

定理 2.3　设 A 和 B 是两个谓词公式，则 $A = B$ 的充要条件是 $A \leftrightarrow B$ 是永真式。

另外，同命题逻辑一样，谓词逻辑中也有一些重要的等价公式，由这些重要的等价公式可以推演出更多的等价公式来，下面我们来讨论这些公式。

由于命题逻辑中的永真式的代替实例都是谓词逻辑中的永真式，因而我们有与命题逻辑中定理 1.3 相对的等价公式，只不过这里的 A, B, C 已不再仅仅是命题公式，而是谓词公式，里面可以包含个体变元、项、原子公式、量词等。

除了与命题逻辑中对应的等价公式外，在谓词逻辑中人们还证明了下面重要的等价公式。

定理 2.4（量词否定律） 设 A 是谓词公式，则有

（1） $\neg\forall xA(x) = \exists x\neg A(x)$

（2） $\neg\exists xA(x) = \forall x\neg A(x)$

证明 （这里只证明第一个等价关系，第二个等价关系的证明类似）任给解释 I（相应的个体域记为 D），在 I 下，若 $\neg\forall xA(x)$ 取值 1，则 $\forall xA(x)$ 取值 0，因此存在 $a\in D$，使得 $A(a)$ 取值 0，即 $\neg A(a)$ 取值 1，从而 $\exists x\neg A(x)$ 取值 1；若 $\neg\forall xA(x)$ 取值 0，则 $\forall xA(x)$ 取值 1，因此对任意的 $x\in D$，$A(x)$ 都取值 1，即对任意的 $x\in D$，$\neg A(x)$ 都取值 0，从而 $\exists x\neg A(x)$ 取值 0。由解释 I 的任意性可知（1）式成立。

定理 2.5（量词辖域的收缩与扩展律） 设 A,B 是谓词公式，B 不含个体变元 x，则有

（1） $\forall x(A(x)\wedge B) = \forall xA(x)\wedge B$　　　　　　（2） $\forall x(A(x)\vee B) = \forall xA(x)\vee B$

（3） $\exists x(A(x)\wedge B) = \exists xA(x)\wedge B$　　　　　　（4） $\exists x(A(x)\vee B) = \exists xA(x)\vee B$

证明 （这里只对（1）式进行证明，其他类似）任给解释 I（相应的个体域记为 D），在 I 下，若 $\forall x(A(x)\wedge B)$ 取值 1，则对任意的 $x\in D$，$A(x)$ 和 B 都取值 1，从而 $\forall xA(x)$ 和 B 都取值 1，所以 $\forall xA(x)\wedge B$ 取值 1。若 $\forall x(A(x)\wedge B)$ 取值 0，则存在 $a\in D$，使 $A(a)$ 和 B 中至少有一个取值 0，若 $A(a)$ 取 0，则 $\forall xA(x)$ 取 0，从而 $\forall xA(x)\wedge B$ 取 0；若 B 取 0，注意到 B 是不含命题变元 x 的，所以 $\forall xA(x)\wedge B$ 仍然取 0。由解释 I 的任意性知（1）式成立。

定理 2.6（量词分配律） 设 A,B 是谓词公式，则有

（1） $\forall x(A(x)\wedge B(x)) = \forall xA(x)\wedge\forall xB(x)$

（2） $\exists x(A(x)\vee B(x)) = \exists xA(x)\vee\exists xB(x)$

证明 任给解释 I（相应的个体域记为 D），在 I 下，若 $\forall x(A(x)\wedge B(x))$ 取值 1，则对任意的 $x\in D$，$A(x)$ 和 $B(x)$ 都取值 1，从而 $\forall xA(x)$ 和 $\forall xB(x)$ 都取值 1，所以 $\forall xA(x)\wedge\forall xB(x)$ 取值 1；若 $\forall x(A(x)\wedge B(x))$ 取值 0，则存在 $a\in D$，使 $A(a)$ 和 $B(a)$ 中至少有一个取值 0，从而 $\forall xA(x)$ 和 $\forall xB(x)$ 中至少有一个取值 0，所以 $\forall xA(x)\wedge\forall xB(x)$ 取值 0。由解释 I 的任意性可知（1）式成立。

利用量词否定律，对（1）式两边取否定即得（2）式。

这里要注意的是，下面两个等价式

$$\forall x(A(x)\vee B(x)) = \forall xA(x)\vee\forall xB(x)，\quad \exists x(A(x)\wedge B(x))) = \exists xA(x)\wedge\exists xB(x)$$

不成立。例如，对于解释：D 为实数集合，$A(x)$ 表示 $x\geq 0$，$B(x)$ 表示 $x<0$，第一个等价式左边取 1 右边取 0，第二个等价式左边取 0 右边取 1。

定理 2.7（量词交换律） 设 A,B 是谓词公式，则有

（1） $\forall x\forall yA(x,y) = \forall y\forall xA(x,y)$

（2） $\exists x\exists yA(x,y) = \exists y\exists xA(x,y)$

本定理的证明可以由量词的定义直接得到。

但是，下面的等价式

$$\forall x\exists yA(x,y) = \exists y\forall xA(x,y)$$

不成立。例如，考虑个体域为实数集合，$P(x,y)$ 表示 $x+y=10$，则 $\forall x\exists yP(x,y)$ 表示命题"对于任意的 x，都存在 y，使得 $x+y=10$"，它显然为真命题。但 $\exists y\forall xP(x,y)$ 表示命题"存在一个实数 y，对于任意的 x，都有 $x+y=10$"，它显然是一个假命题。

定理 2.4~2.7 的证明都是用解释法进行证明的，即说明在任何解释下，"左边取 1 时右边也取 1，左边取 0 时右边也取 0" 或 "左边取 1 时右边也取 1，右边取 1 时左边也取 1"。这种方法是证明谓词公式等价的基本方法，但有局限性，下面我们来讲谓词公式的等价演算方法。

同命题公式的等价演算一样，要进行谓词公式的等价演算，除要使用上节介绍的重要等价公式外，有时还要用到下面的置换规则。

定理 2.8（置换规则）　设 $\phi(A)$ 为含有子公式 A 的谓词公式，$\phi(B)$ 是用公式 B 置换 $\phi(A)$ 中的 A（不要求处处置换）所得到的谓词公式，若 $A = B$，则 $\phi(A) = \phi(B)$。

例 2.13　设 $A(x)$ 是谓词公式，B 是不含个体变元 x 的谓词公式，证明下列等价关系。

（1）$\forall x(A(x) \rightarrow B) = \exists x A(x) \rightarrow B$　　　（2）$\exists x(A(x) \rightarrow B) = \forall x A(x) \rightarrow B$

（3）$\forall x(B \rightarrow A(x)) = B \rightarrow \forall x A(x)$　　　（4）$\exists x(B \rightarrow A(x)) = B \rightarrow \exists x A(x)$

证明　（1）$\forall x(A(x) \rightarrow B)$　　　　（2）$\exists x(A(x) \rightarrow B)$

$$= \forall x(\neg A(x) \vee B) \qquad\qquad = \exists x(\neg A(x) \vee B)$$
$$= \forall x \neg A(x) \vee B \qquad\qquad = \exists x \neg A(x) \vee B$$
$$= \neg \exists x A(x) \vee B \qquad\qquad = \neg \forall x A(x) \vee B$$
$$= \exists x A(x) \rightarrow B \qquad\qquad = \forall x A(x) \rightarrow B$$

（3）$\forall x(B \rightarrow A(x))$　　　　（4）$\exists x(B \rightarrow A(x))$

$$= \forall x(\neg B \vee A(x)) \qquad\qquad = \exists x(\neg B \vee A(x))$$
$$= \neg B \vee \forall x A(x) \qquad\qquad = \neg B \vee \exists x A(x)$$
$$= B \rightarrow \forall x A(x) \qquad\qquad = B \rightarrow \exists x A(x)$$

例 2.14　设 $A(x)$ 和 $B(x)$ 都是谓词公式，证明下列等价关系：

$$\exists x(A(x) \rightarrow B(x)) = \forall x A(x) \rightarrow \exists x B(x)$$

证明

$$\exists x(A(x) \rightarrow B(x))$$
$$= \exists x(\neg A(x) \vee B(x))$$
$$= \exists x \neg A(x) \vee \exists x B(x)$$
$$= \neg \forall x A(x) \vee \exists x B(x)$$
$$= \forall x A(x) \rightarrow \exists x B(x)$$

要注意，下面的等价式

$$\forall x(A(x) \rightarrow B(x)) = \exists x A(x) \rightarrow \forall x B(x)$$

不成立，其不成立的一个解释是：D 为实数集合，$A(x)$：$x > 1$，$B(x)$：$x > 0$，此时左边取 1 而右边取 0。

习题 2.3

1. 将下列命题符号化，要求用两种不同的等价形式。

（1）没有小于负数的正数。　　　　（2）相等的两个角未必都是对顶角。

2. 利用解释法证明下列等价式。

（1）$\neg \exists x A(x) = \forall x \neg A(x)$　　　　（2）$\forall x(A(x) \vee B) = \forall x A(x) \vee B$

（3）$\exists x(A(x) \wedge B) = \exists x A(x) \wedge B$　　　　（4）$\exists x(A(x) \vee B) = \exists x A(x) \vee B$

（5）$\exists x(A(x) \vee B(x)) = \exists x A(x) \vee \exists x B(x)$

3．设 $P(x)$，$Q(x)$ 和 $R(x, y)$ 都是谓词，证明下列各等价式。

（1）$\neg \exists x(P(x) \wedge Q(x)) = \forall x(P(x) \rightarrow \neg Q(x))$

（2）$\neg \forall x(P(x) \rightarrow Q(x)) = \exists x(P(x) \wedge \neg Q(x))$

（3）$\neg \forall x \forall y(P(x) \wedge Q(y) \rightarrow R(x, y)) = \exists x \exists y(P(x) \wedge Q(y) \wedge \neg R(x, y))$

（4）$\neg \exists x \exists y(P(x) \wedge Q(y) \wedge R(x, y)) = \forall x \forall y(P(x) \wedge Q(y) \rightarrow \neg R(x, y))$

2.4　谓词公式的推理演算

2.4.1　基本概念

定义 2.11　设 A_1，A_2，$\cdots$，A_n，B 是谓词公式，如果对 A_1，A_2，$\cdots$，A_n 都取值 1 的任何解释，B 必取值 1，则称由前提 A_1，A_2，$\cdots$，A_n 到结论 B 的**推理是有效的（正确的）**，或者称 B 是前提 A_1，A_2，$\cdots$，A_n 的**逻辑结论（有效结论）**，记为 A_1，A_2，$\cdots$，$A_n \Rightarrow B$（$A_1 \wedge A_2 \wedge \cdots \wedge A_n \Rightarrow B$）。

定理 2.9　设 A，B 是两个谓词公式，则 $A = B$ 的充要条件是 $A \Rightarrow B$ 且 $B \Rightarrow A$。

这个定理的证明可由谓词公式的等价定义 2.10 和推理定义 2.11 直接得到。

定理 2.10　设 A，B 是两个谓词公式，则 $A \Rightarrow B$ 的充要条件是 $A \rightarrow B$ 是永真式。

这个定理的证明可由谓词公式的推理定义 2.11 和蕴涵连接词定义 1.4 直接得到。

以上的定义与定理都与命题逻辑中的一样，根据定义 2.11 和定理 2.10，我们可以用解释法和等价演算法来进行推理，证明某个谓词公式 B 是某些谓词公式 A_1，A_2，$\cdots$，A_n 的有效结论。用解释法，就是要说明，当前提 A_1，A_2，$\cdots$，A_n 都取值 1 时，结论 B 也取值 1；用等价演算法，就是要证明 $A_1 \wedge A_2 \wedge \cdots \wedge A_n \rightarrow B$ 是永真式。

例 2.15　设 $A(x)$ 和 $B(x)$ 都是谓词公式，用解释法或等价演算方法证明：

（1）$\forall x A(x) \Rightarrow \exists x A(x)$

（2）$\forall x A(x) \vee \forall x B(x) \Rightarrow \forall x(A(x) \vee B(x))$

（3）$\forall x(A(x) \vee B(x)) \Rightarrow \exists x A(x) \vee \forall x B(x)$

（4）$\exists x(A(x) \wedge B(x)) \Rightarrow \exists x A(x) \wedge \exists x B(x)$

（5）$\exists x A(x) \wedge \forall x B(x) \Rightarrow \exists x(A(x) \wedge B(x))$

证明　（1）$\forall x A(x) \rightarrow \exists x A(x)$

$\quad = \neg \forall x A(x) \vee \exists x A(x) = \exists x \neg A(x) \vee \exists x A(x)$

$\quad = \exists x(\neg A(x) \vee A(x)) = \exists x 1 = 1$

即 $\forall x A(x) \rightarrow \exists x A(x)$ 是永真式，由定理 2.10 知推理成立。

（2）任给解释 I（相应的个体域记为 D），在 I 下，若 $\forall x A(x) \vee \forall x B(x)$ 取值 1，则 $\forall x A(x)$ 取 1 或 $\forall x B(x)$ 取 1。若 $\forall x A(x)$ 取 1，则对任意的 $x \in D$，$A(x)$ 取值 1，从而对任意的 $x \in D$，$A(x) \vee B(x)$ 取值 1，若 $\forall x B(x)$ 取 1，也有同样的结果，所以 $\forall x(A(x) \vee B(x))$ 取值 1。由解释 I 的任意性知推理式成立。

（3）任给解释 I（相应的个体域记为 D），在 I 下，若 $\forall x(A(x) \vee B(x))$ 取值 1，则对任意的 $x \in D$，$A(x) \vee B(x)$ 取值 1。分两种情况进行讨论：若存在个体常元 $a \in D$，$A(a)$ 取值 1，

则 $\exists x A(x)$ 取值 1，从而 $\exists x A(x) \vee \forall x B(x)$ 取值 1；若对任意的 $x \in D$，$A(x)$ 都取值 0，则对任意的 $x \in D$，$B(x)$ 必都取值 1，因此 $\forall x B(x)$ 取值 1， 从而 $\exists x A(x) \vee \forall x B(x)$ 取值 1。由解释 I 的任意性知推理式成立。

（4）任给解释 I（相应的个体域记为 D），在 I 下，若 $\exists x(A(x) \wedge B(x))$ 取值 1，则存在 $a \in D$，使 $A(a) \wedge B(a)$ 取值 1，即 $A(a)$ 取值 1 且 $B(a)$ 取值 1，所以 $\exists x A(x)$ 取值 1 且 $\exists x B(x)$ 也取值 1，因此 $\exists x A(x) \wedge \exists x B(x)$ 取值 1。由解释 I 的任意性知推理式成立。

（5）任给解释 I（相应的个体域记为 D），在 I 下，若 $\exists x A(x) \wedge \forall x B(x)$ 取值 1，则存在 $a \in D$，使 $A(a)$ 取值 1 且对任意的 $x \in D$，$B(x)$ 取值 1，所以 $A(a) \wedge B(a)$ 取值 1，即 $\exists x(A(x) \wedge B(x))$ 取值 1。由解释 I 的任意性知推理式成立。

例 2.16　设 $A(x, y)$ 是二元谓词公式，用解释法或等价演算方法证明：

（1）$\forall x \forall y A(x, y) \Rightarrow \exists y \forall x A(x, y)$　　　　（2）$\exists y \forall x A(x, y) \Rightarrow \forall x \exists y A(x, y)$

（3）$\forall x \exists y A(x, y) \Rightarrow \exists x \exists y A(x, y)$

证明　（1）任给解释 I（相应的个体域记为 D），在 I 下，若 $\forall x \forall y A(x, y)$ 取值 1，则对任意的 $x, y \in D$，$A(x, y)$ 都取值 1。所以，D 中确定个体常元 a 和任意 $x \in D$ 有 $A(x, a)$ 都取值 1，从而 $\forall x A(x, a)$ 取 1，因此 $\exists y \forall x A(x, y)$ 取值 1。由解释 I 的任意性知推理式成立。

（2）任给解释 I（相应的个体域记为 D），在 I 下，若 $\exists y \forall x A(x, y)$ 取值 1，则存在一个 $a \in D$，使得对任意的 $x \in D$，$A(x, a)$ 都取值 1。所以对任意的 $x \in D$，$\exists y A(x, y)$ 都取 1，因此 $\forall x \exists y A(x, y)$ 取值 1。由解释 I 的任意性知推理式成立。

（3）$\forall x \exists y A(x, y) \rightarrow \exists x \exists y A(x, y)$

$\quad = \neg \forall x \exists y A(x, y) \vee \exists x \exists y A(x, y)$

$\quad = \exists x \neg \exists y A(x, y) \vee \exists x \exists y A(x, y)$

$\quad = \exists x(\neg \exists y A(x, y) \vee \exists y A(x, y))$

$\quad = \exists x 1 = 1$

即 $\forall x \exists y A(x, y) \rightarrow \exists y \exists x A(x, y)$ 是永真式，由定理 2.10 知推理成立。

定理 2.7 和例 2.16 的结果可以用图 2.1 形象地表示。

2.4.2　演绎推理方法

前面我们说过，判断一个谓词公式是否为已知前提的逻辑结论可以使用解释法和等价演算法，但这些方法的缺陷在于不能清晰地表达其推理过程。同命题逻辑一样，下面介绍运用等价公式、推理公式和推理规则的谓词逻辑演绎推理方法。

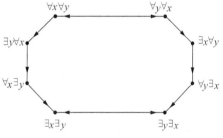

图 2.1　量词的交换规律

由于命题逻辑中的永真式的代替实例都是谓词逻辑中的永真式，因而有与命题逻辑中定理 1.17 相对的推理公式，只不过这里的 A, B, C 已不再仅仅是命题公式，而是谓词公式，里面可以包含个体变元、项、原子公式、量词等。

谓词公式中含有量词使得谓词逻辑的演绎推理变得比命题逻辑的演绎推理要复杂。在谓词公式的演绎推理中，为了便于推理，有时需要引进或消去量词。因此在谓词公式的演绎推理中，除了要用到 P 规则（前提引入规则）、E 规则（置换规则）和 T 规则（结论引入规则）外，还要用到四条与量词有关的推理规则，它们在谓词公式的演绎推理方法中起着重要作用。

（1）**US 规则（全称量词消去规则）**：$\forall x A(x) \Rightarrow A(a)$ 或 $\forall x A(x) \Rightarrow A(y)$。其中，$y$ 不在 $A(x)$ 中以约束变元的形式出现。

（2）**ES 规则（存在量词消去规则）**：$\exists x A(x) \Rightarrow A(a)$。其中，个体常元 a 是使 $A(x)$ 为真的特定的个体常元，这就要求① a 不在 $A(x)$ 和已经推导出的公式中出现，②除 x 外，$A(x)$ 中无其他自由变元。

（3）**UG 规则（全称量词引入规则）**：$A(y) \Rightarrow \forall x A(x)$。其中，$x$ 不在 $A(y)$ 中以约束变元的形式出现。

（4）**EG 规则（存在量词引入规则）** $A(y) \Rightarrow \exists x A(x)$ 或 $A(a) \Rightarrow \exists x A(x)$。其中，$x$ 不在 $A(y)$ 和 $A(a)$ 中以约束变元的形式出现。

例 2.17 设个体域为实数集，$P(x, y)$：$x+1=y$，分析下面推导过程的错误。

（1）$\forall x \exists y P(x, y)$　　　　　　　　　　　　P 规则

（2）$\exists y P(y, y)$　　　　　　　　　　　　　　US 规则：（1）

解 $\forall x \exists y P(x, y)$ 的语意为："对任何实数 x，存在实数 y，满足 $x+1=y$"，这是一个真命题。由于在使用 US 规则时违反了使用条件，致使得到错误的结论 $\exists y P(y, y)$，即"存在实数 y，满足 $y+1=y$"。

例 2.18 设个体域为实数集，$P(x)$：x 是正数，$Q(x)$：x 是负数，分析下面推导过程的错误。

（1）$\exists x P(x)$　　　　　　　　　　　　　　P 规则

（2）$P(a)$　　　　　　　　　　　　　　　　ES 规则：（1）

（3）$\exists x Q(x)$　　　　　　　　　　　　　　P 规则

（4）$Q(a)$　　　　　　　　　　　　　　　　ES 规则：（3）

（5）$P(a) \wedge Q(a)$　　　　　　　　　　　　T 规则：（2），（4）

解 前提 $\exists x P(x)$ 和 $\exists x Q(x)$ 都是真命题，但结论 $P(a) \wedge Q(a)$ 是假命题，错误出现在步骤（4），它违反了 ES 规则使用条件，使用 ES 规则的正确推理为 $\exists x Q(x) \Rightarrow Q(b)$，以避免与步骤（2）使用同一个体常元符号 a。

例 2.19 设个体域为实数集，$P(x, y)$：$x > y$，分析下面推导过程的错误。

（1）$\forall x \exists y P(x, y)$　　　　　　　　　　　　P 规则

（2）$\exists y P(z, y)$　　　　　　　　　　　　　US 规则：（1）

（3）$P(z, a)$　　　　　　　　　　　　　　　ES 规则：（2）

解 $\forall x \exists y P(x, y)$ 的语意为："对任何实数 x，存在实数 y，满足 $x > y$"，这是一个真命题，但结论 $P(z, a)$ 随 z 的不同可取 0 或可取 1。这是由于公式 $\exists y P(z, y)$ 中还有自由变元 z，违反了 ES 规则使用条件，故不能使用 ES 规则得到 $P(z, a)$，实际上，$\exists y P(z, y)$ 中的个体变元 y 依赖个体变元 z。

例 2.20 设个体域为实数集，$P(x, y)$：$x > y$，分析下面推导过程的错误。

（1）$\exists x P(x, y)$　　　　　　　　　　　　　P 规则

（2）$\forall x \exists x P(x, x)$　　　　　　　　　　　UG 规则：（1）

解　对个体域中任意的个体变元 y，显然，$\exists xP(x, y)$ 都取值 1，但结论 $\forall x\exists xP(x, x) = \forall x\exists x(x > x)$ 是一个假命题。产生错误的原因是违反了 UG 规则使用条件②。若不用 x 而用另一个变元 z，则得 $\exists x(x > y) = \forall z\exists x(x > z)$ 为真命题。

例 2.21　设个体域为实数集，$P(x, y)$：$x \cdot y = 0$，分析下面推导过程的错误。

（1）$\exists y\forall xP(x, y)$　　　　　　　　　　　P 规则

（2）$\forall xP(x, a)$　　　　　　　　　　　　ES 规则：（1）

（3）$\exists x\forall xP(x, x)$　　　　　　　　　　EG 规则：（2）

（4）$\forall xP(x, x)$　　　　　　　　　　　　E 规则：（3）

解　前提 $\exists y\forall xP(x, y)$ 的语意为："存在一个 y，对任何实数 x，都有 $x \cdot y = 0$"，这是一个真命题，但结论 $\forall xP(x, x)$ 的语意是："对任何实数 x，都有 $x^2 = 0$"，这是一个假命题。错误出现在步骤（3），它违反了 EG 规则使用条件。

注意，因为 $\forall xP(x, x)$ 与 x 无关，所以

$$\exists x\forall xP(x, x) = \forall xP(x, x)$$

而不应该认为

$$\exists x\forall xP(x, x) = \exists xP(x, x)$$

量词消去和引入的上述四条规则的使用都有一些前提条件，违反这些条件使用与量词相关的推理规则，都可能导致错误的结果。

例 2.22　证明苏格拉底三段论："所有的人都是要死的；苏格拉底是人；所以，苏格拉底是要死的。"

解　先进行符号化。设个体域是全总个体域，$P(x)$：x 是人，$Q(x)$：x 是要死的，个体常元 a：苏格拉底。则即要证明

$$\forall x(P(x) \to Q(x)), \quad P(a) \quad \Rightarrow \quad Q(a)$$

现证明如下：

（1）$\forall x(P(x) \to Q(x))$　　　　　　　　P 规则

（2）$P(a) \to Q(a)$　　　　　　　　　　　US 规则：（1）

（3）$P(a)$　　　　　　　　　　　　　　　P 规则

（4）$Q(a)$　　　　　　　　　　　　　　　T 规则：（2），（3）

例 2.23　证明下列论断的正确性："所有的哺乳动物都是脊椎动物；并非所有的哺乳动物都是胎生动物；故有些脊椎动物不是胎生的。"

解　先进行符号化。设个体域是全总个体域，$P(x)$：x 是哺乳动物，$Q(x)$：x 是脊椎动物，$R(x)$：x 是胎生动物。则即要证明

$$\forall x(P(x) \to Q(x)), \quad \neg\forall x(P(x) \to R(x)) \quad \Rightarrow \quad \exists x(Q(x) \wedge \neg R(x))$$

现证明如下：

（1）$\neg\forall x(P(x) \to R(x))$　　　　　　　　P 规则

（2）$\exists x\neg(\neg P(x) \vee R(x))$　　　　　　　E 规则：（1）

（3）$\neg(\neg P(a) \vee R(a))$　　　　　　　　　ES 规则：（2）

（4）$P(a) \wedge \neg R(a)$　　　　　　　　　　　E 规则：（3）

（5）$P(a)$　　　　　　　　　　　　　　　　T 规则：（4）

（6） $\neg R(a)$	T 规则：（4）
（7） $\forall x(P(x) \rightarrow Q(x))$	P 规则
（8） $P(a) \rightarrow Q(a)$	US 规则：（7）
（9） $Q(a)$	T 规则：（5），（8）
（10） $Q(a) \wedge \neg R(a)$	T 规则：（6），（9）
（11） $\exists x(Q(x) \wedge \neg R(x))$	EG 规则：（10）

另外，同命题逻辑的演绎推理一样，在谓词逻辑的演绎推理中也可以使用附加前提法。

例 2.24 用演绎法证明推理式： $\exists x A(x) \rightarrow \forall x B(x) \Rightarrow \forall x(A(x) \rightarrow B(x))$ 。

证明	
（1） $\neg \forall x(A(x) \rightarrow B(x))$	附加前提
（2） $\exists x \neg(\neg A(x) \vee B(x))$	E 规则：（1）
（3） $\exists x(A(x) \wedge \neg B(x))$	E 规则：（2）
（4） $A(a) \wedge \neg B(a)$	ES 规则：（3）
（5） $\neg B(a)$	T 规则：（4）
（6） $A(a)$	T 规则：（4）
（7） $\exists x A(x)$	EG 规则：（6）
（8） $\exists x A(x) \rightarrow \forall x B(x)$	P 规则
（9） $\forall x B(x)$	T 规则：（7），（8）
（10） $B(a)$	US 规则：（9）
（11） $B(a) \wedge \neg B(a)$	T 规则：（5），（10）
（12） 0	E 规则：（11）

根据附加前提法知 $\exists x A(x) \rightarrow \forall x B(x) \Rightarrow \forall x(A(x) \rightarrow B(x))$ 。

例 2.25 用演绎法证明推理式： $\forall x(A(x) \rightarrow B(x)) \Rightarrow \forall x A(x) \rightarrow \forall x B(x)$ 。

证明	
（1） $\forall x(A(x) \rightarrow B(x))$	P 规则
（2） $A(y) \rightarrow B(y)$	US 规则：（1）
（3） $\forall x A(x)$	附加前提
（4） $A(y)$	US 规则：（3）
（5） $B(y)$	T 规则：（2），（4）
（6） $\forall x B(x)$	UG 规则：（5）

根据附加前提法知 $\forall x(A(x) \rightarrow B(x)) \Rightarrow \forall x A(x) \rightarrow \forall x B(x)$ 。

例 2.26 用演绎法证明推理式： $\forall x A(x) \rightarrow \forall x B(x) \Rightarrow \exists x(A(x) \rightarrow B(x))$ 。

证明	
（1） $\neg \exists x(A(x) \rightarrow B(x))$	附加前提
（2） $\forall x(A(x) \wedge \neg B(x))$	E 规则：（1）
（3） $\forall x A(x) \wedge \forall x \neg B(x)$	E 规则：（2）
（4） $\forall x A(x)$	T 规则：（3）
（5） $\forall x A(x) \rightarrow \forall x B(x)$	P 规则
（6） $\forall x B(x)$	T 规则：（4），（5）
（7） $B(y)$	US 规则：（6）
（8） $\forall x \neg B(x)$	T 规则：（3）

（9）$\neg B(y)$　　　　　　　　　　US 规则：（8）

（10）$B(y) \wedge \neg B(y)$　　　　　　　T 规则：（7），（9）

（11）0　　　　　　　　　　　　E 规则：（10）

根据附加前提法知 $\forall x A(x) \to \forall x B(x) \Rightarrow \exists x(A(x) \to B(x))$。

习题 2.4

1．利用解释法或等价演算法证明如下推理关系。

（1）$\forall x(A(x) \to B(x)) \Rightarrow \exists x(A(x) \to B(x))$

（2）$\exists x A(x) \to \forall x B(x) \Rightarrow \forall x A(x) \to \forall x B(x)$

（3）$\exists x A(x) \to \forall x B(x) \Rightarrow \forall x A(x) \to \exists x B(x)$

（4）$\exists x A(x) \to \exists x B(x) \Rightarrow \forall x A(x) \to \exists x B(x)$

（5）$\exists x A(x) \to \forall x B(x) \Rightarrow \exists x A(x) \to \exists x B(x)$

（6）$\forall x A(x) \to \forall x B(x) \Rightarrow \forall x A(x) \to \exists x B(x)$

2．指出下面演绎推理中的错误。

（1）① $\forall x P(x) \to Q(x)$　　　　　　P 规则

　　② $P(y) \to Q(y)$　　　　　　　US 规则：①

（2）① $\forall x(P(x) \to Q(x))$　　　　　P 规则

　　② $P(a) \to Q(b)$　　　　　　　US 规则：①

（3）① $P(x) \to \exists x Q(x)$　　　　　P 规则

　　② $P(a) \to Q(a)$　　　　　　　ES 规则：①

（4）① $P(a) \to G(a)$　　　　　　　P 规则

　　② $\forall x(P(x) \to G(x))$　　　　　UG 规则：①

（5）① $P(a) \wedge G(b)$　　　　　　P 规则

　　② $\exists x(P(x) \wedge G(x))$　　　　　EG 规则：①

（6）① $P(y) \to Q(y)$　　　　　　　P 规则

　　② $\exists x(P(c) \to Q(x))$　　　　　EG 规则：①

3．指出下面演绎推理中的错误。

（1）$\forall x \exists y(x > y)$　　　　　　　P 规则

（2）$\exists y(z > y)$　　　　　　　　　US 规则：（1）

（3）$z > a$　　　　　　　　　　　ES 规则：（2）

（4）$\forall x(x > a)$　　　　　　　　　UG 规则：（3）

（5）$a > a$　　　　　　　　　　　US 规则：（4）

4．指出下面演绎推理中的错误。

（1）$\forall x(P(x) \to Q(x))$　　　　　P 规则

（2）$P(y) \to Q(y)$　　　　　　　　US 规则：（1）

（3）$\exists x P(x)$　　　　　　　　　　P 规则

（4）$P(y)$　　　　　　　　　　　ES 规则：（3）

（5）$Q(y)$ T 规则：（2），（4）

（6）$\exists x Q(x)$ EG 规则：（5）

5．用演绎法证明下列推理式。

（1）$\forall x(A(x) \to B(x)) \Rightarrow \exists x A(x) \to \exists x B(x)$

（2）$\exists x A(x) \to \exists x B(x) \Rightarrow \exists x(A(x) \to B(x))$

（3）$\forall x(A(x) \to B(x)) \Rightarrow \forall x A(x) \to \exists x B(x)$

（4）$\exists x A(x) \to \forall x B(x) \Rightarrow \exists x(A(x) \to B(x))$

6．用演绎法证明下列推理式。

（1）$\exists x P(x) \to \forall y((P(y) \lor Q(y)) \to R(y)),\ \exists x P(x) \Rightarrow \exists x R(x)$

（2）$\forall x(P(x) \to (Q(x) \land R(x))),\ \exists x P(x) \Rightarrow \exists x(P(x) \land R(x))$

（3）$\forall x(P(x) \lor Q(x)),\ \neg \exists x Q(x) \Rightarrow \exists x P(x)$

（4）$\forall x(P(x) \lor Q(x)),\ \forall x(\neg Q(x) \lor \neg R(x)),\ \forall x R(x) \Rightarrow \forall x P(x)$

7．将下列命题符号化，并用演绎推理法证明其结论是有效的。

（1）有理数、无理数都是实数；虚数不是实数。因此，虚数既不是有理数，也不是无理数。（个体域取全总个体域）

（2）所有的舞蹈者都很有风度；万英是一个学生并且是个舞蹈者。因此，有些学生很有风度。（个体域取人类全体组成的集合）

（3）每个喜欢步行的人都不喜欢骑自行车；每个人或者喜欢骑自行车或者喜欢乘汽车；有的人不喜欢乘汽车。所以，有的人不喜欢步行。（个体域取人类全体组成的集合）

（4）每个旅客或者坐头等舱或者坐经济舱；每个旅客当且仅当他富裕时坐头等舱；有些旅客富裕但并非所有的旅客都富裕。因此有些旅客坐经济舱。（个体域取全体旅客组成的集合）

8．令谓词 $P(x)$，$Q(x)$，$R(x)$ 和 $S(x)$ 分别表示" x 是婴儿"，" x 的行为符合逻辑"、" x 能管理鳄鱼"和" x 被人轻视"，个体域为人类全体组成的集合。用 $P(x)$，$Q(x)$，$R(x)$，$S(x)$ 和量词及逻辑连接词符号化下列语句。

（1）婴儿行为不合逻辑。

（2）能管理鳄鱼的人不被人轻视。

（3）行为不合逻辑的人被人轻视。

（4）婴儿不能管理鳄鱼。

请问，能从（1）、（2）和（3）推出（4）吗？若能，请用演绎推理法证明；若不能，请写出（1）、（2）和（3）的一个有效结论，并用演绎推理法证明。

第2章上机练习

编写下列程序并计算至少一个算例

1．给定有限个体域上的一元命题函数 $P(x)$，判断由 $P(x)$ 组成的谓词公式是永真式、永假式还是可满足式。

2．给定有限个体域上的二元命题函数 $P(x, y)$，判断由 $P(x, y)$ 组成的谓词公式是永真式、永假式还是可满足式。

3．给定有限个体域上的一元命题函数 $P(x)$，$Q(y)$，判断由 $P(x)$ 和 $Q(y)$ 组成的谓词公式是永真式、永假式还是可满足式。

4．给定有限个体域上的一元命题函数 $P(x)$，测试两个由 $P(x)$ 组成的谓词公式是否等价。

5．给定有限个体域上的二元命题函数 $P(x, y)$，测试两个由 $P(x, y)$ 组成的谓词公式是否等价。

6．给定有限个体域上的一元命题函数 $P(x)$，$Q(y)$，测试两个由 $P(x)$ 和 $Q(y)$ 组成的谓词公式是否等价。

7．给定有限个体域上的一元命题函数 $P(x)$，测试由 $P(x)$ 组成的一个谓词公式是否是另一个由 $P(x)$ 组成的谓词公式的逻辑结论。

8．给定有限个体域上的二元命题函数 $P(x, y)$，测试由 $P(x, y)$ 组成的一个谓词公式是否是另一个由 $P(x, y)$ 组成的谓词公式的逻辑结论。

9．给定有限个体域上的一元命题函数 $P(x)$，$Q(y)$，测试由 $P(x)$ 和 $Q(y)$ 组成的一个谓词公式是否是另一个由 $P(x)$ 和 $Q(y)$ 组成的谓词公式的逻辑结论。

第3章 集合与关系

集合是现代数学中最重要的基本概念之一，数学概念的建立由于使用了集合而变得完善并且统一起来。集合论已成为现代各个数学分支的基础，同时还渗透到各个科学技术领域，成为不可缺少的数学工具和表达语言。对于计算机科学工作者来说，集合论也是必备的基础知识，它在开关理论、形式语言、编译原理等领域中有着广泛的应用。

在许多情况下，集合的元素之间都存在着某种关系，我们身边存在着各种关系。例如，一个公司与它的电话号码之间的关系，一个雇员与其工资之间的关系，一个人与其亲属之间的关系，等等。在计算机科学中也存在许多关系，如数据库的数据特性关系，计算机语言的字符关系，一种计算机语言与其有效语句之间的关系，计算机程序的输入输出关系，一个程序与它所使用的一个变量之间的关系，等等。

可以利用关系来求解问题，例如，确定在一个网络中的哪两个城市之间开通航线，为一个复杂课题的不同阶段的工作找一个可行的次序，或者产生一个有用的方式以便在计算机数据库中存储信息。

本章首先介绍集合及其运算，然后介绍二元关系及其关系矩阵和关系图，二元关系的运算、二元关系的性质、二元关系的闭包，等价关系与划分、函数，最后介绍多元关系及其在数据库中的应用等。

3.1 集合及其运算

3.1.1 基本概念

集合是数学中最基本的概念之一，如同几何中的点、线、面等概念一样，是不能用其他概念精确定义的原始概念。集合是什么呢？直观地说，把一些东西汇集到一起组成一个整体就叫做集合，而这些东西就是这个集合的元素或叫成员。

例 3.1 （1）一个班级里的全体学生构成一个集合。

（2）平面上的所有点构成一个集合。

（3）方程 $x^2 - 1 = 0$ 的实数解构成一个集合。

（4）自然数的全体（包含 0）构成一个集合，用 N 表示。

（5）整数的全体构成一个集合，用 Z 表示。

（6）有理数的全体构成一个集合，用 Q 表示。

（7）实数的全体构成一个集合，用 R 表示。

（8）复数的全体构成一个集合，用 C 表示。

（9）正整数集合 Z^+，正有理数集合 Q^+，正实数集合 R^+。

（10）非零整数集合 Z^*，非零有理数集合 Q^*，非零实数集合 R^*。

（11）所有 n 阶($n \geqslant 2$)实矩阵构成一个集合，用 $M_n(R)$ 表示，即

$$M_n(R) = \left\{ \begin{bmatrix} a_{11} & a_{12} & \cdots & a_{1n} \\ a_{21} & a_{22} & \cdots & a_{2n} \\ \vdots & \vdots & \vdots & \vdots \\ a_{n1} & a_{n2} & \cdots & a_{nn} \end{bmatrix} \Big| a_{ij} \in R, \ 1 \leqslant i, \ j \leqslant n \right\}$$

而所有 n 阶($n \geqslant 2$)可逆实矩阵也构成一个集合，用 $\hat{M}_n(R)$ 表示。

通常用大写英文字母表示集合的名称，用小写英文字母表示集合里的元素。若元素 a **属于**集合 A，记作 $a \in A$；若元素 a **不属于**集合 A，记作 $a \notin A$。并用 $Card(A)$ 或 $|A|$ 记集合 A 中元素的个数。

集合的表示方法通常有下列两种。

1．列举法

列举法是列出集合中的所有元素，元素之间用逗号隔开，并把它们用花括号括起来。下面是用列举法表示的集合：

$$A = \{sun, \ earth, \ moon\}$$
$$B = \{a, \ b, \ c, \ \cdots, \ z\}$$
$$C = \{1, \ 2, \ 3, \ 4, \ \cdots\}$$

有时列出集合中所有元素是不现实或不可能的，如上面的 B 和 C，但只要在省略号前或后列出一定数量的元素，能使人们一看就能了解哪些元素属于这个集合就可以。

2．描述法

描述法是用谓词描述出元素的公共特性，其形式为 $S = \{x \mid P(x)\}$，表示 S 是使 $P(x)$ 为真的 x 的全体。下面是用描述法表示的集合：

$$A = \{x \mid x\text{是自然数且} 1 \leqslant x \leqslant 100\}$$
$$B = \{x \mid x\text{是实数且} x^2 - 1 = 0\}$$

下面介绍表示集合的有关符号和方法。

$a \in A$：表示 a 是集合 A 中的元素，读作 a 属于 A；

$A \subseteq B$：表示集合 A 中的每个元素都是集合 B 中的元素，即 A 是 B 的**子集**，读作 A **包含于** B，其符号化表示为 $A \subseteq B \Leftrightarrow \forall x(x \in A \rightarrow x \in B)$；

$A \supseteq B$：与 $A \subseteq B$ 的含义相反，表示集合 B 中的每个元素都是集合 A 中的元素，即 B 是 A 的**子集**，读作 A **包含** B；

$A = B$：表示集合 A，B 相等，即 $A = B \Leftrightarrow A \subseteq B \land B \subseteq A$，读作 A 等于 B；

$A \subset B$：表示 $A \subseteq B$ 且 $A \neq B$，即集合 A 是集合 B 的**真子集**；

$A \supset B$：与 $A \subset B$ 的含义相反，表示 $A \supseteq B$ 且 $A \neq B$，即集合 B 是集合 A 的**真子集**。

在一个具体问题中，若一个集合包含我们讨论的每一个集合，则称它是**全集**，记作 E。全集具有相对性，不同的问题有不同的全集，即使是同一个问题，也可以取不同的全集。例如，当讨论有关整数的问题时，可以整数集作为全集，也可以把有理数集取作全集。

没有元素的集合叫做**空集**，记作 ϕ。

例 3.2 试证空集是一切集合的子集，并且是唯一的。

证明 （1）任给集合 A，由子集的定义有

$$\phi \subseteq A \Leftrightarrow \forall x(x \in \phi \rightarrow x \in A)$$

右边的蕴涵式因前件为假而为真命题，所以 $\phi \subseteq A$ 也为真，即空集是一切集合的子集。

（2）假设存在空集 ϕ_1 和 ϕ_2，则根据（1）的结论有

$$\phi_1 \subseteq \phi_2 \text{ 和 } \phi_2 \subseteq \phi_1$$

这样，根据集合相等的定义就有 $\phi_1 = \phi_2$，即空集是唯一的。

定义 3.1 设 A 为集合，把 A 的全体子集构成的集合叫做 A 的**幂集**，记作 $\rho(A)$（或 2^A）。幂集的符号化表示为

$$\rho(A) = \{S \mid S \subseteq A\}$$

像这种以集合为元素构成的集合，常称为集合的集合，也叫作**集族**。

例 3.3 设 $A = \{a, b, c\}$，则 A 的子集如下。0 元子集 1 个：空集 ϕ；一元子集 3 个：$\{a\}$，$\{b\}$，$\{c\}$；二元子集 3 个：$\{a, b\}$，$\{a, c\}$，$\{b, c\}$；三元子集 1 个：$\{a, b, c\}$。所以 A 的幂集为

$$\rho(A) = \{\phi, \{a\}, \{b\}, \{c\}, \{a, b\}, \{a, c\}, \{b, c\}, \{a, b, c\}\}$$

一般地说，对于含有 n 个元素的集合 A，它的 0 元子集有 C_n^0 个，1 元子集有 C_n^1 个，$\cdots$，m 元子集有 C_n^m 个，$\cdots$，n 元子集有 C_n^n 个。这样，根据二项式公式，子集的总数，即幂集的元素的个数为

$$C_n^0 + C_n^1 + C_n^2 + \cdots + C_n^n = 2^n$$

3.1.2 集合的运算

集合的基本运算有并、交、补、差和对称差，它们的定义如下。

定义 3.2 设 A，B 是两个集合，E 是全集，则 A 与 B 的**并** $A \cup B$，**交** $A \cap B$，A 的**补** A^c 分别定义如下：

$$A \cup B = \{x \mid x \in A \vee x \in B\}$$
$$A \cap B = \{x \mid x \in A \wedge x \in B\}$$
$$A^c = \{x \mid x \in E \wedge x \notin A\}$$

由定义可以看出，$A \cup B$ 是由 A 或 B 中的元素构成的；$A \cap B$ 是由 A 和 B 中的公共元素构成的；A^c 是由不在 A 中的其他元素构成的。

定义 3.3 设 A，B 是两个集合，A 与 B 的**差** $A - B$，**对称差** $A \oplus B$ 定义如下：

$$A - B = A \cap B^c$$
$$A \oplus B = (A - B) \cup (B - A)$$

由定义可以看出，$A - B$ 是由属于 A 但不属于 B 的元素构成的，即 $A - B = \{x \mid x \in A \wedge x \notin B\}$，$A \oplus B$ 是由属于 A 或属于 B 但不同时属于 A 和 B 的元素构成的，即 $A \oplus B = \{x \mid (x \in A \wedge x \notin B) \vee (x \in B \wedge x \notin A)\}$。

对称差运算的另一种定义是

$$A \oplus B = (A \cup B) - (A \cap B)$$

可以证明这两种定义是等价的，证明留给读者。

例 3.4　设 $A = \{a,\ b,\ c\}$，$B = \{a,\ x,\ y\}$，全集 $E = \{a,\ b,\ c,\ x,\ y,\ z\}$，则

$$A \cup B = \{a,\ b,\ c,\ x,\ y\}$$
$$A \cap B = \{a\}$$
$$A^c = \{x,\ y,\ z\}$$
$$A - B = \{b,\ c\}$$
$$A \oplus B = \{b,\ c,\ x,\ y\}$$

以上集合之间的关系和运算可以用**文氏图**（Venn Diagram）形象、直观地描述。文氏图通常用一个矩形表示全集 E，矩形中的点表示全集 E 中的元素，E 的子集用矩形区域内的圆形区域表示，图中阴影区域表示新组成的集合。图 3.1 就是一些文氏图的实例。

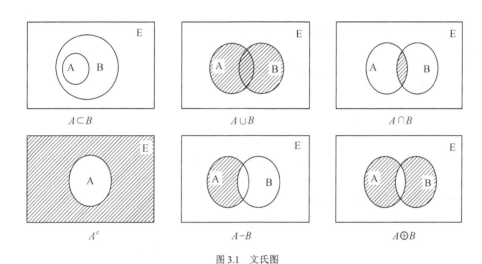

图 3.1　文氏图

由文氏图容易看出下列关系成立：

$$A \cap B \subseteq A,\quad A \cap B \subseteq B$$
$$A \subseteq A \cup B,\quad B \subseteq A \cup B$$
$$A - B \subseteq A,\quad A - B \subseteq B^c$$
$$A \subseteq B \Leftrightarrow A \cup B = B \Leftrightarrow A \cap B = A \Leftrightarrow A - B = \phi$$

等等。这说明使用文氏图能够对一些问题给出简单、直观的解释，这种解释对分析问题有很大帮助。不过，文氏图只是起一种示意作用，可以启发我们发现集合之间的某些关系，但不能用文氏图来证明恒等式，因为这种证明是不严密的。

集合的并、交、差、补等具有许多性质，下面列出这些性质中最主要的几条。

定理 3.1　设 $A,\ B,\ C$ 是全集 E 的任意子集，则

（1）交换律：　$A \cup B = B \cup A,\quad A \cap B = B \cap A$

（2）结合律：　$(A \cup B) \cup C = A \cup (B \cup C),\quad (A \cap B) \cap C = A \cap (B \cap C)$

（3）分配律：　$A \cup (B \cap C) = (A \cup B) \cap (A \cup C),$

$\qquad\qquad\qquad A \cap (B \cup C) = (A \cap B) \cup (A \cap C)$

（4）等幂律：　$A \cup A = A,\quad A \cap A = A$

（5）单位律：　$A \cup \phi = A,\quad A \cap E = A$

（6）零律： $A \bigcup E = E$ ， $A \bigcap \phi = \phi$

（7）互补律： $A \bigcup A^c = E$ ， $A \bigcap A^c = \phi$

（8）双补律： $(A^c)^c = A$

（9）吸收律： $A \bigcup (A \bigcap B) = A$ ， $A \bigcap (A \bigcup B) = A$

（10）德·摩根律： $(A \bigcup B)^c = A^c \bigcap B^c$ ， $(A \bigcap B)^c = A^c \bigcup B^c$

$$A - (B \bigcup C) = (A - B) \bigcap (A - C)$$

$$A - (B \bigcap C) = (A - B) \bigcup (A - C)$$

定理 3.1 中的恒等式均可一一加以证明，下面我们选证其中的一小部分，其他的留给读者自己证明。我们采用形式化的证明方法，在叙述中将大量用到数理逻辑的有关符号和等价公式。

例 3.5 证明分配律： $A \bigcup (B \bigcap C) = (A \bigcup B) \bigcap (A \bigcup C)$ 。

证明 因为

$$x \in A \bigcup (B \bigcap C)$$
$$\Leftrightarrow x \in A \vee x \in B \bigcap C$$
$$\Leftrightarrow x \in A \vee (x \in B \wedge x \in C)$$
$$\Leftrightarrow (x \in A \vee x \in B) \wedge (x \in A \vee x \in C)$$
$$\Leftrightarrow x \in A \bigcup B \wedge x \in A \bigcup C$$
$$\Leftrightarrow x \in (A \bigcup B) \bigcap (A \bigcup C)$$

所以 $A \bigcup (B \bigcap C) = (A \bigcup B) \bigcap (A \bigcup C)$ 。

例 3.6 证明德·摩根律： $A - (B \bigcup C) = (A - B) \bigcap (A - C)$ 。

证明 因为

$$x \in A - (B \bigcup C)$$
$$\Leftrightarrow x \in A \wedge x \notin B \bigcup C$$
$$\Leftrightarrow x \in A \wedge \neg (x \in B \vee x \in C)$$
$$\Leftrightarrow x \in A \wedge (\neg x \in B \wedge \neg x \in C)$$
$$\Leftrightarrow x \in A \wedge (x \notin B \wedge x \notin C)$$
$$\Leftrightarrow (x \in A \wedge x \notin B) \wedge (x \in A \wedge x \notin C)$$
$$\Leftrightarrow x \in A - B \wedge x \in A - C$$
$$\Leftrightarrow x \in (A - B) \bigcap (A - C)$$

所以 $A - (B \bigcup C) = (A - B) \bigcap (A - C)$ 。

上面给出的集合运算的一些恒等式，如交换律、结合律、分配律、等幂律、德·摩根律等都可以推广到多个集合中去，这里就不再列出具体的式子了。

3.1.3　集合的计算机表示

计算机表示集合的方式各种各样。一种方式是把集合的元素无序地存储起来。可是如果这样做，在做集合的运算时会浪费很多时间，因为这些运算需要大量的元素检索。我们这里介绍一种利用位串表示集合的方法，集合的这种表示方法使计算集合的运算变得很容易。

位串是 0 个或多个**字位**的序列，而每个字位都有两个可能的值，即 0 或 1，字位的这种取值来自二进制数字，因为 0 和 1 是用在数的二进制表示中的数字。**位串**是计算机表示信息的基本方式。

假设全集 E 是有限的。首先为 E 的元素规定一个顺序，例如 a_1，a_2，…，a_n。于是可以用长度为 n 的位串表示 E 的子集 A：如果 a_i 属于 A，则位串中第 i 位是 1；如果 a_i 不属于 A，则位串中第 i 位是 0。

用位串表示集合便于计算集合的补集、并集和交集。要从表示集合的位串计算它的补集的位串，只需简单地把每个 1 改为 0，每个 0 改为 1，因为 $x \in A$ 当且仅当 $x \notin A^c$。因此补集的位串是原集合位串的按位非，即在位串的每个字位上进行逻辑非运算。

要得到两个集合的并集和交集的位串，我们可以对表示这两个集合的位串按位做字位运算。只要两个位串的第 i 位有一个是 1，则并集的位串的第 i 位是 1，当两个位串的第 i 位都是 0 时，并集位串的第 i 位为 0。因此并集的位串是两个集合位串的按位或，即在位串的每个字位上进行逻辑或运算。当两个位串的第 i 位均为 1 时，交集的位串的第 i 位是 1，否则为 0。因此交集的位串是两个集合位串的按位与，即在位串的每个字位上进行逻辑与运算。

例 3.7 令全集 $E = \{1, 2, 3, 4, 5, 6, 7, 8, 9, 10\}$。$E$ 中所有奇数组成的子集、所有不超过 5 的整数组成的子集的位串是什么？它们的补集、并集和交集的位串又是什么？并据此写出补集、并集和交集。

解 E 中所有奇数组成的子集为 $A = \{1, 3, 5, 7, 9\}$，其位串为 1 010 101 010； E 中不超过 5 的整数组成的子集为 $B = \{1, 2, 3, 4, 5\}$，其由位串为 1 111 100 000。

用 0 取代 1，用 1 取代 0，即可得到的补集的位串：A 的补集的位串为 0 101 010 101。它对应着子集 $\{2, 4, 6, 8, 10\}$； B 的补集的位串为 0 000 011 111，它对应着子集 $\{6, 7, 8, 9, 10\}$。

A 和 B 的并集的位串是 1 111 100 000 $\vee$ 1 010 101 010 ＝ 1 111 101 010，它表示的集合是 $\{1, 2, 3, 4, 5, 7, 9\}$； A 和 B 的交集的位串是 1 111 100 000 $\wedge$ 1 010 101 010 ＝ 1 010 100 000，它表示的集合是 $\{1, 3, 5\}$。

习题 3.1

1．判断下列命题成真还是成假（ϕ 表示空集）。

（1）$\phi \subseteq \phi$ 　　　　　　　　　　　（2）$\phi \in \phi$

（3）$\phi \subseteq \{\phi\}$ 　　　　　　　　　　（4）$\phi \in \{\phi\}$

（5）$\{a\} \subseteq \{a\}$ 　　　　　　　　　　（6）$\{a\} \in \{a\}$

（7）$\{a\} \subseteq \{\{a\}\}$ 　　　　　　　　（8）$\{a\} \in \{\{a\}\}$

（9）$\{a, b\} \subseteq \{a, b, c, \{a, b, c\}\}$ 　　　　（10）$\{a, b\} \in \{a, b, c, \{a, b\}\}$

（11）$\{a, b\} \subseteq \{a, b, \{\{a, b\}\}\}$ 　　　　（12）$\{a, b\} \in \{a, b, \{\{a, b\}\}\}$

2．设 $A = \{1, 4\}$，$B = \{1, 2, 5\}$，$C = \{2, 4\}$，全集 $E = \{1, 2, 3, 4, 5, 6\}$，求下列集合。

（1）$A \cap B^c$ 　　　　　　　　　　　（2）$(A \cap B) \cup C^c$

（3）$(A \cap B)$ 　　　　　　　　　　　（4）$\rho(A)$

（5）$\rho(A) - \rho(B^c)$

3．某班有 25 个学生，其中 14 人会打篮球，12 人会打排球，6 人会打篮球和排球，5 人会打篮球和网球，还有两人会打这三种球。已知 6 个会打网球的人中有 4 人会打排球。求不会打球的人数。

4．设 A，B，C 是全集 E 的任意子集，证明

（1）分配律： $A \cap (B \cup C) = (A \cap B) \cup (A \cap C)$

（2）吸收律： $A \cup (A \cap B) = A$，$A \cap (A \cup B) = A$

（3）德·摩根律： $(A \cup B)^c = A^c \cap B^c$

（4）德·摩根律： $(A \cap B)^c = A^c \cup B^c$

（5）德·摩根律： $A - (B \cap C) = (A - B) \cup (A - C)$

5．设 A，B，C 是任意集合，证明

（1）$(A - B) \cup (B - A) = (A \cup B) - (A \cap B)$

（2）$(A - B) - C = A - (B \cup C)$

（3）$(A - B) - C = (A - C) - (B - C)$

（4）$(A - B) - C = (A - C) - B$

（5）$(A \oplus B) \oplus C = A \oplus (B \oplus C)$

（6）$A \cap (B \oplus C) = (A \cap B) \oplus (A \cap C)$

6．设 A，B 是任意集合，证明

（1）$\rho(A) \cap \rho(B) = \rho(A \cap B)$

（2）$\rho(A) \cup \rho(B) \subseteq \rho(A \cup B)$

（3）针对（2）举一反例，说明 $\rho(A) \cup \rho(B) = \rho(A \cup B)$ 对某些集合 A，B 是不成立的。

7．设 A，B，C，D 是任意集合，判断下列式子是否正确。如果正确，请给出证明，否则请举一个反例。

（1）$A \cup C = B \cup C \Rightarrow A = B$

（2）$A \cap C = B \cap C \Rightarrow A = B$

（3）$A \oplus B = A \oplus C \Rightarrow B = C$

（4）$A \cap C \subseteq B \cap C$，$A - C \subseteq B - C \Rightarrow A \subseteq B$

（5）$A \subseteq B$，$C \subseteq D \Rightarrow A \cup C \subseteq B \cup D$

（6）$A \subset B$，$C \subset D \Rightarrow A \cup C \subset B \cup D$

8．假定全集 $E = \{1, 2, 3, 4, 5, 6, 7, 8, 9, 10\}$，

（1）用位串表示下列集合：

$\{3, 4, 5\}$ \qquad\qquad $\{1, 3, 6, 10\}$

$\{2, 3, 4, 7, 8, 9\}$

（2）写出下列位串各自代表的集合：

1 111 001 111 \qquad\qquad 0 101 111 000

1 000 000 001

9．说明怎样用位串的按位运算求下列集合，其中 $A = \{a, b, c, d, e\}$，$B = \{b, c, d, g, p, t, v\}$，$C = \{c, e, i, o, u, x, y, z\}$，$D = \{d, e, h, i, n, o, t, u, x, y\}$。

（1）$A \cup B$　　　　　　　　　　　　　（2）$A \cap B$

（3）$(A \cup B) \cap (B \cup C)$　　　　　　　（4）$A \cup B \cup C \cup D$

3.2　二元关系及其运算

3.2.1　笛卡尔积

定义 3.4　设 A，B 是两个集合，称下述集合：

$$A \times B = \{<a, \ b> | a \in A \wedge b \in B\}$$

为由 A，B 构成的**笛卡尔积**（**直接积**）。其中，$A \times B$ 中的元素 $<a, \ b>$ 为**有序对**，通常称为**序偶**。特别当 $A = B$ 时记 $A \times A$ 为 A^2。

序偶 $<a, \ b>$ 具有以下性质：

（1）当 $a \neq b$ 时，$<a, \ b> \neq <b, \ a>$。

（2）$<a, \ b> = <c, \ d>$ 的充要条件是 $a = c$ 且 $b = d$。

这与第 1 节关于集合的讨论不同，在那里交换元素的次序是无所谓的，比如 $\{a, \ b\} = \{b, \ a\}$。

显然，当集合 A，B 都是有限集时有 $|A \times B| = |A| \cdot |B|$，因为对于任意的序偶 $<a, \ b>$，元素 a 共有 $|A|$ 种可能选择，而对于 a 的每一个选择，b 又都有 $|B|$ 种可能选择。

例 3.8　设 $A = \{a, \ b, \ c\}$，$B = \{x, \ y\}$，$C = \phi$，则

$A \times B = \{<a, \ x>, <a, \ y>, <b, \ x>, <b, \ y>, <c, \ x>, <c, \ y>\}$

$B \times A = \{<x, \ a>, <x, \ b>, <x, \ c>, <y, \ a>, <y, \ b>, <y, \ c>\}$

$B^2 = \{<x, \ x>, <x, \ y>, <y, \ x>, <y, \ y>\}$

$A \times C = \phi$

从例 3.8 可以看出，一般情况下，$A \times B \neq B \times A$，但我们有如下定理。

定理 3.2　设 A，B 为任意集合，则

（1）$A \times (B \cup C) = (A \times B) \cup (A \times C)$，$(A \cup B) \times C = (A \times C) \cup (B \times C)$

（2）$A \times (B \cap C) = (A \times B) \cap (A \times C)$，$(A \cap B) \times C = (A \times C) \cap (B \times C)$

（3）$A \times (B - C) = (A \times B) - (A \times C)$，$(A - B) \times C = (A \times C) - (B \times C)$

证明　（这里只给出（1）的第一个等式的证明，其他的可类似地进行。所用证明方法与证明两个集合相等一样，因为笛卡尔积也是集合。）

因为

$$<x, \ y> \in A \times (B \cup C)$$

$$\Leftrightarrow \ x \in A \wedge y \in (B \cup C)$$

$$\Leftrightarrow \ x \in A \wedge (y \in B \vee y \in C)$$

$$\Leftrightarrow \ (x \in A \wedge y \in B) \vee (x \in A \wedge y \in C)$$

$$\Leftrightarrow \ <x, \ y> \in A \times B \vee <x, \ y> \in A \times C$$

$$\Leftrightarrow \ <x, \ y> \in (A \times B) \cup (A \times C)$$

所以 $A \times (B \cup C) = (A \times B) \cup (A \times C)$。

由数学归纳法不难证明定理 3.2 对有限多个集合的并运算、交运算和差运算也是成立的。

3.2.2 二元关系及其表示

定义 3.5 设 A，B 是两个集合，称笛卡儿积 $A \times B$ 的子集为从 A 到 B 的**二元关系**或简称**关系**。

假设 R 是从 A 到 B 的关系，如果 $<a,\ b> \in R$，称 a 与 b 之间具有关系 R，记作 aRb；如果 $<a,\ b> \notin R$，称 a 与 b 之间不具有关系 R，记作 $a\not R b$。

R 的**定义域**是属于 R 的序偶的第一个元素组成的集合，记为 $dom(R)$，R 的**值域**是属于 R 的序偶的第二个元素组成的集合，记为 $ran(R)$。

如果 R 是集合 A 到自身的关系，即 R 是 A^2 的子集，则称 R 是 A 上的关系。集合
$$I_A = \{<a,\ a> \mid a \in A\}$$
是 A^2 的子集，称为**恒等关系**。空集 ϕ 和笛卡尔积本身 A^2 也是 A^2 的子集，因而也是 A 上的关系，分别称为**空关系**和**全域关系**。

例 3.9 （1）设 $A = \{1,\ 2,\ 3\}$，$B = \{x,\ y,\ z\}$，$R = \{<1,\ y>, <2,\ z>, <3,\ y>\}$。则 R 是 $A \times B$ 的子集，因此 R 是从 A 到 B 的关系，且

$$1Ry,\quad 2Rz,\quad 3Ry，但\quad 1\not Rx,\quad 2\not Rx,\quad 2\not Ry,\quad 1\not Rz,\quad 3\not Rx,\quad 3\not Rz。$$

（2）设 $A = \{$鸡蛋，奶，玉米$\}$，$B = \{$奶牛，山羊，母鸡$\}$。我们可以定义由 A 到 B 的关系 R：$<a,\ b> \in R$，表示 a 由 b 产生，即

$$R = \{<鸡蛋，母鸡>，\ <奶，奶牛>，\ <奶，山羊>\}$$

（3）假定两个国家相邻是指两个国家具有公共的国境线，那么"相邻"就是世界上国家之间的关系 R。且

中国 R 俄罗斯，中国 R 印度，但是，美国 $\not R$ 法国，加拿大 $\not R$ 德国。

（4）实数集合 R 上的小于等于 $\leqslant$ 是关系，对于任意的两个实数 x 和 y，$x \leqslant y$ 或 $x \not\leqslant y$，两者必居其一。

（5）集合的包含于 $\subseteq$ 是集族上的关系。例如，任意给定一对集合 A，B，则 $A \subseteq B$ 或者 $A \not\subseteq B$，两者必居其一。

（6）正整数集合 Z^+ 上的整除"$|$"是关系。"$m \mid n$"表示 m 整除 n，于是 $6 \mid 48$，$5 \mid 80$，但 $7 \nmid 25$，$9 \nmid 64$。

（7）考虑平面上直线的集合 L，则垂直 $\perp$ 是 L 上的关系。对于任意给定的一对直线 a，b，$a \perp b$ 或 $a \not\perp b$，两者必居其一。同样，平行 $\parallel$ 也是 L 上的一个关系，$a \parallel b$ 或 $a \not\parallel b$，两者必居其一。

对于有限集上的二元关系，除了用上面的集合表示法外，还可以用关系矩阵和关系图进行表示。

定义 3.6 设 $A = \{a_1,\ a_2,\ \cdots,\ a_m\}$，$B = \{b_1,\ b_2,\ \cdots,\ b_n\}$，$R$ 是从 A 到 B 的二元关系，令

$$r_{ij} = \begin{cases} 1 & 若 a_i R b_j \\ 0 & 若 a_i \not R b_j \end{cases} \quad (i = 1,\ 2,\ \cdots,\ m,\ j = 1,\ 2,\ \cdots,\ n)$$

则称矩阵

$$(r_{ij})_{m \times n} = \begin{bmatrix} r_{11} & r_{12} & \cdots & r_{1n} \\ r_{21} & r_{22} & \cdots & r_{2n} \\ \vdots & \vdots & \ddots & \vdots \\ r_{m1} & r_{m2} & \cdots & r_{mn} \end{bmatrix}$$

为 R 的**关系矩阵**，记为 M_R。

定义 3.7 设 $A = \{a_1, a_2, \cdots, a_n\}$，$R$ 是 A 上的关系，令有向图 $G = <V, E>$，其中顶点集合 $V = A$，边集合 E 按如下规定：

$$有向边 <a_i, a_j> \in E \quad \Leftrightarrow \quad <a_i, a_j> \in R$$

则称有向图 G 为 R 的**关系图**，记为 G_R。

例3.10 设 $A = \{1, 2, 3, 4\}$，$R = \{<1, 1>, <1, 2>, <1, 3>, <1, 4>, <2, 3>\}$，$S = \{<1, 1>, <1, 2>, <2, 1>, <2, 2>, <3, 3>, <4, 4>\}$ 都是 A 上的二元关系，则 R 和 S 的关系矩阵是

$$M_R = \begin{bmatrix} 1 & 1 & 1 & 1 \\ 0 & 0 & 1 & 0 \\ 0 & 0 & 0 & 0 \\ 0 & 0 & 0 & 0 \end{bmatrix}, \quad M_S = \begin{bmatrix} 1 & 1 & 0 & 0 \\ 1 & 1 & 0 & 0 \\ 0 & 0 & 1 & 0 \\ 0 & 0 & 0 & 1 \end{bmatrix}$$

R 和 S 的关系图如图 3.2（a）和图 3.2（b）所示。

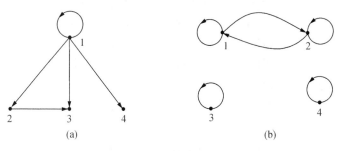

(a)　　　　　　　　　　　　　　　　(b)

图 3.2　关系图

3.2.3　二元关系的运算

由于关系也是集合，所以对关系也可以进行并运算、交运算、补运算、差运算、对称差运算等集合的有关运算。

设 R 和 S 是从集合 A 到集合 B 的两个关系，其关系矩阵分别为 $M_R = (r_{ij})_{m \times n}$，$M_S = (s_{ij})_{m \times n}$，则关系的并运算、交运算、补运算、差运算、对称差运算为

$$R \cup S = \{<a, b> | <a, b> \in R \vee <a, b> \in S\}$$

$$R \cap S = \{<a, b> | <a, b> \in R \wedge <a, b> \in S\}$$

$$R^c = \{<a, b> | <a, b> \in A \times B \wedge <a, b> \notin R\}$$

$$R - S = \{<a, b> | <a, b> \in R \wedge <a, b> \notin S\}$$

$$R \oplus S = (R - S) \cup (S - R)$$

相应的关系矩阵分别为：$M_{R \cup S} = (r_{ij} \vee s_{ij})_{m \times n}$，$\quad M_{R \cap S} = (r_{ij} \wedge s_{ij})_{m \times n}$，$\quad M_{R^c} = (\neg r_{ij})_{m \times n}$，

$$M_{R-S} = (r_{ij} \wedge \neg s_{ij})_{m \times n}, \quad M_{R \oplus S} = ((r_{ij} \wedge \neg s_{ij}) \vee (s_{ij} \wedge \neg r_{ij}))_{m \times n}。$$

除了一般的集合运算外，关系本身还具有两种特殊的运算：复合运算和逆运算。

定义 3.8 设 R 是从集合 A 到集合 B 的关系，S 是从集合 B 到集合 C 的关系，则从 A 到 C 的关系

$$R \circ S = \{< a, \ c >| \exists b \in B(< a, \ b > \in R \wedge < b, \ c > \in S)\}$$

称为 R 与 S 的**复合关系**。

设 R 是集合 A 上的关系，即 R 是 A 到自身的关系，则 $R \circ R$ 是 R 与它自己的复合，通常记作 R^2。类似地，$R^3 = R^2 \circ R = R \circ R \circ R$，等等。由此，对于所有的正整数 n，我们可以定义 R^n。R^n 通常叫做 R 的 n **次幂**。特别地，定义 $R^0 = I_A$ 为恒等关系。

用 M_R 和 M_S 分别表示二元关系 R 和 S 的关系矩阵，则复合关系 $R \circ S$ 的关系矩阵 $M_{R \circ S}$ 是 M_R 和 M_S 的积，即 $M_{R \circ S} = M_R \times M_S$。与普通矩阵乘法不同的是，其中的相加是逻辑加（析取），相乘是逻辑乘（合取），即

$$1+1=1, \quad 1+0=0+1=1, \quad 0+0=0$$
$$1 \times 1=1, \quad 1 \times 0=0 \times 1=0, \quad 0 \times 0=0$$

而 R^2 的关系矩阵 M_{R^2} 是 M_R 与它本身的积，即 $M_{R^2} = M_R^2$，类似地，对任何正整数 n 有 $M_{R^n} = M_R^n$，特别地，$M_R^0 = I_n$ 为 n 阶单位矩阵，它是恒等关系 $R^0 = I_A$ 的关系矩阵。

例 3.11 对于例 3.10 中集合 A 上的二元关系 R 和 S，有

$$R \circ S = \{< 1, \ 1 >, < 1, \ 2 >, < 1, \ 3 >, < 1, \ 4 >, < 2, \ 3 >\}$$
$$S \circ R = \{< 1, \ 1 >, < 1, \ 2 >, < 1, \ 3 >, < 1, \ 4 >, < 2, \ 1 >, < 2, \ 2 >, < 2, \ 3 >, < 2, \ 4 >\}$$
$$(R \circ S) \circ R = \{< 1, \ 1 >, < 1, \ 2 >, < 1, \ 3 >, < 1, \ 4 >\}$$
$$R \circ (S \circ R) = \{< 1, \ 1 >, < 1, \ 2 >, < 1, \ 3 >, < 1, \ 4 >\}$$

复合关系 $R \circ S$ 的关系矩阵 $M_{R \circ S}$ 的各元素如下：

$$r_{11} = (1 \wedge 1) \vee (1 \wedge 1) \vee (1 \wedge 0) \vee (1 \wedge 0) = 1$$
$$r_{12} = (1 \wedge 1) \vee (1 \wedge 1) \vee (1 \wedge 0) \vee (1 \wedge 0) = 1$$
$$r_{13} = (1 \wedge 0) \vee (1 \wedge 0) \vee (1 \wedge 1) \vee (1 \wedge 0) = 1$$
$$r_{14} = (1 \wedge 0) \vee (1 \wedge 0) \vee (1 \wedge 0) \vee (1 \wedge 1) = 1$$
$$r_{21} = (0 \wedge 1) \vee (0 \wedge 1) \vee (1 \wedge 0) \vee (0 \wedge 0) = 0$$
$$r_{22} = (0 \wedge 1) \vee (0 \wedge 1) \vee (1 \wedge 0) \vee (0 \wedge 0) = 0$$
$$r_{23} = (0 \wedge 0) \vee (0 \wedge 0) \vee (1 \wedge 1) \vee (0 \wedge 0) = 1$$
$$r_{24} = (0 \wedge 0) \vee (0 \wedge 0) \vee (1 \wedge 0) \vee (0 \wedge 1) = 0$$
$$r_{31} = (0 \wedge 1) \vee (0 \wedge 1) \vee (0 \wedge 0) \vee (0 \wedge 0) = 0$$
$$r_{32} = (0 \wedge 1) \vee (0 \wedge 1) \vee (0 \wedge 0) \vee (0 \wedge 0) = 0$$
$$r_{33} = (0 \wedge 0) \vee (0 \wedge 0) \vee (0 \wedge 1) \vee (0 \wedge 0) = 0$$
$$r_{34} = (0 \wedge 0) \vee (0 \wedge 0) \vee (0 \wedge 0) \vee (0 \wedge 1) = 0$$
$$r_{41} = (0 \wedge 1) \vee (0 \wedge 1) \vee (0 \wedge 0) \vee (0 \wedge 0) = 0$$
$$r_{42} = (0 \wedge 1) \vee (0 \wedge 1) \vee (0 \wedge 0) \vee (0 \wedge 0) = 0$$
$$r_{43} = (0 \wedge 0) \vee (0 \wedge 0) \vee (0 \wedge 1) \vee (0 \wedge 0) = 0$$

$$r_{44} = (0 \wedge 0) \vee (0 \wedge 0) \vee (0 \wedge 0) \vee (0 \wedge 1) = 0$$

即有
$$M_{R \circ S} = \begin{bmatrix} 1 & 1 & 1 & 1 \\ 0 & 0 & 1 & 0 \\ 0 & 0 & 0 & 0 \\ 0 & 0 & 0 & 0 \end{bmatrix}$$

此例说明，复合关系不满足交换律，但复合关系满足结合律，即如下定理 3.3。

定理 3.3 设 R 是从集合 A 到集合 B 的关系，S 是从集合 B 到集合 C 的关系，T 是从集合 C 到集合 D 的关系，则

$$(R \circ S) \circ T = R \circ (S \circ T)$$

证明 （与定理 3.2 的证明方法类似，这里用的仍然是证明两个集合相等的方法。）

因为 $<x, y> \in (R \circ S) \circ T \Leftrightarrow \exists v(<x, v> \in R \circ S \wedge <v, y> \in T)$
$$\Leftrightarrow \exists v(\exists u(<x, u> \in R \wedge <u, v> \in S) \wedge <v, y> \in T)$$
$$\Leftrightarrow \exists v \exists u(<x, u> \in R \wedge <u, v> \in S \wedge <v, y> \in T)$$
$$\Leftrightarrow \exists u \exists v(<x, u> \in R \wedge (<u, v> \in S \wedge <v, y> \in T))$$
$$\Leftrightarrow \exists u(<x, u> \in R \wedge \exists v(<u, v> \in S \wedge <v, y> \in T))$$
$$\Leftrightarrow \exists u(<x, u> \in R \wedge <u, y> \in S \circ T)$$
$$\Leftrightarrow <x, y> \in R \circ (S \circ T)$$

所以 $(R \circ S) \circ T = R \circ (S \circ T)$。

根据定理 3.3，利用数学归纳法容易证明下面结论。

定理 3.4 设 R 是集合 A 上的关系，$m, n \in N$，则

（1） $R^m \circ R^n = R^{m+n}$

（2） $(R^m)^n = R^{m \cdot n}$

定理 3.5 设 R 是有限集合 A 上的关系，则存在自然数 s 和 t（$s < t$），使得 $R^s = R^t$。

证明 设有限集合 A 的元素个数是 n，则笛卡儿积 $A \times A$ 的元素个数是 n^2，$A \times A$ 的幂集 $\rho(A \times A)$ 的元素个数是 2^{n^2}，即 $A \times A$ 的不同子集仅 2^{n^2} 个。由于对任何自然数 k，R^k 都是 $A \times A$ 的子集，所以当列出 R 的各次幂 $R^0, R^1, R^2, \cdots$ 时，不同的幂的数目不超过 2^{n^2}，故必存在 s 和 t（$s < t$），使得 $R^s = R^t$。

下面来考虑关系的逆关系。

定义 3.9 设 R 是从集合 A 到集合 B 的关系，则从 B 到 A 的关系

$$R^{-1} = \{<b, a> | <a, b> \in R\}$$

称为 R 的**逆关系**。

显然，逆关系是相互的，即 $(R^{-1})^{-1} = R$。

用 M_R 和 $M_{R^{-1}}$ 分别表示二元关系 R 及其逆关系 R^{-1} 的关系矩阵，显然，$M_{R^{-1}}$ 中位置 (j, i) 上的元素为 1 当且仅当 M_R 中的位置 (i, j) 上的元素为 1，所以，$M_{R^{-1}}$ 为 M_R 的转置矩阵。

例 3.12 对于例 3.10 中集合 A 上的二元关系 R 和 S，有

$$R^{-1} = \{<1, 1>, <2, 1>, <3, 1>, <4, 1>, <3, 2>\}$$
$$(R^{-1})^{-1} = \{<1, 1>, <1, 2>, <1, 3>, <1, 4>, <2, 3>\}$$

$$S^{-1} = \{<1,\ 1>,\ <2,\ 1>,\ <1,\ 2>,\ <2,\ 2>,\ <3,\ 3>,\ <4,\ 4>\}$$

$$S^{-1} \circ R^{-1} = \{<1,\ 1>,\ <2,\ 1>,\ <3,\ 1>,\ <3,\ 2>,\ <4,\ 1>\}$$

$$R \circ S = \{<1,\ 1>,\ <1,\ 2>,\ <1,\ 3>,\ <1,\ 4>,\ <2,\ 3>\}$$

$$(R \circ S)^{-1} = \{<1,\ 1>,\ <2,\ 1>,\ <3,\ 1>,\ <4,\ 1>,\ <3,\ 2>\}$$

$$M_{R^{-1}} = \begin{bmatrix} 1 & 0 & 0 & 0 \\ 1 & 0 & 0 & 0 \\ 1 & 1 & 0 & 0 \\ 1 & 0 & 0 & 0 \end{bmatrix},\quad M_{S^{-1}} = \begin{bmatrix} 1 & 1 & 0 & 0 \\ 1 & 1 & 0 & 0 \\ 0 & 0 & 1 & 0 \\ 0 & 0 & 0 & 1 \end{bmatrix}$$

在此例中，不仅有 $(R^{-1})^{-1} = R$，而且有 $(R \circ S)^{-1} = S^{-1} \circ R^{-1}$。下面的定理说明它对一般情况也是成立的。

定理 3.6　设 R 是从集合 A 到集合 B 的关系，S 是从集合 B 到集合 C 的关系，则
$$(R \circ S)^{-1} = S^{-1} \circ R^{-1}$$

证明　因为
$$<x,\ y> \in (R \circ S)^{-1} \Leftrightarrow <y,\ x> \in R \circ S \Leftrightarrow \exists u(<y,\ u> \in R \wedge <u,\ x> \in S)$$
$$\Leftrightarrow \exists u(<x,\ u> \in S^{-1} \wedge <u,\ y> \in R^{-1}) \Leftrightarrow <x,\ y> \in S^{-1} \circ R^{-1}$$

所以 $(R \circ S)^{-1} = S^{-1} \circ R^{-1}$。

习题 3.2

1. 设 $A = \{\phi,\ \{\phi\}\}$，求 $A \times \rho(A)$。

2. 设 $A,\ B,\ C$ 是任意集合，若 $A \times B \subseteq A \times C$，是否一定有 $B \subseteq C$ 成立？为什么？

3. 列出集合 $A = \{2,\ 3,\ 4\}$ 上的恒等关系 I_A、全域关系 E_A、小于或等于关系 L_A 和整除关系 D_A 所包含的序偶。

4. 设 $A = \{1,\ 2,\ 4,\ 6\}$，求出下列关系（列出其中的序偶）及其定义域和值域。

（1）$R_1 = \{<x,\ y> | x,\ y \in A \wedge x + y \neq 2\}$

（2）$R_2 = \{<x,\ y> | x,\ y \in A \wedge |x - y| = 1\}$

（3）$R_3 = \left\{<x,\ y> | x,\ y \in A \wedge \dfrac{x}{y} \in A\right\}$

（4）$R_4 = \{<x,\ y> | x,\ y \in A \wedge y\ 为质数\}$

5. 设集合 $A = \{0,\ 1,\ 2,\ 3\}$，给出 A 上的二元关系 $R = \{<0,\ 0>,\ <0,\ 3>,\ <2,\ 0>,\ <2,\ 1>,\ <2,\ 3>,\ <3,\ 2>\}$ 的关系矩阵和关系图。

6. 设 $A = \{a,\ b,\ c,\ d\}$，R 和 S 是 A 上的二元关系：
$$R = \{<a,\ a>,\ <a,\ b>,\ <b,\ d>\}$$
$$S = \{<a,\ d>,\ <b,\ c>,\ <b,\ d>,\ <c,\ b>\}$$
求下列关系及其关系矩阵和关系图。

（1）$R \cup S$　　　　　　　　　　　　　　　（2）$R \cap S$

（3）R^c　　　　　　　　　　　　　　　　　（4）$R - S$

（5）$R \circ S$ （6）$S \circ R$

（7）R^2 （8）R^{-1}

7. 设 R 是从集合 A 到集合 B 的关系，S_1，S_2 是从集合 B 到集合 C 的关系，T 是从集合 C 到集合 D 的关系，证明下列等式。

（1）$R \circ (S_1 \bigcup S_2) = (R \circ S_1) \bigcup (R \circ S_2)$

（2）$R \circ (S_1 \bigcap S_2) \subseteq (R \circ S_1) \bigcap (R \circ S_2)$

（3）$(S_1 \bigcup S_2) \circ T = (S_1 \circ T) \bigcup (S_2 \circ T)$

（4）$(S_1 \bigcap S_2) \circ T \subseteq (S_1 \circ T) \bigcap (S_2 \circ T)$

8. 设 R 和 S 都是从集合 A 到集合 B 的关系，证明下列等式。

（1）$(R \bigcup S)^{-1} = R^{-1} \bigcup S^{-1}$ （2）$(R \bigcap S)^{-1} = R^{-1} \bigcap S^{-1}$

（3）$(R^c)^{-1} = (R^{-1})^c$ （4）$(R - S)^{-1} = R^{-1} - S^{-1}$

（5）$(R \oplus S)^{-1} = R^{-1} \oplus S^{-1}$

3.3 二元关系的性质与闭包

3.3.1 二元关系的性质

有若干用于把集合上的关系进行分类的性质。这里我们只介绍其中最重要的几个。

定义 3.10 设 R 是 A 上的关系，若对任意的 $a \in A$ 都有 $<a, a> \in R$，则称 R 是**自反的**；若对任意的 a 都有 $<a, a> \notin R$，则称 R 是**反自反的**。

一个关系可以既不是自反关系又不是反自反关系。例如，集合 $A = \{1, 2, 3\}$ 上的关系 $R = \{<1, 1>, <1, 2>, <2, 3>\}$ 既不是自反的也不是反自反的。

定义 3.11 设 R 是 A 上的关系，若 $<a, b> \in R$，必有 $<b, a> \in R$，则称 R 是**对称的**；若 $<a, b> \in R$，$<b, a> \in R$，必有 $a = b$，则称 R 是**反对称的**。

一个关系可以既是对称的又是反对称的。例如，集合 $A = \{1, 2, 3\}$ 上的关系 $R = \{<1, 1>, <2, 2>, <3, 3>\}$ 既是对称的又是反对称的。

定义 3.12 设 R 是 A 上的关系，若 $<a, b> \in R$，$<b, c> \in R$，必有 $<a, c> \in R$，则称 R 是**传递的**。

例 3.13 设 $A = \{1, 2, 3, 4\}$，判断 A 上的如下关系哪些是自反的，哪些是反自反的，哪些是对称的，哪些是反对称的，哪些是传递的。

（1）$R_1 = \{<1, 1>, <1, 2>, <2, 3>, <1, 3>, <1, 4>\}$

（2）$R_2 = \{<1, 1>, <1, 2>, <2, 1>, <2, 2>, <3, 3>, <4, 4>\}$

（3）$R_3 = \{<1, 3>, <2, 1>\}$

（4）$R_4 = \phi$，即空关系。

（5）$R_5 = A \times A$，即全域关系。

解 （1）R_1 不是自反的，不是反自反的，不是对称的，是反对称的，是传递的。

（2）R_2 是自反的，不是反自反的，是对称的，不是反对称的，是传递的。

（3）R_3 不是自反的，是反自反的，不是对称的，是反对称的，不是传递的。

（4）R_4 不是自反的，是反自反的，是对称的，是反对称的，是传递的。

（5）R_5 是自反的，不是反自反的，是对称的，不是反对称的，是传递的。

例 3.14 对于下列五种二元关系，试判断哪些是自反的，哪些是反自反的，哪些是对称的，哪些是反对称的，哪些是传递的。

（1）实数集合 R 上的小于等于关系 ≤。

（2）集族上的包含于关系 ⊆。

（3）正整数集合 Z^+ 上的整除关系 |。

（4）平面上直线集合 L 上的垂直关系 ⊥。

（5）平面上直线集合 L 上的平行关系 ‖（认为直线不与自己平行）。

解 （1）是自反的，不是反自反的，不是对称的，是反对称的，是传递的。

（2）是自反的，不是反自反的，不是对称的，是反对称的，是传递的。

（3）是自反的，不是反自反的，不是对称的，是反对称的，是传递的。

（4）不是自反的，是反自反的，是对称的，不是反对称的，不是传递的。

（5）不是自反的，是反自反的，是对称的，不是反对称的，不是传递的。

定理 3.7 设 R 是集合 A 上的关系，则

（1）R 是自反的当且仅当 $I_A \subseteq R$。

（2）R 是反自反的当且仅当 $R \cap I_A = \phi$。

（3）R 是对称的当且仅当 $R = R^{-1}$。

（4）R 是反对称的当且仅当 $R \cap R^{-1} \subseteq I_A$。

（5）R 是传递的当且仅当 $R \circ R \subseteq R$。

证明 （（1）、（2）（3）和（4）都比较简单，这里只证明（5）。）

设 R 是传递的。对任意的 $<a, c> \in R \circ R$，根据复合关系的定义知必存在 $b \in A$，使得 $<a, b> \in R$ 并且 $<b, c> \in R$，从而由 R 的传递性有 $<a, c> \in R$，所以 $R \circ R \subseteq R$。

反之，设 $R \circ R \subseteq R$。对任意的 $a, b, c \in A$，若 $<a, b> \in R$ 并且 $<b, c> \in R$，则根据复合关系的定义有 $<a, c> \in R \circ R$。又因为 $R \circ R \subseteq R$，所以 $<a, c> \in R$，即 R 是传递的。

关系的性质不仅像定理 3.7 所表述的那样反应在它的集合表达式上，也明显地反应在它的关系矩阵和关系图上。表 3.1 列出了关系 R 的五种性质在关系矩阵和关系图中的特点。

表3.1   **关系R的五种性质在关系矩阵和关系图中的特点**

性质 表示	自 反 性	反自反性	对 称 性	反对称性	传 递 性
集合表达式	$I_A \subseteq R$	$R \cap I_A = \phi$	$R = R^{-1}$	$R \cap R^{-1} \subseteq I_A$	$R \circ R \subseteq R$
关系矩阵	主对角线元素全是 1	主对角线元素全是 0	对称矩阵	对 $i \neq j$ 的情况，若 $r_{ij}=1$，则 $r_{ji}=0$	对 M_R^2 中 1 所在的位置，M_R 中相应的位置都是 1
关系图	每个顶点都有环	每个顶点都没有环	任何两个不同的顶点之间都不存在单向边	任何两个不同的顶点之间都不存在双向边	如果顶点 x_i 到 x_j 有边，x_j 到 x_k 有边，则从 x_i 到 x_k 也有边

下面研究关系的性质和运算之间的联系。

设 R 和 S 是集合 A 上的关系，它们都具有某些共同的性质。在经过并、交、补、差、求逆或复合运算以后，所得到的新关系 $R \cup S$，$R \cap S$，R^c，$R - S$，R^{-1}，$R \circ S$ 是否还能保持

原来关系的性质呢？表 3.2 列出了所有能保持（用√表示）和不一定能保持（用×表示）的情况，能保持的可以进行证明，不一定能保持的可以举出反例。

表3.2　　　　　　　　　　　　　关系的五种性质和运算之间的联系

运算＼原有性质	自 反 性	反 自 反 性	对 称 性	反 对 称 性	传 递 性
$R \cup S$	√	√	√	×	×
$R \cap S$	√	√	√	√	√
R^c	×	×	√	×	×
$R - S$	×	√	√	√	×
R^{-1}	√	√	√	√	√
$R \circ S$	√	×	×	×	×

例 3.15　设 $A = \{1, 2, 3\}$，考虑集合 A 上的下列关系 R 和 S：

$R = \{<1, 1>, <1, 2>, <2, 1>, <2, 2>, <3, 3>\}$

$S = \{<1, 1>, <1, 3>, <2, 2>, <3, 1>, <3, 3>\}$

计算 $R \cup S$，$R \cap S$，R^c，$R - S$，R^{-1}，$R \circ S$，并指出它们具有哪些性质。

解　显然，关系 R 和 S 都是自反的，对称的和传递的。

$R \cup S = \{<1, 1>, <1, 2>, <1, 3>, <2, 1>, <2, 2>, <3, 1>, <3, 3>\}$

$R \cap S = \{<1, 1>, <2, 2>, <3, 3>\}$

$R^c = \{<1, 3>, <2, 3>, <3, 1>, <3, 2>\}$

$R - S = \{<1, 2>, <2, 1>\}$

$R^{-1} = \{<1, 1>, <1, 2>, <2, 1>, <2, 2>, <3, 3>\}$

$R \circ S = \{<1, 1>, <1, 2>, <1, 3>, <2, 1>, <2, 2>, <2, 3>, <3, 1>, <3, 3>\}$

从上面的计算结果看到，$R \cup S$，$R \cap S$，R^{-1}，$R \circ S$ 是自反的，但 R^c，$R - S$ 不是自反的；$R \cup S$，$R \cap S$，R^c，$R - S$，R^{-1} 是对称的，但 $R \circ S$ 不是对称的；$R \cap S$，R^{-1} 是传递的，但 $R \cup S$，R^c，$R - S$，$R \circ S$ 不是传递的。这些都与表 3.2 一致。

3.3.2　二元关系的闭包

设 R 是集合 A 上的关系，我们希望 R 具有某些有用的性质，比如说自反性。如果 R 不具有自反性，我们通过在 R 中添加一部分序偶来改造 R，得到新的关系 R'，使得其具有自反性。但又不希望 R' 与 R 相差太多，换句话说，添加的序偶要尽可能地少。满足这些要求的 R' 就称为 R 的自反闭包。除自反闭包外还有对称闭包和传递闭包等。

定义 3.13　设 R 是集合 A 上的关系，R 的**自反闭包**（对称闭包或传递闭包）是 A 上的关系 R'，它满足以下条件：

（1）R' 是自反的（对称的或传递的）。

（2）$R \subseteq R'$。

（3）对 A 上任何包含 R 的自反（对称或传递）关系 R''，有 $R' \subseteq R''$。

一般将 R 的自反闭包记作 $r(R)$，对称闭包记作 $s(R)$，传递闭包记作 $t(R)$。下面的定理给出了构造闭包的方法。

定理 3.8 设 R 是集合 A 上的关系，则

（1）$r(R) = R \cup R^0$ （2）$\delta(R) = R \cup R^{-1}$

（3）$t(R) = R \cup R^2 \cup R^3 \cup \cdots$

证明 （1）、（2）是显然的，下面只证明（3）。

先证 $R \cup R^2 \cup R^3 \cup \cdots \subseteq t(R)$，为此只需证明对任意的正整数 n 有 $R^n \subseteq t(R)$ 即可。用数学归纳法。

$n = 1$ 时有 $R^1 = R \subseteq t(R)$。

假设 $R^n \subseteq t(R)$ 成立，那么对任意的 $<x, y>$ 有

$$<x, y> \in R^{n+1} \Leftrightarrow \exists u(<x, u> \in R^n \wedge <u, y> \in R)$$
$$\Rightarrow \exists u(<x, u> \in t(R) \wedge <u, y> \in t(R)) \Rightarrow <x, y> \in t(R)$$

这就证明了 $R^{n+1} \subseteq t(R)$。由数学归纳法命题得证。

再证 $t(R) \subseteq R \cup R^2 \cup R^3 \cup \cdots$，为此只需证明 $R \cup R^2 \cup R^3 \cup \cdots$ 是传递的即可。

任取 $<x, y>$，$<y, z>$，则

$$(<x, y> \in R \cup R^2 \cup R^3 \cup \cdots) \wedge (<y, z> \in R \cup R^2 \cup R^3 \cup \cdots)$$
$$\Rightarrow \exists k(<x, y> \in R^k) \wedge \exists l(<y, z> \in R^l)$$
$$\Rightarrow \exists k \exists l(<x, y> \in R^k \wedge <y, z> \in R^l)$$
$$\Rightarrow \exists k \exists l(<x, z> \in R^k \circ R^l) \Rightarrow \exists k \exists l(<x, z> \in R^{k+l})$$
$$\Rightarrow <x, z> \in R \cup R^2 \cup R^3 \cup \cdots$$

从而证明了 $R \cup R^2 \cup R^3 \cup \cdots$ 是传递的。

推论 设 R 是有限集合 A 上的关系，A 的元素个数 $|A| = n$，则

$$t(R) = R \cup R^2 \cup R^3 \cup \cdots \cup R^n$$

证明 根据定理 3.8，只需证明 $R \cup R^2 \cup R^3 \cup \cdots \subseteq R \cup R^2 \cup R^3 \cup \cdots \cup R^n$。由于 $\bigcup\limits_{i=1}^{\infty} R^i = \bigcup\limits_{i=1}^{n} R^i \cup \bigcup\limits_{i=n+1}^{\infty} R^i$，为此只需证明对任意的 $k > n$，有 $R^k \subseteq \bigcup\limits_{i=1}^{n} R^i$ 即可。

对任意的 $<a, b> \in R^k$，由复合运算的定义知存在 $a_1, a_2, a_3, \cdots, a_{k-1}$（为了统一，记 $a = a_0$，$b = a_k$），使得

$$a_0 R a_1, a_1 R a_2, a_2 R a_3, \cdots, a_{k-1} R a_k$$

由于 $|A| = n$ 和 $k > n$，所以 k 个元素 $a_1, a_2, a_3, \cdots, a_{k-1}, a_k$ 中至少有两个元素相同，不妨设 $a_i = a_j (1 \leq i < j \leq k)$，从而可将上面的序列缩短为

$$a_0 R a_1, a_1 R a_2, \cdots, a_{i-1} R a_i, a_j R a_{j+1}, \cdots, a_{k-1} R a_k$$

这就是说 $<a, b> \in R^{k'}$，其中 $k' = k - (j - i)$。

若 $k' \leq n$，则 $<a, b> \subseteq \bigcup\limits_{i=1}^{n} R^i$；若 $k' > n$，则重复上述做法，最终总能找到 $k' \leq n$，使得

$<a, b> \in R^{k'}$，即 $<a, b> \subseteq \bigcup\limits_{i=1}^{n} R^i$，由此得到 $R^k \subseteq \bigcup\limits_{i=1}^{n} R^i$。

例 3.16　设 $A = \{a,\ b,\ c\}$，$R = \{<a,\ b>, <b,\ b>, <b,\ c>\}$ 是 A 上的二元关系，求闭包 $r(R)$，$s(R)$ 和 $t(R)$，并计算出闭包的关系矩阵，画出相应的关系图。

解　$r(R) = \{<a,\ b>, <b,\ b>, <b,\ c>, <a,\ a>, <c,\ c>\}$

$s(R) = \{<a,\ b>, <b,\ b>, <b,\ a>, <b,\ c>, <c,\ b>\}$

$t(R) = \{<a,\ b>, <b,\ b>, <b,\ c>, <a,\ c>\}$

其关系矩阵如下：

$$M_R = \begin{bmatrix} 0 & 1 & 0 \\ 0 & 1 & 1 \\ 0 & 0 & 0 \end{bmatrix}, \quad M_{r(R)} = \begin{bmatrix} 1 & 1 & 0 \\ 0 & 1 & 1 \\ 0 & 0 & 1 \end{bmatrix}, \quad M_{s(R)} = \begin{bmatrix} 0 & 1 & 0 \\ 1 & 1 & 1 \\ 0 & 1 & 0 \end{bmatrix}, \quad M_{t(R)} = \begin{bmatrix} 0 & 1 & 1 \\ 0 & 1 & 1 \\ 0 & 0 & 0 \end{bmatrix}$$

关系图如图 3.3 所示。

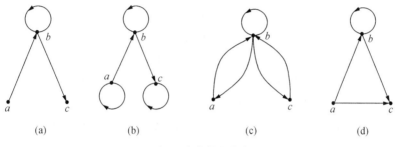

$$(a) \qquad\qquad (b) \qquad\qquad (c) \qquad\qquad (d)$$

图 3.3　闭包的关系图

从例 3.16 可以看出以下几点。

（1）求关系的自反闭包，就是将关系图中所有无环的顶点加上环；将关系矩阵中对角线上的值全变为 1，即 $M_{r(R)} = M_R + I_n$，这里 I_n 是与 M_R 同阶的单位矩阵，加法是逻辑加（析取）。

（2）求关系的对称闭包，就是在关系图中，如果顶点 x_i 和 x_j 之间仅存在一条边，则添加一条方向相反的边；在关系矩阵中，若非对角线上的某个元素 $r_{ij} = 1(i \neq j)$，则将它关于对角线对称的另一个元素 r_{ji} 取为 1，写成矩阵的形式就是 $M_{s(R)} = M_R + M_R'$，这里 M_R' 是 M_R 的转置矩阵，加法仍然是逻辑加（析取）。

（3）求关系的传递闭包，就是在关系图中，对任意的顶点 x_i，x_j，x_k，若有从 x_i 到 x_j 的一条边，x_j 到 x_k 的一条边，而从 x_i 到 x_k 没有边，则添加一条从 x_i 到 x_k 的边；在关系矩阵中，若 $r_{ij} = 1$，$r_{jk} = 1$，则取 $r_{ik} = 1$，写成矩阵的形式就是 $M_{t(R)} = M_R + M_R^2 + M_R^3 + \cdots$，这里 M_R^i 是 R^i 的关系矩阵，即 M_{R^i}，加法仍然是逻辑加（析取）。

习题 3.3

1. 确定下列整数集合上的关系 R 是否是自反的、反自反的、对称的、反对称的和传递的，其中，$<x,\ y> \in R$，当且仅当：

（1）$x \neq y$ 　　　　　　　　　　　（2）$x \cdot y \geq 1$

（3）$x = y + 1$ 或 $x = y - 1$ 　　　　（4）$x \equiv y \pmod{7}$

（5）$x = y^2$　　　　　　　　　　　（6）$x \geqslant y^2$

（7）x 是 y 的倍数　　　　　　　　（8）x 与 y 都是负的或都是非负的

2．设 $A = \{a, b, c, d\}$，

（1）给出 A 上的一个关系 R，要求 R 既不是自反的，又不是反自反的。

（2）给出 A 上的一个关系 R，要求 R 既是对称的，又是反对称的。

（3）给出 A 上的一个关系 R，要求 R 既不是对称的，又不是反对称的。

（4）给出 A 上的一个关系 R，要求 R 是传递的，但 $R \cup R^{-1}$ 不是传递的。

3．根据下列关系的关系矩阵判断它们是否是自反的，反自反的，对称的，反对称的，传递的，并求出相应的关系，画出相应的关系图。

$$M_{R_1} = \begin{bmatrix} 1 & 1 & 0 \\ 1 & 1 & 1 \\ 1 & 0 & 1 \end{bmatrix}, \quad M_{R_2} = \begin{bmatrix} 1 & 1 & 0 \\ 0 & 0 & 0 \\ 1 & 1 & 0 \end{bmatrix}, \quad M_{R_3} = \begin{bmatrix} 1 & 1 & 1 \\ 1 & 1 & 1 \\ 1 & 1 & 1 \end{bmatrix}$$

$$M_{R_4} = \begin{bmatrix} 1 & 1 & 1 \\ 0 & 1 & 1 \\ 0 & 1 & 1 \end{bmatrix}, \quad M_{R_5} = \begin{bmatrix} 0 & 1 & 1 \\ 1 & 1 & 1 \\ 1 & 0 & 0 \end{bmatrix}, \quad M_{R_6} = \begin{bmatrix} 1 & 1 & 1 \\ 1 & 0 & 0 \\ 1 & 0 & 0 \end{bmatrix}$$

4．设 R 和 S 是集合 A 上的二元关系，试证表 3.2 的有关论断，即：

（1）当 R 和 S 是自反的，则 $R \cup S$，$R \cap S$，R^{-1} 和 $R \circ S$ 也是自反的；而 R^c 和 $R - S$ 则不一定。

（2）当 R 和 S 是反自反的，则 $R \cup S$，$R \cap S$，$R - S$ 和 R^{-1} 也是反自反的；而 R^c 和 $R \circ S$ 则不一定。

（3）当 R 和 S 是对称的，则 $R \cup S$，$R \cap S$，R^c，$R - S$ 和 R^{-1} 也是对称的；而 $R \circ S$ 则不一定。

（4）当 R 和 S 是反对称的，则 $R \cap S$，$R - S$ 和 R^{-1} 也是反对称的；而 $R \cup S$，R^c 和 $R \circ S$ 则不一定。

（5）当 R 和 S 是传递的，则 $R \cap S$ 和 R^{-1} 也是传递的；而 $R \cup S$，R^c，$R - S$ 和 $R \circ S$ 则不一定。

5．设 $A = \{a, b, c\}$ 及其上的关系 $R = \{<a, a>, <a, b>, <b, c>, <c, c>\}$，求自反闭包 $r(R)$、对称闭包 $s(R)$ 和传递闭包 $t(R)$。

6．设关系 $R = \{<1, 2>, <1, 4>, <3, 3>, <4, 1>\}$，求包含 R 的最小关系使得它是

（1）自反的和传递的。　　　　　　　（2）对称的和传递的。

（3）自反的、对称的和传递的。

7．根据下列关系的关系矩阵分别求出它们的自反闭包 $r(R)$、对称闭包 $s(R)$ 和传递闭包 $t(R)$ 的关系矩阵。

$$M_R = \begin{bmatrix} 1 & 1 & 0 \\ 0 & 0 & 0 \\ 1 & 1 & 0 \end{bmatrix}, \quad M_S = \begin{bmatrix} 0 & 1 & 1 \\ 1 & 1 & 1 \\ 1 & 0 & 0 \end{bmatrix}$$

8．设 R 的关系图如图 3.4 所示，试给出自反闭包 $r(R)$、对称闭包 $s(R)$ 和传递闭包 $t(R)$ 的关系图。

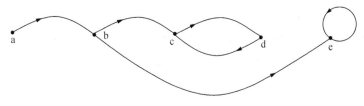

图 3.4 习题 8 的图

9. 设 R 是集合 A 上的关系，

（1）若 R 是自反的，证明 $s(R)$ 和 $t(R)$ 也是自反的。

（2）若 R 是对称的，证明 $r(R)$ 和 $t(R)$ 也是对称的。

（3）若 R 是传递的，证明 $r(R)$ 也是传递的。

10. 设 R 和 S 是集合 A 上的关系，且 $R \supseteq S$，证明

$$r(R) \supseteq r(S)，s(R) \supseteq s(S)，t(R) \supseteq t(S)$$

3.4　等价关系与划分

在日常生活或者科学研究中，我们常常需要对一些事物或某个集合上的元素按照某种方式进行分类。如进行举重比赛时，需要将运动员按重量级别进行分类，每一个运动员必定属于某一个重量级别，而任何一个运动员不能同时属于两个不同的重量级别。又如，对一些几何图形构成的集合，按面积相等关系将它们进行分类，即面积相等的几何图形属于一类，这样，每个几何图形必定属于一类，而且不同类没有公共点。这种对某个集合上的元素按照某种方式进行分类就叫作集合的划分，它是一个非常重要而且应用非常广泛的概念。集合的划分与一种重要的二元关系即等价关系密切相关，等价关系具有十分良好的性质和广泛的应用，因而成为最重要的二元关系之一。

定义 3.14　设 R 是集合 A 上的关系，如果 R 是自反的、对称的、传递的，则称 R 是**等价关系**。设 R 是一个等价关系，若 $<a, b> \in R$，称 a 等价于 b。

例 3.17　（1）在全体中国人组成的集合上定义"同姓"关系，它具备自反、对称、传递的性质，因此是一个等价关系。

（2）平面上直线集合 L 上的"平行或恒等"关系是等价关系，而 L 上的"垂直"关系不是等价关系，因为它既不是自反的，也不是传递的。

（3）平面上三角形的"全等"关系、"相似"关系等都是等价关系。

（4）"朋友"关系不是等价关系，因为它不是传递的。

（5）集合的"包含于"关系不是等价关系，因为它不是对称的。

例 3.18　设 $A = \{1, 2, \cdots, 8\}$，A 上的**模 3 同余关系** R 定义如下：

$$R = \{<a, b> | a, b \in A \wedge a \equiv b (\mathrm{mod}\, 3)\}$$

其中，"$a \equiv b(\mathrm{mod}\, 3)$"叫做 a 与 b **模 3 相等**，即 a 除以 3 的余数与 b 除以 3 的余数相等（3 整除 $|a - b|$）。

因为

$\forall a \in A$，有 $a \equiv a(\mathrm{mod}\, 3)$，

$\forall a,\ b \in A$，若 $a \equiv b(\mathrm{mod}\,3)$，则有 $b \equiv a(\mathrm{mod}\,3)$，

$\forall a,\ b,\ c \in A$，若 $a \equiv b(\mathrm{mod}\,3)$，$b \equiv c(\mathrm{mod}\,3)$，则有 $a \equiv c(\mathrm{mod}\,3)$，

所以 R 为 A 上的等价关系。该关系的关系图如图 3.5 所示。

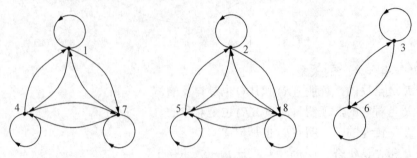

图 3.5   一个等价关系的关系图

不难看到，上述关系图被分为三个互不连通的部分，每部分中的数两两都等价（有关系），不同部分中的数则不等价（没有关系）。这种通过等价关系给出的每一部分叫做等价类，下面给出等价类和由等价类构成的商集的严格定义。

定义 3.15   设 R 是非空集合 A 上的等价关系，$\forall a \in A$，称
$$[a]_R = \{x \mid x \in A \wedge <a,\ x> \in R\}$$
为元素 a 关于等价关系 R 的**等价类**，简称 a 的等价类，记为 $[a]$。

因为 R 是等价关系，所以同样有 $[a]_R = \{x \mid x \in A \wedge <x,\ a> \in R\}$。

由定义 3.15 可以知道，a 的等价类是 A 中所有与 a 等价的元素组成的集合。例 3.18 中的等价类是：
$$[1] = [4] = [7] = \{1,\ 4,\ 7\}$$
$$[2] = [5] = [8] = \{2,\ 5,\ 8\}$$
$$[3] = [6] = \{3,\ 6\}$$

将例 3.18 中的模 3 同余关系加以推广，可以得到整数集合 Z 上的一个等价关系，称为**模 m 同余关系**。

例 3.19   设 x 是任意整数，m 为给定的正整数，则存在唯一的整数 k，r，使得
$$x = k \times m + r$$
其中，$0 \leqslant r \leqslant m-1$，称 r 为 x 除以 m 的余数。例如，$m=3$，那么-8 除以 3 的余数为 1，因为
$$-8 = -3 \times 3 + 1$$
这样定义余数后，整数 x 与 y 除以 m 的余数一样，即等价于 m 整除 $|x-y|$，例如
$$5 \equiv 8(\mathrm{mod}\,3),\quad -8 \equiv 1(\mathrm{mod}\,3),\quad -7 \equiv 2(\mathrm{mod}\,3)$$
现在在整数集合 Z 上定义**模 m 同余关系** R：
$$R = \{<a,\ b> \mid a,\ b \in Z \wedge a \equiv b(\mathrm{mod}\,m)\}$$
这里 $a \equiv b(\mathrm{mod}\,m)$ 叫做 a 与 b **模 m 相等**，即表示 a 除以 m 的余数与 b 除以 m 的余数相等，即 m 整除 $|a-b|$。不难验证 R 是 Z 上的等价关系，它将 Z 中的所有整数根据它们除以 m 的余数分类如下：

余数为 0 的整数，其形式为 mz，$z \in Z$；

余数为 1 的整数，其形式为 $mz+1$，$z \in \mathbf{Z}$；

……

余数为 $m-1$ 的整数，其形式为 $mz+m-1$，$z \in \mathbf{Z}$。

以上就是模 m 同余关系的等价类，又称为**模 m 同余类**，使用等价类的符号可记为

$$[i]=\{mz+i \mid z \in \mathbf{Z}\}, \quad i=0, 1, \cdots, m-1$$

从定义 3.15、例 3.18 和例 3.19 可以看出等价类具有如下性质。

定理 3.9 设 R 是非空集合 A 上的等价关系，则

（1）$\forall a \in A$，$[a]$ 是 A 的非空子集。

（2）$\forall a, b \in A$，如果 aRb，则 $[a]=[b]$。

（3）$\forall a, b \in A$，如果 $a\bcancel{R}b$，则 $[a] \bigcap [b]=\phi$。

（4）$\bigcup\{[a] \mid a \in A\}=A$。

定理 3.9 指出，集合 A 上的等价关系 R 所形成的等价类，它们两两互不相交而且覆盖住整个集合 A。这种将一个集合划分为若干个不相交的子集的并叫做集合的划分，下面给出集合划分的精确定义。

定义 3.16 设 A 是一个非空集合，A_1，A_2，$\cdots$，A_m 是它的非空子集，如果它们满足下列条件：

（1）对所有的 $i, j(i, j=1, 2, \cdots, m)$，如果 $i \neq j$，则 $A_i \bigcap A_j=\phi$，

（2）$\bigcup\limits_{i=1}^{m} A_i=A$，

则称集合 $\pi=\{A_1$，A_2，$\cdots$，$A_m\}$ 为 A 的一个**划分**。

划分中的子集 A_1，A_2，$\cdots$，A_m 叫做这个划分的**块**，图 3.6 表示将矩形集合划分为 A_1，A_2，A_3，A_4 和 A_5 五个块。

定义 3.17 设 R 是非空集合 A 上的等价关系，以 R 的所有等价类作为元素的集合称为 A 关于 R 的**商集**，记作 A/R，即

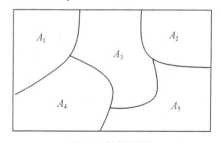

图 3.6　集合的划分

$$A/R=\{[a]_R \mid a \in A\}$$

根据定理 3.9，一个商集就是原集合的一个划分，并且不同的商集将对应不同的划分。反之，我们有如下的定理。

定理 3.10 任给集合 A 的一个划分 $\pi=\{A_1$，A_2，$\cdots$，$A_m\}$，定义 A 上的一个关系 R 如下：

$$R=(A_1 \times A_1) \bigcup (A_2 \times A_2) \bigcup \cdots \bigcup (A_m \times A_m)$$

则 R 为 A 上的等价关系，且该等价关系所确定的等价类组成的商集就是 $\pi=\{A_1$，A_2，$\cdots$，$A_m\}$。

由此可见，A 上的等价关系与 A 的划分是一一对应的。

例 3.20 求出 $A=\{a, b, c\}$ 上所有的等价关系。

解 先给出 A 的所有划分：$\pi_1=\{\{a\}$，$\{b\}$，$\{c\}\}$，$\pi_2=\{\{a\}$，$\{b, c\}\}$，$\pi_3=\{\{b\}$，$\{a, c\}\}$，$\pi_4=\{\{c\}$，$\{a, b\}\}$，$\pi_5=\{\{a, b, c\}\}$。再根据定理 3.10 求出所有的等价关系：

$R_1=\{<a, a>$，$<b, b>$，$<c, c>\}$ 为恒等关系

$R_2=\{<a, a>$，$<b, b>$，$<c, c>$，$<b, c>$，$<c, b>\}$

$R_3 = \{<a, \ a>, \ <b, \ b>, \ <c, \ c>, <a, \ c>, <c, \ a>\}$

$R_4 = \{<a, \ a>, \ <b, \ b>, \ <c, \ c>, <a, \ b>, <b, \ a>\}$

$R_5 = A \times A$ 为全域关系。

习题 3.4

1. 对于给定的集合 A 和其上的二元关系 R，判断 R 是否为等价关系。

（1）A 为实数集，$\forall x, y \in A$，$xRy \Leftrightarrow x - y = 2$。

（2）$A = \{1, 2, 3\}$，$\forall x, y \in A$，$xRy \Leftrightarrow x + y \neq 3$。

（3）$A = Z^+$，即正整数集，$\forall x, y \in A$，$xRy \Leftrightarrow x \cdot y$ 是奇。

（4）$A = P(X)$，集合 X 的基数 $|X| \geqslant 2$，$\forall x, y \in A$，$xRy \Leftrightarrow x \subseteq y \vee y \subseteq x$。

（5）$A = P(X)$，集合 X 和 C 满足 $C \subseteq X$，$\forall x, y \in A$，$xRy \Leftrightarrow x \oplus y \subseteq C$。

2. 设 $A = \{a, b, c, d\}$，对于 A 上的等价关系
$$R = \{<a, \ b>, <b, \ a>, <c, \ d>, <d, \ c>\} \bigcup I_A$$
画出 R 的关系图，并求出 A 中各元素关于 R 的等价类。

3. 给出模 6 同余关系，并求出所有的模 6 同余类。

4. 设 $A = \{<0, 2>, <1, 2>, <2, 4>, <3, 4>, <4, 6>, <5, 6>, \cdots\}$，判断下列关系是否等价关系。若是等价关系，试给出它的等价类。

（1）$R = \{<<x_1, \ x_2>, \ <y_1, \ y_2>> | <x_1, \ x_2>, <y_1, \ y_2> \in A \wedge x_1 + y_2 = x_2 + y_1\}$

（2）$R = \{<<x_1, \ x_2>, \ <y_1, \ y_2>> | <x_1, \ x_2>, <y_1, \ y_2> \in A \wedge x_1 + y_1 = x_2 + y_2\}$

5. 假如 R 和 S 是集合 A 上的等价关系，问下面的关系是否一定是等价关系，如果是，给予证明，如果不是，举出反例。

（1）$R \cup S$　　　　　　　　　　　（2）$R \cap S$

（3）R^c　　　　　　　　　　　　　　（4）$R - S$

（5）$R \circ S$　　　　　　　　　　　（6）R^{-1}

6. 当我们构造一个关系的自反闭包的对称闭包的传递闭包时，一定能得到一个等价关系吗？如果是，请证明，如果不是，请举出反例。

7. 假如 R_1 和 R_2 是集合 A 上的等价关系，π_1 和 π_2 分别是对应于 R_1 和 R_2 的划分。证明 $R_1 \subseteq R_2$ 当且仅当 π_1 是 π_2 的加细。（如果在划分 π_1 中的某个集合都是划分 π_2 中每个集合的子集，则 π_1 叫做 π_2 的加细）

3.5　偏序关系与拓扑排序

3.5.1　偏序关系

本小节介绍另外一种重要的二元关系——偏序关系。

定义 3.18　设 R 是集合 X 上的关系，如果 R 是自反的、反对称的和传递的，则称 R 是 X 上的**偏序关系**。偏序关系通常用符号 $\preceq$ 表示，$<a, \ b> \in R$ 常记为 $a \preceq b$，读作"a 先于 b"。带有偏序关系的集合 X 叫做**偏序集**，当我们需要指明时，记作 $<X, \ \preceq>$。

$a \prec b$ 意为 $a \preceq b$ 且 $a \neq b$，读作 "a 严格先于 b"。

例 3.21　（1）设 R 是实数集合，$\leqslant$ 为小于或等于关系，则 $\leqslant$ 是 R 上的偏序关系，$<R, \leqslant>$ 是偏序集。

（2）设 R 是实数集合，$\geqslant$ 为大于或等于关系，则 $\geqslant$ 是 R 上的偏序关系，$<R, \geqslant>$ 是偏序集。

（3）设 Z^+ 是正整数集合，a 整除 b 记作 "$a|b$"，例如，$2|4$, $3|12$, $7|21$ 等，则这种整除关系 "|" 是 Z^+ 上的偏序关系，$<Z^+, |>$ 是偏序集。

（4）在整数集合 Z 上，定义关系 aRb：当且仅当存在正整数 r 使得 $b = a^r$，例如，因为 $8 = 2^3$，所以 $2R8$。则 R 是 Z 上的偏序关系，$<Z, R>$ 是偏序集。

（5）设 $\rho(S)$ 是集合 S 的幂集，$\subseteq$ 是集合的包含于关系，则 $\subseteq$ 是幂集 $\rho(S)$ 上的偏序关系，$<\rho(S), \subseteq>$ 是偏序集。

为了更直观地研究偏序关系和偏序集，可借助于哈斯（Hass）图。**哈斯图**的画法可描述为：设 $<X, \preceq>$ 是偏序集，X 中的每个元素用节点表示，若 $x, y \in X$，且 $x \preceq y$，则节点 x 画于节点 y 的下面；若 $x \preceq y$ 且 x 与 y 之间不存在另一个 z 使得 $x \preceq z$ 和 $z \preceq y$，则 x 与 y 之间用一线段连接。

显然，哈斯图是关系图的一种简化，它是根据偏序关系的自反和传递特点去掉了关系图中所有环和某些线段后的简化图。

例 3.22　（1）集合 $X = \{2, 3, 6, 12, 24, 36\}$ 在整除关系下构成偏序集，它的哈斯图如图 3.7（a）所示。

（2）集合 $S = \{a, b, c\}$ 的幂集 $\rho(S)$ 在集合的包含于关系 $\subseteq$ 下构成偏序集，它的哈斯图如图 3.7（b）所示。

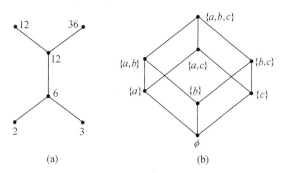

(a)　　　　　　(b)

图 3.7　偏序集的哈斯图

定义 3.19　假设 a 和 b 是偏序集 $<X, \preceq>$ 上的两个元素。如果

$$a \preceq b \text{ 或 } b \preceq a$$

我们就说 a 和 b 是**可比较的**。否则就说 a 和 b 是**不可比较的**，并记作 $a \| b$。若偏序集 X 的每一对元素都是可比较的，则称 X 为**全序集**，相应的偏序就称为**全序**。全序集也叫做**线性序集**或叫做**链**。

虽然偏序集可能不是全序集，但它的子集仍有可能是全序集。很明显，全序集的每一个子集都是全序集。

例 3.23　（1）偏序集 $<R, \leqslant>$ 是全序集，R 的每个子集在偏序关系 $\leqslant$ 下也都是全

序集。

（2）考虑偏序集< Z^+, |>。21和7可比较，因为7|21。但3和5不可比较，因为既没有3|5，也没有5|3。因此< Z^+, |>不是全序集，但 $S = \{2, 6, 12, 36\}$ 是 Z^+ 在整除关系下的全序子集。

（3）对于含有两个或两个以上元素的集合 S，偏序集< $\rho(S)$, $\subseteq$ >不是全序集。例如，假设 a 和 b 属于 S，那么 $\rho(S)$ 中的 $\{a\}$ 与 $\{b\}$ 是不可比较的。而 $A = \{\phi, \{a\}, S\}$ 是 $\rho(S)$ 在偏序关系 $\subseteq$ 下的全序子集。

3.5.2 偏序集中的特殊元

定义 3.20 设< X, $\preceq$ >是偏序集，S 是 X 的子集，a, $b \in S$。a 叫做 S 的**极小元**，如果 S 中没有其他元素严格先于 a；b 叫做 S 的**极大元**，如果 S 中没有其他元素严格后于 b。a 叫做 S 的**最小元**，如果对于 S 中的每一个元素 x 都有 $a \preceq x$，即 a 先于 S 中的每一个元素；b 叫做 S 的**最大元**，如果对于 S 中的每一个元素 x 都有 $x \preceq b$，即 b 后于 S 中的每一个元素。

极小元、极大元、最小元、最大元的符号化表示分别为：
$$a \text{ 为 } S \text{ 的极小元} \Leftrightarrow \forall x(x \in S \wedge x \preceq a \rightarrow x = a) ,$$
$$b \text{ 为 } S \text{ 的极大元} \Leftrightarrow \forall x(x \in S \wedge b \preceq x \rightarrow x = b) ,$$
$$a \text{ 为 } S \text{ 的最小元} \Leftrightarrow \forall x(x \in S \rightarrow a \preceq x) ,$$
$$b \text{ 为 } S \text{ 的最大元} \Leftrightarrow \forall x(x \in S \rightarrow x \preceq b) 。$$

偏序集的子集 S 可以有多于一个的极小元和极大元。如果 S 是无限集合，那么 S 可能没有极小元和极大元，例如，偏序集< R, $\leqslant$ >没有极小元和极大元。如果 S 是有限集合，那么 S 一定至少有一个极小元和一个极大元。即有下面的定理 3.11。

定理 3.11 设< X, $\preceq$ >是偏序集，S 是 X 的子集。如果 S 是有限集，那么 S 至少有一个极小元和一个极大元。

证明 设 $S = \{y_1, y_2, \cdots, y_n\}$，下面定义元素 a：

首先令 $a = y_1$，然后对 $i = 2, 3, \cdots, n$，逐步令
$$a = \begin{cases} y_i & \text{若 } y_i \prec a \\ a & \text{若 } a \preceq y_i \\ a & \text{若 } a \parallel y_i \end{cases}$$

显然，根据偏序关系的传递性，对这样得到元素 a，S 中不可能存在元素 x 使得 $x \prec a$，所以 a 就是 S 的极小元。同样可以证明存在极大元。

更进一步，如果子集 S 为有限集且有唯一的极小元，则它一定就是最小元；若为有限集且有唯一的极大元，则它一定就是最大元。即有下面的定理 3.12。

定理 3.12 设< X, $\preceq$ >是偏序集，S 是 X 的子集。如果 S 是有限集且 a 是其唯一极小元（极大元），那么，a 一定是 S 的最小元（最大元）。

证明 不妨设 $S = \{y_1, y_2, \cdots, y_n\}$，假设 a 不是最小元，则在 S 中必至少有一个元素 y_j 使得 $y_j \prec a$ 或 $y_j \parallel a$。下面定义元素 b：

首先令 $b = y_j$，然后对 $i = 1, 2, 3, \cdots, n$，且 $i \neq j$，逐步令

$$b = \begin{cases} y_i & \text{若 } y_i \prec b \\ b & \text{若 } b \preceq y_i \\ b & \text{若 } b \parallel y_i \end{cases}$$

显然，根据偏序关系的传递性，对这样得到元素 b，S 中不可能存在元素 x 使得 $x \prec b$，所以 b 也是 S 的极小元且 $b \neq a$，这与极小元的唯一性矛盾，所以 a 是最小元。对极大元和最大元，同样可以证明。

反过来，显然，偏序集的子集 S 若有最小元，则最小元唯一，而且它一定是极小元；若有最大元，则最大元唯一，而且它一定是极大元。

例 3.24　（1）偏序集 $<R, \leqslant>$ 无极小元、极大元、最小元、最大元。

（2）偏序集 $<Z^+, |>$ 有唯一的极小元 1，它也是最小元，但无极大元和最大元。

（3）集合 $X = \{2, 3, 6, 12, 24, 36\}$ 在整除关系下构成偏序集，它的哈斯图如图 3.7（a）所示，2 和 3 是极小元，24 和 36 是极大元，无最小元和最大元。

（4）集合 $S = \{a, b, c\}$ 的幂集 $\rho(S)$ 在集合的包含于关系 $\subseteq$ 下构成偏序集，它的哈斯图如图 3.7（b）所示，空集 ϕ 是唯一的极小元，也是最小元，全集 $S = \{a, b, c\}$ 是唯一的极大元，也是最大元。

定义 3.21　设 $<X, \preceq>$ 是偏序集，S 是 X 的子集，$a, b \in X$。a 叫做 S 的**下界**，如果 a 先于 S 中的每一个元素，即对 S 中的每一个元素 x 有 $a \preceq x$；S 的所有下界组成的集合的最大元称为 S 的**下确界**，记作 $\inf(S)$。类似地，b 叫做 S 的**上界**，如果 b 后于 S 中的每一个元素，即对 S 中的每一个元素 x 有 $x \preceq b$；S 的所有上界组成的集合的最小元称为 S 的**上确界**，记作 $\sup(S)$。

如果 S 是含有元素 $a_1, a_2, \cdots, a_n$ 的有限集，我们也将 $\inf(S)$ 和 $\sup(S)$ 记为 $\inf(a_1, a_2, \cdots, a_n)$ 和 $\sup(a_1, a_2, \cdots, a_n)$。

同极小元、极大元、最小元和最大元类似，下界、上界也可以用符号化表示为

$$a \text{ 为 } S \text{ 的下界} \Leftrightarrow \forall x(x \in S \rightarrow a \preceq x)$$

$$b \text{ 为 } S \text{ 的上界} \Leftrightarrow \forall x(x \in S \rightarrow x \preceq b)$$

下界、上界、下确界和上确界都可能不存在，即使对有限集合也是这样；下界和上界可以有多个，但下确界和上确界如果存在则唯一。而且如果 a 是集合 S 的最小（大）元，则 a 也是 S 的下（上）确界；反之，如果 a 是集合 S 的下（上）确界且 $a \in S$，则 a 也是 S 的最小（大）元。

有些书将下确界叫做**最大下界**，并记作 $\mathrm{glb}(S)$，而不是 $\inf(S)$，将上确界叫做**最小上界**，并记作 $\mathrm{lub}(S)$，而不是 $\sup(S)$。

例 3.25　（1）偏序集 $X_1 = \{a, b, c, d, e, f\}$，其哈斯图如图 3.8（a）所示，求子集 $S_1 = \{a, b, c, d\}$ 的下界、上界、下确界、上确界。

（2）偏序集 $X_2 = \{a, b, c, d, e\}$，其哈斯图如图 3.8（b）所示，求子集 $S_2 = \{a, b, d\}$ 的下界、上界、下确界、上确界。

（3）偏序集 $X_3 = \{a, b, c, d, e, f\}$，其哈斯图如图 3.8（c）所示，求子集 $S_3 = \{a, d, e, f\}$ 的下界、上界、下确界、上确界。

解 （1）集合 S_1 的下界和下确界都不存在，上界是 d，e，f，上确界是 d。

（2）集合 S_2 的下界和下确界都是 a，上界是 c 和 e，无上确界。

（3）集合 S_3 的下界和下确界都是 a，上界和上确界都是 f。

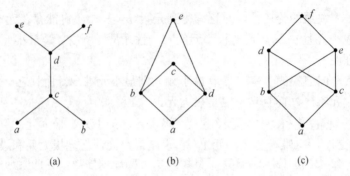

图 3.8 　根据哈斯图求上、下确界

3.5.3 拓扑排序

拓扑排序与安排任务有关。假设一个项目由 20 个任务构成。某些任务只能在其他任务结束之后才能进行。怎样能够找到完成这些任务的一个顺序？为了建立这个问题的数学模型，我们首先建立一个任务集合上的偏序 $\preceq$，使得 $a \preceq b$，当且仅当直到任务 a 结束后任务 b 才能开始；然后构造与这个偏序相容的一个全序 R，就得到一个与这个偏序相容的完成这 20 个任务的顺序，从而安排好这个项目。这种从一个偏序构造一个与其相容的全序的过程就叫做拓扑排序。

现在来描述进行拓扑排序的执行过程。为在有限的偏序集 $<X, \preceq>$ 上定义一个全序，首先选择一个极小元素 a_1；由定理 3.11，这样的元素存在。接着，正如读者应该验证的，$<X-\{a_1\}, \preceq>$ 也是偏序集。如果它是非空的，选择这个偏序集的一个极小元素 a_2，然后再取走 a_2，如果还有其他的元素留下来，在 $X-\{a_1, a_2\}$ 中选择一个极小元素 a_3，然后再取走 a_3。继续这个过程，只要还有元素留下来，就在 $X-\{a_1, a_2, \cdots, a_k\}$ 中选择极小元素 a_{k+1}。

因为 X 是有穷集，所以这个过程一定会终止。最终产生一个元素序列 $a_1, a_2, \cdots, a_n$。所需要的全序定义为

$$a_1 \, R \, a_2 \, R \cdots R \, a_n$$

例 3.26 找出与偏序集 $< \{1, 2, 4, 5, 12, 20\}, |>$ 相容的一个全序。

解 第一步是选择偏序集的一个极小元素。这个元素是 1，因为它是唯一的极小元素。下一步选择 $< \{2, 4, 5, 12, 20\}, |>$ 的一个极小元素。在这个偏序集中有两个极小元素，即 2 和 5。选择哪一个都可以，我们选择 5。剩下的偏序集是 $< \{2, 4, 12, 20\}, |>$，它有唯一的极小元 2，我们选择 2。下一步再选择 4，因为它是 $< \{4, 12, 20\}, |>$ 的唯一极小元。因为 12 和 20 都是 $< \{12, 20\}, |>$ 的极小元，所以下一步选哪一个都可以。我们选 20，剩下的 12 作为最后的元素。这就产生了如下的全序

$$1 \, R \, 5 \, R \, 2 \, R \, 4 \, R \, 20 \, R \, 12$$

这个排序所使用的步骤如图 3.9 所示。

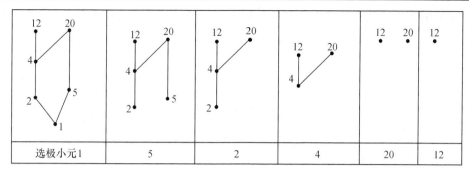

图 3.9 拓扑排序

例 3.27 一个计算机公司的开发项目需要完成 7 个任务。其中的某些任务只能在其他任务结束后才能开始。建立任务上的偏序如下：如果任务 y 在 x 结束后才能开始，则任务 $x \prec$ 任务 y。这 7 个任务关于这个偏序的哈斯图如图 3.10 所示，求一个全序使得可以按照这个全序执行这些任务以完成这个项目。

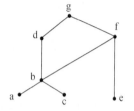

图 3.10 一个项目开发的哈斯图

解 可以通过执行一个拓扑排序得到 7 个任务的排序。排序的步骤显示如图 3.11 所示。这个排序的结果是 $a R c R b R e R f R d R g$，给出了执行任务的一种可能次序。

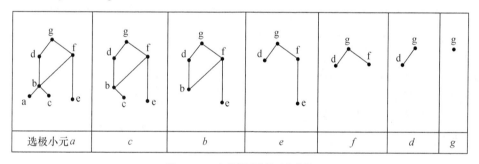

图 3.11 一个项目开发的工作安排

习题 3.5

1. 确定由图 3.12 表示的关系图的 3 个关系是否为偏序，并列出这些关系中的所有序偶来进行验证。

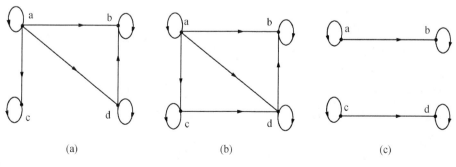

图 3.12 习题 1 的图

2．确定由下面的关系矩阵表示的关系是否为偏序，并列出这些关系中的所有序偶来进行验证。

$$（1）\begin{bmatrix} 1 & 0 & 1 \\ 1 & 1 & 0 \\ 0 & 0 & 1 \end{bmatrix} \quad （2）\begin{bmatrix} 1 & 0 & 0 \\ 0 & 1 & 0 \\ 1 & 0 & 1 \end{bmatrix} \quad （3）\begin{bmatrix} 1 & 0 & 1 & 0 \\ 0 & 1 & 1 & 0 \\ 0 & 0 & 1 & 1 \\ 1 & 1 & 0 & 1 \end{bmatrix}$$

3．画出在下述集合上的整除关系的哈斯图。

（1）$\{1, 2, 3, 4, 5, 6, 7, 8\}$ （2）$\{1, 2, 3, 5, 7, 11, 13\}$

（3）$\{1, 2, 3, 6, 12, 24, 36, 48\}$ （4）$\{1, 2, 4, 8, 16, 32, 64\}$

4．在下面偏序集中找出两个不可比的元素。

（1）$< \rho(\{0, 1, 2\}), \subseteq >$ （2）$< \{1\ 2, 4, 6, 8\}, | >$

5．$< \{3, 5, 9, 15, 24, 45\}, | >$ 是偏序集。

（1）求极大元素和极小元素。

（2）存在最大元素吗？存在最小元素吗？如果存在，请求出。

（3）找出子集 $\{3, 5\}$ 的所有上界。如果它的上确界存在的话，求出上确界。

（4）找出子集 $\{15, 45\}$ 的所有下界。如果它的下确界存在的话，求出下确界。

6．$< \{\{1\}, \{2\}, \{4\}, \{1, 2\}, \{1, 4\}, \{2, 4\}, \{3, 4\}, \{1, 3, 4\}, \{2, 3, 4\}\}, \subseteq >$ 是偏序集。

（1）求极大元素和极小元素。

（2）存在最大元素吗？存在最小元素吗？如果存在，请求出。

（3）找出子集 $\{\{2\}, \{4\}\}$ 的所有上界。如果它的上确界存在的话，求出上确界。

（4）找出子集 $\{\{1, 2\}, \{2, 3, 4\}\}$ 的所有下界。如果它的下确界存在的话，求出下确界。

7．求一个与集合 $\{1, 2, 3, 6, 8, 12, 24, 36\}$ 上的整除关系相容的全序。

8．如果表示建筑一座房子所需任务的哈斯图如图 3.13 所示，通过制定这些任务的顺序来安排它们。

9．对一个软件项目的任务进行排序，关于这个项目任务的哈斯图如图 3.14 所示。

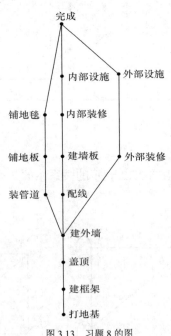

图 3.13 习题 8 的图

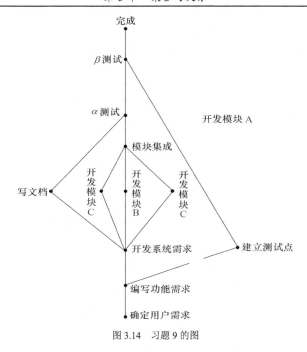

图 3.14　习题 9 的图

3.6 函　　数

3.6.1　基本概念

函数（也叫映射）是数学中重要的概念，是一种具有特殊性质的二元关系。我们这里所讨论的函数不仅仅是定义在数集之上，而是可以定义在任意集合之上，它是初等数学中函数概念的推广。

定义 3.22　设 f 是从 X 到 Y 的二元关系，若 f 满足：

（1）关系 f 的定义域 $dom(f) = X$；

（2）$<x, y> \in f \land <x, z> \in f \Rightarrow y = z$。

则称 f 是 X 到 Y 的**函数**，记作 $f: X \to Y$。常将从 X 到 Y 的所有函数构成的集合记为 Y^X，读作 "Y 上 X"，符号化表示为：

$$Y^X = \{f \mid f: X \to Y\}$$

对于函数 f，如果 $<x, y> \in f$，则记作 $y = f(x)$，并称 y 为函数 f 在 x 的值，所以 $<x, y> \in f$ 和 $y = f(x)$ 的意义完全相同。

从定义可以得知，函数是一种特殊的关系，它与一般关系比较具备如下特征：

（1）在函数中，序偶的第一个元素一定是互不相同的，但关系中序偶的第一个元素可以相同。

（2）函数是二元关系，当然也是集合。一个从 X 到 Y 的函数，它作为集合，其元素个数一定是 $|X|$；但从 X 到 Y 的二元关系，作为集合，其元素个数确可以是从 0 到 $|X| \times |Y|$ 中的任何一个正整数。

（3）$X \times Y$ 的任何子集都是从 X 到 Y 的二元关系，因此从 X 到 Y 的不同二元关系有 $2^{|X| \times |Y|}$

个，但从 X 到 Y 的不同函数仅有 $|Y|^{|X|}$ 个。

例 3.28 设 $X = \{1, 2\}$，$Y = \{a, b\}$，则从 X 到 Y 的不同的二元关系有 $2^4 = 16$，分别为：

$R_0 = \phi$

$R_1 = \{<1, a>\}$ $R_2 = \{<1, b>\}$

$R_3 = \{<2, a>\}$ $R_4 = \{<2, b>\}$

$R_5 = \{<1, a>, <1, b>\}$ $R_6 = \{<1, a>, <2, b>\}$

$R_7 = \{<2, a>, <1, b>\}$ $R_8 = \{<2, a>, <2, b>\}$

$R_9 = \{<1, a>, <2, a>\}$ $R_{10} = \{<1, b>, <2, b>\}$

$R_{11} = \{<1, a>, <2, a>, <1, b>\}$ $R_{12} = \{<1, a>, <2, a>, <2, b>\}$

$R_{13} = \{<1, a>, <1, b>, <2, b>\}$ $R_{14} = \{<2, a>, <1, b>, <2, b>\}$

$R_{15} = \{<1, a>, <2, a>, <1, b>, <2, b>\}$

但从 X 到 Y 的不同的函数只有 $2^2 = 4$ 个，分别为：

$f_1 = R_6 = \{<1, a>, <2, b>\}$ $f_2 = R_7 = \{<2, a>, <1, b>\}$

$f_3 = R_9 = \{<1, a>, <2, a>\}$ $f_4 = R_{10} = \{<1, b>, <2, b>\}$

定义 3.23 设 f 是从 X 到 Y 的函数，若

（1）关系 f 的值域 $ran(f) = Y$，则称 f 是**满射**。

（2）若 $\forall y \in ran(f)$ 都存在唯一的 $x \in X$，使得 $f(x) = y$，则称 f 是**单射**。

（3）若 f 既是满射又是单射，则称 f 是**双射（一一对应函数）**，所有从 X 到 Y 的双射函数组成的集合用 $\hat{Y}^X$ 表示。

例 3.29 判断下列函数是否为单射、满射、双射。为什么？

（1）f: R→R，$f(x) = -x^2 + 2x - 1$。

（2）f: Z^+→R，$f(x) = \ln x$，Z^+ 为正整数集合。

（3）f: R→R，$f(x) = 2x + 1$。

解 （1）f: R→R，$f(x) = -x^2 + 2x - 1$ 是开口向下的抛物线，不是单调函数，并且在 $x = 1$ 点取得极大值 0。因此，它既不是单射也不是满射。

（2）f: Z^+→R，$f(x) = \ln x$ 是单调上升的，因此是单射。但不是满射，因为 $ran(f) = \{\ln 1, \ln 2, \cdots\} \subset R$。

（3）f: R→R，$f(x) = 2x + 1$ 既是满射又是单射，所以是双射。

例 3.30 设 $X = \{1, 2, 3, 4, 5\}$，$Y = \{a, b, c, d, e\}$，判断下列从 X 到 Y 的二元关系是否是从 X 到 Y 的函数。若是函数，是否是满射、单射、双射？

（1）$f_1 = \{<1, a>, <2, c>, <3, b>, <4, e>, <5, d>\}$

（2）$f_2 = \{<1, a>, <2, d>, <3, e>\}$

（3）$f_3 = \{<1, a>, <2, c>, <2, d>, <3, e>, <4, b>\}$

（4）$f_4 = \{<1, a>, <2, a>, <3, a>, <4, e>, <5, d>\}$

解 f_1 是一个双射函数，f_2 和 f_3 不是函数，f_4 是函数，但既不是单射也不是满射。

3.6.2 复合函数

我们知道，关系复合后可以得到一个新的关系。函数复合后也得到一个新的函数——复

合函数。

定理 3.13 设函数 $f: X \rightarrow Y$, $g: Y \rightarrow Z$, 则 f 与 g 的复合关系 $f \circ g$ 是从 X 到 Z 的函数, 并且对一切的 $x \in X$, 有 $f \circ g(x) = g(f(x))$。

证明 由复合关系的定义可知, $f \circ g \subseteq X \times Z$。对任意 $x \in X$, 由于 f 是函数, 所以存在唯一的 $y \in Y$, 使得 $<x, y> \in f$; 同样, 由于 g 是函数, 所以存在唯一的 $z \in Z$, 使得 $<y, z> \in g$。因此对任意的 $x \in X$, 存在唯一的 $z \in Z$, 使得 $<x, z> \in f \circ g$, 故 $f \circ g$ 是从 X 到 Z 的函数。

又因为 $y = f(x)$, $z = g(y)$, 所以

$$f \circ g(x) = z = g(y) = g(f(x))$$

定义 3.24 设函数 $f: X \rightarrow Y$, $g: Y \rightarrow Z$, 称 f 与 g 的复合关系 $f \circ g$ 为 f 与 g 的**复合函数**。

由于关系的复合满足结合律, 因此函数作为一种特殊的关系, 其复合亦满足结合律。

定理 3.14 设函数 $f: X \rightarrow Y$, $g: Y \rightarrow Z$, $h: Z \rightarrow W$, 则

$$f \circ (g \circ h) = (f \circ g) \circ h$$

但一般情况下, 函数的复合是不可交换的, 即 $f \circ g \neq g \circ f$。

定理 3.15 设函数 $f: X \rightarrow Y$, $g: Y \rightarrow Z$, 则

（1）若 f 和 g 是满射, 则 $f \circ g$ 是满射。

（2）若 f 和 g 是单射, 则 $f \circ g$ 是单射。

（3）若 f 和 g 是双射, 则 $f \circ g$ 是双射。

证明 （1）对任意 $z \in Z$, 由于 g 是满射, 所以存在 $y \in Y$, 使得 $z = g(y)$。又由于 f 是满射, 所以存在 $x \in X$, 使得 $y = f(x)$。因此对任意 $z \in Z$, 存在 $x \in X$, 使得 $z = g(y) = g(f(x)) = f \circ g(x)$, 故 $f \circ g$ 是满射。

（2）对任意 x_1, $x_2 \in X$, 若 $f \circ g(x_1) = f \circ g(x_2)$, 即 $g(f(x_1)) = g(f(x_2))$, 由于 g 是单射, 所以 $f(x_1) = f(x_2)$, 又由于 f 是单射, 所以 $x_1 = x_2$, 故 $f \circ g$ 是单射。

（3）由（1）和（2）可直接推出。

例 3.31 设函数 $f: X \rightarrow Y$, $g: Y \rightarrow Z$, 则

（1）若 $f \circ g$ 是满射, 则 g 是满射。

（2）若 $f \circ g$ 是单射, 则 f 是单射。

（3）若 $f \circ g$ 是双射, 则 f 是单射且 g 是满射。

证明 （1）对任意 $z \in Z$, 由于 $f \circ g$ 是满射, 所以存在 $x \in X$, 使得 $z = f \circ g(x)$。即 $z = g(f(x)) = g(y)$, 这里 $y = f(x) \in Y$, 故 g 是满射。

（2）对任意 x_1, $x_2 \in X$, 若 $f(x_1) = f(x_2)$, 由于 g 是函数, 所以 $g(f(x_1)) = g(f(x_2))$, 即 $f \circ g(x_1) = f \circ g(x_2)$, 又由于 $f \circ g$ 是单射, 所以 $x_1 = x_2$, 故 f 是单射。

（3）由（1）和（2）可直接推出。

定理 3.15 说明函数的复合运算能够保持函数单射、满射、双射的性质, 例 3.31 指出, 定理 3.15 的部分逆结果也是正确的。但是, 这里要指出的是, 若 $f \circ g$ 是满射, 不一定有 f 是满射; 若 $f \circ g$ 是单射, 不一定有 g 是单射。

例 3.32 设函数 $f: X \rightarrow Y$, $g: Y \rightarrow Z$, 举例说明:

（1）$f \circ g$ 是满射, 但 f 不是满射。（2）$f \circ g$ 是单射, 但 g 不是单射。

解 （1）设 $X=\{x_1,\ x_2\}$，$Y=\{y_1,\ y_2\}$，$Z=\{z\}$，$f(x_1)=f(x_2)=y_1$，$g(y_1)=g(y_2)=z$，则 $f\circ g:$ $X\rightarrow Z$，$f\circ g(x_1)=f\circ g(x_2)=z$，可见 $f\circ g$ 是满射，但 f 不是满射。

（2）设 $X=\{x_1,\ x_2\}$，$Y=\{y_1,\ y_2,\ y_3\}$，$Z=\{z_1,\ z_2\}$，$f(x_1)=y_1$，$f(x_2)=y_2$，$g(y_1)=g(y_3)=z_1$，$g(y_2)=z_2$，则 $f\circ g:X\rightarrow Z$，$f\circ g(x_1)=z_1$，$f\circ g(x_2)=z_2$，可见 $f\circ g$ 是单射，但 g 不是单射。

3.6.3 逆函数

我们用复合关系直接定义了复合函数，那么逆函数（反函数）能否通过逆关系来直接定义呢？

任一从 X 到 Y 的关系 R，它的逆关系 R^{-1} 都存在，R^{-1} 是从 Y 到 X 的关系，即 $<y,\ x>\in$ $R-1\Leftrightarrow<x,\ y>\in R$。但任给一个函数 f，它的逆关系 f^{-1} 不一定是函数，而只是一个二元关系。例如，设 $X=\{x_1,\ x_2\}$，$Y=\{y_1,\ y_2\}$，$f=\{<x_1,\ y_1>,\ <x_2,\ y_1>\}$ 为 $X\rightarrow Y$ 的函数，但逆关系 $f^{-1}=\{<y_1,\ x_1>,\ <y_1,\ x_2>\}$ 不是 $Y\rightarrow X$ 函数，因为 $\text{dom}(f^{-1})\neq Y$ 且 y_1 有两个值 x_1 与 x_2 之对应，破坏了函数的单值性要求。

那么，在什么条件下函数 f 的逆关系 f^{-1} 能够成为函数呢？

定理 3.16 若函数 $f:X\rightarrow Y$ 是双射，则 f 的逆关系 f^{-1} 是从 Y 到 X 的函数，而且也是双射。

证明 根据逆关系定义，有 $f^{-1}=\{<y,\ x>\mid <x,\ y>\in f\}$。

对任意的 $y\in Y$，由于 f 是满射，所以存在 $x\in X$，使得 $<x,\ y>\in f$，从而 $<y,\ x>\in f^{-1}$，即 $\text{dom}(f^{-1})=Y$。

对任意的 $y\in Y$，若存在 $x_1,\ x_2\in X$ 使得 $<y,\ x_1>\in f^{-1}$，$<y,\ x_2>\in f^{-1}$，则 $<x_1,\ y>\in f$，$<x_2,\ y>\in f$。由于 f 是单射，所以 $x_1=x_2$，即满足单值性要求。

由此可见，对任意的 $y\in Y$，存在唯一的 $x\in X$，使得 $<y,\ x>\in f^{-1}$，故 f^{-1} 是从 Y 到 X 的函数。

类似于上面的证明，可以证明 f^{-1} 是双射。

定义 3.25 设 $f:X\rightarrow Y$ 是双射函数，称 f 的逆关系 f^{-1} 为 f 的**逆函数**或**反函数**。

例 3.33 设 f 是从 Y 到 X 的函数，g 是从 Y 到 X 的函数，则 f 是双射函数且 $f^{-1}=g$ 的充分必要条件是 $f\circ g=I_X$ 且 $g\circ f=I_Y$。

证明 （必要条件）若 f 是双射函数，则显然有 $f\circ f^{-1}=I_X$，$f^{-1}\circ f=I_Y$。又因为 $f^{-1}=g$，所以 $f\circ g=I_X$，$g\circ f=I_Y$。

（充分条件）因为 $f\circ g=I_X$，所以 f 必须是单射；因为 $g\circ f=I_Y$，所以 f 必须是满射。这样 f 就是双射函数，同理，逆函数 f^{-1} 存在。

对任意的 $<y,\ x>\in f^{-1}$，有 $<x,\ y>\in f$，即 $y=f(x)$，因为 $f\circ g=I_X$，所以 $g(y)=g(f(x))=f\circ g(x)$ $=I_X(x)=x$，因此 $<y,\ x>\in g$，从而 $f^{-1}\subseteq g$。

对任意的 $<y,\ x>\in g$，即 $x=g(y)$，因为 $g\circ f=I_Y$，所以 $f(x)=f(g(y))=g\circ f(y)=I_Y(y)=y$，因此 $<x,\ y>\in f$，即 $<y,\ x>\in f^{-1}$，从而 $g\subseteq f^{-1}$。

综合上面两部分，有 $f^{-1}=g$。

定理 3.17 设函数 $f:X\rightarrow Y$，$g:Y\rightarrow Z$，并且 f 和 g 都是可逆的，则

（1）$(f^{-1})^{-1}=f$。　　　　　　　　　　（2）$(f\circ g)^{-1}=g^{-1}\circ f^{-1}$。

证明 （1）由逆函数的定义即得。

（2）因为 f 和 g 都是可逆的，所以 $f^{-1}:Y\rightarrow X$，$g^{-1}:Z\rightarrow Y$，从而 $g^{-1}\circ f^{-1}:Z\rightarrow X$。又因为

$f \circ g : X \rightarrow Z$，且

$$(g^{-1} \circ f^{-1}) \circ (f \circ g) = g^{-1} \circ (f^{-1} \circ f) \circ g = g^{-1} \circ I_Y \circ g = I_Z$$

$$(f \circ g) \circ (g^{-1} \circ f^{-1}) = f^{-1} \circ (g \circ g^{-1}) \circ f = f^{-1} \circ I_Y \circ f = I_X$$

根据例 3.33 知

$$(f \circ g)^{-1} = g^{-1} \circ f^{-1}$$

习题 3.6

1. 设函数 f：N→N 如下：

$$f(x) = \begin{cases} 1 & \text{若}x\text{为奇数} \\ \dfrac{x}{2} & \text{若}x\text{为偶数} \end{cases}$$

求 $f(0)$，$f(\{0\})$，$f(3)$，$f(\{3\})$，$f(\{0, 2, 4, 6, \cdots\})$，$f(\{1, 3, 5, 7, 9\})$，$f(\{4, 6, 8\})$。

2. 设函数 $f : X \rightarrow Y$，$A \subseteq X$，$B \subseteq X$，证明

(1) $f(A \cup B) = f(A) \cup f(B)$ (2) $f(A \cap B) \subseteq f(A) \cap f(B)$

3. 设可逆函数 $f : X \rightarrow Y$，$A \subseteq Y$，$B \subseteq Y$，证明

(1) $f^{-1}(A \cup B) = f^{-1}(A) \cup f^{-1}(B)$ (2) $f^{-1}(A \cap B) = f^{-1}(A) \cap f^{-1}(B)$

4. 给定函数 f 和集合 A，B 如下：

(1) f：R→R，$f(x) = x$，$A = \{8\}$，$B = \{4\}$

(2) f：R→R$^+$，$f(x) = 2^x$，$A = \{1\}$，$B = \{1, 2\}$

(3) f：N→N×N，$f(x) = \langle x, x+1 \rangle$，$A = \{5\}$，$B = \{\langle 2, 3 \rangle\}$

(4) f：N→N，$f(x) = 2x + 1$，$A = \{2, 3\}$，$B = \{1, 3\}$

(5) f：Z→N，$f(x) = |x|$，$A = \{-1, 2\}$，$B = \{1\}$

(6) f：S→S，$S = [0, 1]$，$f(x) = \dfrac{x}{2} + \dfrac{1}{4}$，$A = (0, 1)$，$B = \left[\dfrac{1}{4}, \dfrac{1}{2}\right]$

(7) f：S→R，$S = [0, +\infty]$，$f(x) = \dfrac{1}{x+1}$，$A = \{0, \dfrac{1}{2}\}$，$B = \left\{\dfrac{1}{2}\right\}$

(8) f：S→R$^+$，$S = (0, 1)$，$f(x) = \dfrac{1}{x}$，$A = S$，$B = \{2, 3\}$

对以上每一组函数 f 和集合 A，B，分别回答以下问题。

(1) f 是满射、单射还是双射？

(2) 如果 f 是双射，求 f 的逆函数。

5. 设 X 和 Y 分别是 m 元集和 n 元集，试就 $m < n$，$m = n$ 和 $m < n$ 三种情况求解下列问题。

(1) 从 X 到 Y 的单射函数有多少个？ (2) 从 X 到 Y 的双射函数有多少个？

6. 设 f，g，$h \in$ N^N，即 f，g，h 是从 N 到 N 的函数，且有

$$f(n) = n+1, \quad g(n) = 2n, \quad h(n) = \begin{cases} 0 & n\text{为偶数} \\ 1 & n\text{为奇数} \end{cases}$$

求 $f \circ f$，$g \circ f$，$f \circ g$，$h \circ g$，$g \circ h$，$h \circ g \circ f$。

7. 设 $f: R \times R \to R \times R$，$f(<x, y>) = <\dfrac{x+y}{2}, \dfrac{x-y}{2}>$，证明 f 是双射并求出其逆函数。

3.7　集合的等势与基数

通俗地讲，集合的基数是量度集合所含元素多少的量。集合的基数越大，所含的元素就越多。为了讲清楚无限集合的基数，我们先讲集合的等势概念。

定义 3.26　设 A，B 是两个集合，如果存在从 A 到 B 的双射函数，就称 A 和 B 是**等势**的，记作 $A \sim B$。如果 A 和 B 不是等势的，则记作 $A \nsim B$。

下面给出一些关于集合等势的定理。

定理 3.18　设 A 和 B 都是有限集，则 $A \sim B$ 的充要条件是 A 和 B 元素个数相等。

定理 3.19　整数集 Z 与自然数集 N 等势，即 $Z \sim N$，其相应的双射函数是

$$f: Z \to N, \quad f(x) = \begin{cases} 2x & x \geq 0 \\ -2x-1 & x < 0 \end{cases}$$

定理 3.20　有理数集合 Q 与自然数集合 N 等势，但实数集合与自然数集合 N 不等势。

证明比较复杂，这里从略。

一般地，我们把与有限集合等势的集合称为**有限可数集（有限可列集）**，把与自然数集合 N 等势的集合称为**无限可数集（无限可列集）**，把与实数集合 R 等势的集合称为**连续集**。有限可数集和无限可数集又通称为**可数集（可列集）**，非可数集合统称为**不可数集合（不可列集合）**。

定义 3.27　设想把一切集合进行分类，凡彼此等势的归于一类，不等势的归于不同的类，对于每一类集合，我们给予一个标志来度量其元素的多少，称这个标志为这类集合的**基数**。对有限集，其基数就是集合中元素的个数 n；对于与自然数集合等势的集合，其基数用 $\aleph_0$（读作"阿列夫零"）表示；对于与实数集合等势的集合，其基数用 $\aleph$（读作"阿列夫"）表示。一般，集合 A 的基数，记为 $Card(A)$ 或 $|A|$。

下面的康托定理说明不存在最大的基数，即有比实数集合 R 的基数 $\aleph$ 更大的基数存在。

定理 3.21（康托定理）　对任何非空集合 A 都有 $Card(A) < Card(\rho(A))$，这里 $\rho(A)$ 是 A 的幂集。

证明　$Card(A) \leq Card(\rho(A))$ 是平凡的，所以只须证明 $Card(A) \neq Card(\rho(A))$，这里用反证法。

若 $Card(A) = Card(\rho(A))$，即集合 A 和它的幂集 $\rho(A)$ 等势，也就是存在双射函数 $f: A \to \rho(A)$。因为对任何 $x \in A$，$f(x)$ 都是 A 的子集，所以可以定义集合 B 如下：

$$B = \{x \mid x \in A \wedge x \notin f(x)\}$$

显然，B 也是的 A 子集，即是 $\rho(A)$ 的元素。又因为函数 f 是满射，所以存在 $b \in A$ 使得 $f(b) = B$。

若 $b \in B$，则按集合 B 的定义知 $b \notin f(b) = B$，导致矛盾。

若 $b \notin B$，则按集合 B 的定义知 $b \in f(b) = B$，又导致矛盾。

所以，$Card(A) = Card(\rho(A))$ 的假设不成立，命题得证。

习题 3.7

1．判断下列集合是否为无限可数集，若是，给出自然数集合和该集合之间的一个双射函数。

（1）偶整数。

（2）0 和 0.5 之间的实数。

（3）是 7 的倍数的整数。

（4）不能被 3 整除的整数。

（5）能被 5 整除但不能被 7 整除的整数。

（6）十进制表示中只含数字 1 的实数。

（7）十进制表示中只含数字 1 或 9 的实数。

2．设 A_1，A_2，$\cdots$，A_n，$\cdots$ 是可列集，证明 $\bigcup\limits_{n=1}^{\infty} A_n$ 也是可列集。即可列个可列集的并仍是可列集。

3．设 A_1，A_2，$\cdots$，A_n，$\cdots$ 是连续集，证明 $\bigcup\limits_{n=1}^{\infty} A_n$ 也是连续集。即可列个连续集的并仍是连续集。

3.8　多元关系及其应用

3.8.1　多元关系

在两个以上集合的元素中常常也会产生某种关系。例如，学生的姓名、专业以及成绩之间的关系，一个航班的航空公司、航班号、出发地、目的地、起飞时间和到达时间之间的关系。

本节研究两个以上集合的元素之间的关系，这种关系叫多元关系，并且可以用这种多元关系表示计算机数据库中的数据。这种表示在我们对数据库中的数据进行查询时非常有用，例如，哪个航班在下午 3 点到 4 点之间降落在杭州萧山国际机场？杭电主修软件工程或网络工程的哪些二年级学生平均成绩高于 80 分？联想公司的哪些雇员为这个公司工作不到 5 年但月报酬超过 20 000 人民币？

将定义 3.4 进行推广，可以定义有序 n 元组和 n 个集合的笛卡儿积。

定义 3.28　$n \geqslant 2$ 是正整数，A_1，A_2，$\cdots$，A_n 是任意集合，称下述集合：

$$A_1 \times A_2 \times \cdots \times A_n = \{<a_1,\ a_2,\ \cdots,\ a_n> \mid a_i \in A_i,\ i=1,\ 2,\ \cdots,\ n\}$$

为 A_1，A_2，$\cdots$，A_n 的**笛卡儿积（直接积）**。其中，$A_1 \times A_2 \times \cdots \times A_n$ 中的元素 $<a_1,\ a_2,\ \cdots,\ a_n>$ 称为**有序 n 元组**，简称 n **元组**。

显然，$<a_1,\ a_2,\ \cdots,\ a_n> = <b_1,\ b_2,\ \cdots,\ b_n>$，当且仅当 $a_i = b_i (i=1,\ 2,\ \cdots,\ n)$。

例 3.34　（1）二维平面上一个点的坐标 $<x,\ y>$ 就是一个序偶，即有序 2 元组。

（2）三维空间上一个点的坐标 $<x,\ y,\ z>$ 就是一个有序 3 元组。

（3）为了确定球的位置和大小，需要知道它的球心坐标 $<x,\ y,\ z>$ 和球的半径 r，即要用有序 4 元组 $<x,\ y,\ z,\ r>$ 来表示。

（4）n 元一次方程组的一个解，可用有序 n 元组 $<x_1,\ x_2,\ \cdots,\ x_n>$ 来表示。

定义 3.29　设 A_1，A_2，$\cdots$，A_n 是 n 个集合，称笛卡儿积 $A_1 \times A_2 \times \cdots \times A_n$ 的子集为以 $A_1 \times A_2 \times \cdots \times A_n$ 为基的 n **元关系**。

例 3.35　（1）设 L 为平面上的一条直线。A 是 L 上的所有点组成的集合，则"介于"关

系 R 是 A 上的三元关系，即如果点 b 在 L 上介于点 a 和点 c 之间，则 $<a, b, c> \in R$。

（2）方程 $x^2 + y^2 + z^2 = 1$ 决定了实数集 R 上的一个三元关系 S，即如果 x, y, z 满足上述方程，也即点 (x, y, z) 在以原点为圆心，1 为半径的球面上，则三元组 $<x, y, z>$ 属于 S。

3.8.2 关系数据库

数据库（Database）是按照数据结构来组织、存储和管理数据的仓库。用户可以通过数据库管理系统所提供的语言使用数据库中存放的数据。这种使用包括下列几个方面。

（1）数据的检索：从数据库中取出满足一定条件要求的数据。

（2）数据的插入：将一些数据存储到数据库中供以后使用。

（3）数据的修改：修改数据库中指定的数据。

（4）数据的删除：删除数据库内指定的数据。

数据库使用操作所需要的时间依赖于这些信息的存储方式。插入数据、删除数据、修改数据、检索数据，以及从一些重叠的数据库中组合数据的操作，在一个大型数据库中每天要执行几百万次。由于这些操作的重要性，已经开发了数据库表示的各种方法。这里讨论其中的一种基于关系概念的方法，叫做**关系数据模型**。

数据库内的数据都按一定格式组织与存放，**实体**是数据库中数据的基本存放单位，如教师简历、工资单、学生概况、课程概貌、合同执行情况、物资供销情况等均是实体。在关系数据库中，实体按**二维表**的形式存放。二维表的每一行叫一个**记录**，它代表一个完整的数据，m 行表示实体包含 m 个记录。n 列表示实体有 n 个**属性**，属性的取值叫做**字段**，n 个属性表示每个记录都有 n 个字段，如职工简历这个实体就有姓名、性别、年龄等属性，而一个记录中的字段"男"就是"性别"属性的一个取值。**一个包含 m 行 n 列的实体，即一张有 m 行 n 列的二维表，实际上就是一个包含 m 个有序 n 元组的 n 元关系。**

例 3.36 （1）一个学生概况实体 S，它有 4 个属性：学号、姓名、年龄、所属系名，分别用 $S\#$、SN、SA 及 SD 表示，这个实体存放 10 个学生的概况，即有 10 个记录，它可以用有 10 行 4 列的二维表表示，如表 3.3 所示。

（2）一个课程概貌实体 C，它有 3 个属性：课程号、课程名、先修课程号，分别用 $C\#$、CN 及 $PC\#$ 表示，这个实体存放 6 门课的概貌，即有 6 个记录，它可以用有 6 行 3 列的二维表表示，如表 3.4 所示。

表3.3	实体 S		
$S\#$	SN	SA	SD
01	AB	20	CS
02	AC	21	MA
03	AD	22	MA
04	AE	21	CS
05	AF	20	CS
06	AG	20	CS
07	AH	22	MA
08	AI	23	MA
09	AJ	21	CS
10	AK	19	MA

表3.4	实体 C	
$C\#$	CN	$PC\#$
01	OS	02
02	PL	05
03	DB	06
04	ML	05
05	MC	06
06	DS	04

在实体中，如果根据某个属性的取值就能检索每个记录，我们就叫这个属性为**主键码**。这就是说，当实体中没有两个记录在这个属性有相同的值时，这个属性就是主键码。在例 3.36 中，$S\#$属性就是实体 S 的主键码，而 SD 属性则不是主键码。

因为主键码用于唯一地标识实体中的记录，当新的记录被加到这个实体时，主键码要继续保持有效是非常重要的。因此，应该做检测以保证在主键码中每个新记录与二维表中所有其他的记录不同。例如，使用学号作为学生概况实体的主键码是有意义的，因为没有两个学生有同样的学号。一个大学不应该使用姓名属性作为主键码，因为有可能两个学生有同样的姓名。

用户使用关系数据库实际上就是对一些二维表进行检索、插入、修改和删除等操作，也就是对一些多元关系进行这些操作。

3.8.3 数据库的检索

用户对关系数据库进行检索不外乎选择某个二维表中满足某些条件的一些行和一些列组成一个新的二维表。例如，对表 3.3 表示的二维表，要求给出年龄大于 20 岁的学生的学号与姓名就是一种检索操作，它要求在表 3.3 中选择满足 $SA>20$ 的那些行，再由这些行中选出属性学号与姓名。这种检索操作的结果还是一张二维表，这个新的二维表有两个属性以及一些满足 $SA>20$ 的记录。

由此可见，检索是由一张表到另一张表的操作，从数学的观点看，**检索是一种一元运算，它根据一个多元关系得出另一个多元关系**。下面我们来定义两种一元检索运算，一种叫**投影运算**，另一种叫**选择运算**，然后由这两种运算对关系数据库进行各种各样的检索。

定义 3.30 设实体 R 由 n 个属性 a_1, a_2, $\cdots$, a_n 组成，它包含 L 个记录，即它是一个包含 L 个有序 n 元组的 n 元关系。实体 R 在属性 a_{i_1}, a_{i_2}, $\cdots$, a_{i_m} 上的**投影**仍然包含 L 个记录，但每个记录仅由 m 个属性 a_{i_1}, a_{i_2}, $\cdots$, a_{i_m} 组成，即投影是一个包含 L 个有序 m 元组的 m 元关系，记为 $\pi_{a_{i_1}, a_{i_2}, \cdots, a_{i_m}}(R)$，有时直接记为 $\pi_{i_1, i_2, \cdots, i_m}(R)$。

定义 3.31 设实体 R 由 n 个属性 a_1, a_2, $\cdots$, a_n 组成，它包含 L 个记录，即它是一个包含 L 个有序 n 元组的 n 元关系。实体 R 在逻辑条件 F 下的**选择**仅包含使 F 取值为 1 的 K（$K \leqslant L$）个记录，但每个记录仍由 n 个属性 a_1, a_2, $\cdots$, a_n 组成，即选择是一个包含 K 个有序 n 元组的 n 元关系，记为 $\sigma_F(R)$。

显然，实体的投影运算就是从相应的二维表中选择一些指定的列组成一个新的二维表，而实体的选择运算就是从相应的二维表中选择一些指定的行组成一个新的二维表，下面我们看几个例子。

例 3.37 在学生概貌实体 S 中取出学生姓名是投影运算 $\pi_{sn}(S)$，在课程概貌实体 C 中取出课程号和课程名是投影运算 $\pi_{c\#,cn}(C)$。在学生概貌实体 S 中取出年龄大于 20 岁的数学系的学生概貌是选择运算 $\sigma_{sa>20 \wedge sd=ma}(S)$，在课程概貌实体 C 中取出先修课程号为 05 的课程概况是选择运算 $\sigma_{pc\#=05}(C)$。运算结果 $\pi_{sn}(S)$、$\pi_{c\#,cn}(C)$、$\sigma_{sa>20 \wedge sd=ma}(S)$ 和 $\sigma_{pc\#=05}(C)$ 如表 3.5、表 3.6、表 3.7 和表 3.8 所示。

表3.5	$\pi_{sn}(S)$
SN
AB
AC
AD
AE
AF
AG
AH
AI
AJ
AK

表3.6 $\pi_{c\#,cn}(C)$

C#	CN
01	OS
02	PL
03	DB
04	ML
05	MC
06	DS

表3.7 $\sigma_{sa>20 \wedge sd=ma}(S)$

S#	SN	SA	SD
02	AC	21	MA
03	AD	22	MA
07	AH	22	MA
08	AI	23	MA

表3.8 $\sigma_{pc\#=05}(C)$

C#	CN	PC#
02	PL	05
04	ML	05

联合应用投影运算π和选择运算σ就可以在关系数据库检索出所要求的任意行与任意列的内容，例如，本小节前面的给出年龄大于 20 岁的学生的学号与姓名就是运算$\pi_{sn} \circ \sigma_{SA>20}(S)$，取出所有计算机系的学生的名单是运算$\pi_{sn} \circ \sigma_{sd=cs}(S)$。

3.8.4 插入、删除与修改

所谓插入操作就是在实体中增加一些记录，换句话说，就是在多元关系中增加一些有序元组，这种操作相当于集合的并运算。而所谓删除操作就是在实体中除去一些记录，换句话说，就是在关系中除去一些有序元组，这种操作相当于集合的差运算。

例 3.38 设某系开设课程之概况由表 3.4 表示的实体 C 表示，现增设两门课，其概况如表 3.9 所示，请将此两门课之概况插入实体 C 中。

解 表 3.9 是一个二维表，现将它看成一个实体 C'，则所求即是 $C \cup C'$，如表 3.10 所示。

表3.9 增设的课程

C#	CN	PC
07	PP	05
08	RP	07

表3.10 实体 $C \cup C'$

C#	CN	PC
01	OS	02
02	PL	05
03	DB	06
04	ML	05
05	MC	06
06	DS	04
07	PP	05
08	RP	07

例 3.39 设某校学生概貌由表 3.3 表示的实体 S 表示，现有两个学生因病退学，因此需要从 S 中除去，设这两个学生的学号为 03，05，求除名后的学生概况。

解 我们先求病退学生的概貌表，它是 $\sigma_{S\#=03 \wedge S\#=05}(S)$。

其次求除名后学生概貌表，它是 $S - \sigma_{S\#=03 \wedge S\#=05}(S)$，如表 3.11 所示。

表3.11　　　　　　　　　　　　实体 $S - \sigma_{S\#=03 \wedge S\#=05}(S)$

S#	SN	SA	SD
01	AB	20	CS
02	AC	21	MA
04	AE	21	CS
06	AG	20	CS
07	AH	22	MA
08	AI	23	MA
09	AJ	21	CS
10	AK	19	MA

　　最后谈修改操作。它是将实体中的某些记录的内容做适当修改。例如，在表 3.3 表示的实体 S 中，学生 AD 由数学系转入计算机系，就是将实体 S 中 AD 所在的记录中的系名属性 SD 由 MA 修改成 CS。

　　完成修改操作不需要引入新的集合运算。它相当于对需要修改的记录进行删除操作，然后将修改好的新记录做插入操作。因此，相应的集合运算是先进行差运算再进行并运算。

　　例 3.40　设有实体 R，现欲将其属性 A 取值为 04 的记录修改成实体 S 所示的状态。求修改后的实体，其中，实体 R 和实体 S 如表 3.12 和表 3.13。

　　解　对实体 R 修改后的关系为 $(R - \sigma_{A=04}(R)) \cup S$，如表 3.14 所示。

表3.12　实体 R

A	B	C
01	ROM	381
02	PAM	467
03	PAM	541
04	UAM	446

表3.13　实体 S

A	B	C
04	UAM	441

表3.14　$(R - \sigma_{A=04}(R)) \cup S$

A	B	C
01	ROM	381
02	PAM	467
03	PAM	541
04	UAM	441

习题 3.8

　　1．列出关系 $\{<a, b, c, d> | a, b, c, d \in Z^+ 且 a \cdot b \cdot c \cdot d = 6\}$ 中所有有序 4 元组。

　　2．列出二维表 3.15 所表示的多元关系中的所有 5 元组。假设不增加新的 5 元组，找出二维表 3.15 所有的主键码。

表3.15　　　　　　　　　　　　　　　　航班信息

航空公司	航班	登机口	目的地	起飞时间
Nadir	112	34	底特律	08:10
Acme	221	22	丹佛	08:17
Acme	122	33	安克雷奇	08:22
Acme	323	34	檀香山	08:30
Nadir	199	13	底特律	08:47
Acme	222	22	丹佛	09:10
Nadir	322	34	底特律	09:44

3．当施用投影运算 $\pi_{2,3,5}$ 到有序 5 元组$<a，b，c，d>$时，你能得到什么？

4．哪个投影运算用于除去一个 6 元组的第一、第二和第四个分量？

5．给出分别施用投影运算 $\pi_{1,2,4}$ 和选择运算 $\sigma_{航空公司=Nadir}$ 到二维表 3.15 以后得到的二维表。

第 3 章上机练习

编写下列程序并计算至少一个算例

1．已知含 n 个元素的某集合的子集 A 和 B，用位串表示法求 $A \cup B$，$A \cap B$，A^c，$A-B$ 和 $A \oplus B$。

2．已知含 n 个元素的某集合的子集 A 和 B，用位串表示法判断是否有 $A \subseteq B$。

3．已知含 n 个元素的某集合的子集 A 和 B，用位串表示法判断是否有 $A=B$。

4．给定某有限集上的一个二元关系，求这个关系的逆关系。

5．给定某有限集上的两个二元关系，求这两个关系的复合关系。

6．给定有限集上二元关系的关系矩阵，确定这个关系是否是自反的或反自反的。

7．给定有限集上二元关系的关系矩阵，确定这个关系是否是对称的或反对称的。

8．给定有限集上二元关系的关系矩阵，确定这个关系是否是传递的。

9．给定一个正整数 n，确定 n 元集合上传递关系的个数。

10．给定一个正整数 n，确定 n 元集合上等价关系的个数。

11．给定有限集上二元关系的关系矩阵，求这个关系自反闭包的关系矩阵。

12．给定有限集上二元关系的关系矩阵，求这个关系对称闭包的关系矩阵。

13．查找求解传递闭包的瓦舍尔算法的有关内容，然后用瓦舍尔算法找出下面集合$\{a，b，c，d，e\}$上关系的传递闭包。

（1）$\{<a，c>，<b，d>，<c，a>，<d，b>，<e，d>\}$

（2）$\{<b，c>，<b，e>，<c，e>，<d，a>，<e，b>，<e，c>\}$

（3）$\{<a，b>，<a，c>，<a，e>，<b，a>，<b，c>，<c，a>，<c，b>，<d，a>，<e，d>\}$

14．设计一个算法，用它求解包含一个给定关系的最小等价关系，然后上机编程，给出算例。

15．编程给出一个有 5 个元素的集合上的所有偏序。

16．给定一个有限偏序集，求这个偏序集的极小元、极大元、最小元和最大元。

17．给定一个有限集合上的偏序，使用拓扑排序方法找出一个与它相容的全序。

18．已知从$\{1，2，\cdots，n\}$到整数集合的函数 f，判断函数是否是双射（一一对应的）。

19．已知从$\{1，2，\cdots，n\}$到它自己的函数 f，判断函数是否是满射。

20．已知从$\{1，2，\cdots，n\}$到它自己的双射函数 f，求它的逆函数 f^{-1}。

第4章 代 数 结 构

人们研究和考察现实世界中的各种现象或过程，往往需要借助某些数学工具，针对具体问题选用适宜的数学结构去进行较为确切的描述。我们这里研究的是一类特殊的数学结构——由集合上定义若干运算组成的系统，我们称它们为代数结构。这种数学结构对研究各种数学问题及许多实际问题都有很大用处，对计算机科学也有很大实际意义。代数结构的种类很多，如半群、群、环、域、格和布尔代数等，本章主要介绍群这种代数结构。

群是抽象代数的重要分支，并已得到充分的发展，它们在数学、物理、通信和计算机科学等许多领域都有广泛应用，特别是在计算机科学的自动机理论、编码理论、形式语言、时序线路、开关线路计数问题以及计算机网络纠错码的纠错能力判断等方面有着非常广泛的应用。

4.1 代 数 运 算

4.1.1 基本概念

定义 4.1 设 X 是一非空集合，从 X^n 到 X 上的函数 f 称为集合 X 上的 n **元代数运算**，简称 n **元运算**，正整数 n 称为该运算的**阶**。

当 $n=1$ 时，函数 $f: X \to X$ 称为集合 X 上的一个**一元运算**；当 $n=2$ 时，函数 $f: X^2 \to X$ 称为集合 X 上的**二元运算**。一元运算和二元运算是我们最常遇到的代数运算。

显然，运算是一种特殊的函数。根据运算的定义，要验证集合 X 上的一个二元运算主要要考虑以下两点：

（1）X 上的任何两个元素都可以进行这种运算，且运算的结果是唯一的。

（2）X 上的任何两个元素的运算结果都属于 X，即集合 X 对该种运算是封闭的。

例如，$f: N \times N \to N$，$f(<x, y>) = x + y$ 就是自然数集合 N 上的一个二元运算，即普通的加法运算。普通的减法不是自然数集合 N 上的二元运算，因为两个自然数相减可能是负数，而负数不是自然数。这时也称自然数集合 N 对减法不封闭。

又例如，除法不是实数集合 R 上的二元运算，因为 $0 \in R$，而 0 不能做除数。但在 $R^* = R - \{0\}$ 上就可以定义除法运算了，因为 $\forall x$，$y \in R^*$，都有 $x / y \in R^*$。

下面是一些二元运算的例子。

例 4.1 （1）对我们中小学学的加减乘除运算是不是我们现在定义的运算，我们有如表 4.1 所示的结论：

表4.1 实数加、减、乘、除是否为 n 元运算

实数运算	(N, +)	(N, ×)	(Z, +)	(Z, ×)	(Q, +)	(Q, ×)	(R, +)	(R, ×)
是否 n 元运算	是	是	是	是	是	是	是	是

(N, −)	(Z, −)	(Q, −)	(R, −)	(Q, ÷)	(R, ÷)	(Q*, ÷)	(R*, ÷)
不是	是	是	是	不是	不是	是	是

（2）通常用"$i \pmod m$"表示 i 除以 m 的余数。在 $Z_m = \{0, 1, 2, \cdots, m-1\}$ 上定义：

$$i +_m j = (i + j)(\mathrm{mod}\ m) \qquad i \times_m j = (i \times j)(\mathrm{mod}\ m)$$

例如，在 $Z_6 = \{0, 1, 2, 3, 4, 5\}$ 上有

$$2 +_6 3 = 5 \qquad 4 +_6 5 = 3 \qquad 3 +_6 3 = 0$$
$$2 \times_6 3 = 0 \qquad 4 \times_6 5 = 2 \qquad 3 \times_6 3 = 3$$

则 $+_m$ 和 $\times_m$ 都是 Z_m 上的二元运算，分别称为**模 m 法**和**模 m 乘法**。

（3）矩阵加法和矩阵乘法都是 n 阶实矩阵集合 $M_n(\mathrm{R})$ 上的二元运算。

（4）设 X 为任意非空集合，对于集合的并、交、差、对称差运算是不是我们现在定义的运算，我们有如表 4.2 所示的结论。

表4.2 集合的并、交、差、对称差是否为 n 元运算

集合运算	$(\rho(X), \cup)$	$(\rho(X), \cap)$	$(\rho(X), -)$	$(\rho(X), \oplus)$
是否 n 元运算	是	是	是	是

（5）设 X 为任意非空集合，则关系的复合是 X 上所有关系组成的集合 $\rho(X \times X)$ 上的二元运算。

（6）设 X 为任意非空集合，则函数的复合也是 X 上所有函数组成的集合 X^X 上的二元运算。

下面是一些一元运算的例子。

例 4.2 （1）求一个数的相反数是 Z，Q 和 R 上的一元运算，但不是 N 上的一元运算。

（2）求一个数的倒数是 Q^* 和 R^* 上的一元运算，但不是 Q 和 R 上的一元运算。

（3）求一个复数的共轭复数是复数集合 C 上的一元运算。

（4）求一个矩阵的转置矩阵是 $M_n(\mathrm{R})$ 上的一元运算。

（5）求一个矩阵的逆矩阵是所有 n 阶实可逆矩阵集合 $\hat{M}_n(R)$ 上的一元运算。

（6）求集合的补是 $\rho(X)$ 上的一元运算。

（7）求逆关系是 $\rho(X \times X)$ 上的一元运算。

（8）求逆函数是非空集合 X 上所有双射函数集合 $\hat{Y}^X$ 上的一元运算。

4.1.2 二元运算的性质

给定非空集合 X，在 X 上可以定义许多代数运算，但只有满足某些特定性质的运算才有用。下面介绍一些二元运算的运算性质。

定义 4.2 设 * 为非空集合 X 上的二元运算。

（1）如果对任意的 x，$y \in X$，都有

$$x*y = y*x$$

则称*满足**交换律**。

（2）如果对任意的 x, y, $z \in X$，都有

$$(x * y) * z = x * (y * z)$$

则称*满足**结合律**。

定义 4.3 设*，·为非空集合 X 上的二元运算。如果对任意的 x, y, $z \in X$，都有

$$x \cdot (y * z) = (x \cdot y) * (x \cdot z) \qquad (y * z) \cdot x = (y \cdot x) * (z \cdot x)$$

则称·对*满足**分配律**。仅第一个式子满足时，称·对*满足**左分配律**；仅第二个式子满足时，称·对*满足**右分配律**。

例 4.3 （1）加法和乘法都是 N 上的二元运算。加法满足交换律、结合律；乘法满足交换律、结合律；乘法对加法满足分配律，但加法对乘法不满足分配律。

（2）加法、减法和乘法都是 R 上的二元运算。加法满足交换律和结合律；减法不满足交换律、结合律；乘法满足交换律和结合律；乘法对加法满足分配律但加法对乘法不满足分配律，乘法对减法满足分配律，但减法对乘法不满足分配律。

（3）模 m 加法 $+_m$ 和模 m 乘法 $\times_m$ 都是 Z_m 上的二元运算。$+_m$ 满足交换律、结合律；$\times_m$ 满足交换律、结合律；$\times_m$ 对 $+_m$ 满足分配律，但 $+_m$ 对 $\times_m$ 不满足分配律。

（4）矩阵加法和矩阵乘法都是 $M_n(R)$ 上的二元运算，矩阵加法满足交换律和结合律；矩阵乘法满足结合律，不满足交换律；矩阵乘法对矩阵加法满足分配律，但矩阵加法对矩阵乘法不满足分配律。

（5）并运算、交运算、差运算和对称差运算都是 $\rho(X)$ 上的二元运算。并运算满足交换律、结合律；交运算满足交换律、结合律；差运算不满足交换律、结合律；对称差运算满足交换律和结合律；并运算和交运算是相互可分配的，交运算对差运算、交运算对对称差运算满足分配律，其他情况下不满足分配律。

（6）复合运算是 $\rho(X \times X)$ 上的二元运算，满足结合律，不满足交换律。

（7）复合运算是 X^X 上的二元运算，满足结合律，不满足交换律。

4.1.3 二元运算中的特殊元

定义 4.4 设*为非空集合 X 上的二元运算。

（1）如果存在元素 e_l（或 e_r）$\in X$，使得对任意 $x \in X$ 都有

$$e_l * x = x \text{（或 } x * e_r = x\text{）}$$

则称 e_l（或 e_r）是 X 中关于运算*的一个**左单位元**（或**右单位元**）。如果 $e \in X$ 关于运算*既是左单位元又是右单位元，则称 e 为 X 中关于运算*的一个**单位元**。单位元有时又叫做**幺元**。

（2）如果存在元素 θ_l（或 θ_r）$\in X$，使得对任意 $x \in X$ 都有

$$\theta_l * x = \theta_l \text{（或 } x * \theta_r = \theta_r\text{）}$$

则称 θ_l（或 θ_r）是 X 中关于运算*的一个**左零元**（或**右零元**）。如果 $\theta \in X$ 关于运算*既是左零元又是右零元，则称 θ 为 X 中关于运算*的一个**零元**。

（3）设 $e \in X$ 是 X 中关于运算*的一个单位元。对于 $x \in X$，如果存在元素 y_l（或 y_r）$\in X$，使得

$$y_l * x = e \text{（或 } x * y_r = e\text{）}$$

则称 y_l(或 y_r)是 x 关于运算*的一个**左逆元**（或**右逆元**）。如果 $y \in X$ 既是 x 关于运算*的左逆元又是右逆元，则称 y 是 x 关于运算*的一个**逆元**，并记为 x^{-1}。

显然，逆元是相互的，即如果 y 是 x 的逆元，那么 x 是 y 的逆元。

例 4.4　(1) 加法和乘法都是 N 上的二元运算。加法的单位元是 0，零元不存在，除 0 有逆元 0 之外，其他元素没有逆元；乘法的单位元是 1，零元是 0，除 1 有逆元 1 之外，其他元素没有逆元。

(2) 加法、减法和乘法都是 R 上的二元运算。加法的单位元是 0，零元不存在，每个元素都有逆元，即它的相反数；减法的单位元不存在（右单位元是 0，但左单位元不存在），零元也不存在；乘法的单位元是 1，零元是 0，除 0 没有逆元外，其他元素都有逆元，即它的倒数。

(3) 模 m 加法 $+_m$ 和模 m 乘法 $\times_m$ 都是 Z_m 上的二元运算。$+_m$ 有单位元 0、无零元，每个元 i 都有逆元 $m - il \pmod m$；$\times_m$ 有单位元 1、有零元 0，与 m 互质的元素有逆元，其他元素没有逆元。

(4) 矩阵加法和矩阵乘法都是 $M_n(\mathrm{R})$ 上的二元运算。矩阵加法的单位元是 n 阶零矩阵，零元不存在，每个元素都有逆元，即它的相反矩阵；矩阵乘法的单位元是 n 阶单位矩阵，零元是 n 阶零矩阵，奇异矩阵没有逆元，而非奇异矩阵都有逆元，即它的逆矩阵。

(5) 并运算、交运算、差运算和对称差运算都是 $\rho(X)$ 上的二元运算。并运算的单位元是空集 ϕ，零元是全集 X，除 ϕ 以本身为逆元外，其他元素没有逆元；交运算的单位元是全集 X，零元是空集 ϕ，除 X 以本身为逆元外，其他元素没有逆元；差运算的单位元不存在（右单位元是空集 ϕ，但左单位元不存在），零元不存在（左零元是空集 ϕ，但右零元不存在）；对称差运算的单位元是空集 ϕ，零元不存在，每个元素都有逆元，即它本身。

(6) 复合运算是 $\rho(X \times X)$ 上的二元运算，单位元是恒等关系，零元是空关系，每个关系都有逆关系，但并不一定有逆元，逆关系和逆元是两个不同的概念。

(7) 复合运算是 X^X 上的二元运算，单位元是恒等函数，零元不存在，双射函数有逆元，即它的逆函数，但非双射函数没有逆元。

左、右单位元可能不存在，也可能存在多个左单位元而无右单位元（或存在多个右单位元而无左单位元），但若左单位元、右单位元都存在，则必相等且唯一，它就是单位元。对零元和逆元有类似的结果，即我们有下面的定理 4.1。

定理 4.1　设*为非空集合 X 上的二元运算。

(1) 如果在 X 中运算*有左单位元 e_l 和右单位元 e_r，则 $e_l = e_r$，即它们就是 X 中关于运算*的单位元，且是唯一的。

(2) 如果在 X 中运算*有左零元 θ_l 和右零元 θ_r，则 $\theta_l = \theta_r$，即它们就是 X 中关于运算*的零元，且是唯一的。

(3) 设在 X 中运算*有单位元 e 且满足结合律，那么对于 $x \in X$，如果 x 存在左逆元 y_l 和右逆元 y_r，则 $y_l = y_r$，即它们就是 x 关于运算*的逆元，且是唯一的。

证明　(1) 根据左单位元和右单位元的定义，我们有

$$e_l = e_l * e_r = e_r$$

把 e_l(或 e_r)记为 e，显然，e 就是 X 中关于运算*的单位元。

现假设 X 中关于运算*有两个单位元 e，e'，则根据单位元的定义，我们有

$$e = e * e' = e'$$

即 X 中关于运算*有单位元的话，单位元是唯一的。

（2）的证明类似于（1）。

（3）因 y_l 和 y_r 分别是 x 的左逆元和右逆元，所以 $y_l*x = e$，$x*y_r = e$，于是

$$y_l = y_l * e = y_l * (x*y_r) = (y_l * x)*y_r = e * y_r = y_r$$

把 y_l(或 y_r)记为 y，显然，y 就是 x 关于运算*的逆元。现假设 x 关于运算*有两个逆元 y，y'，则 $y*x = e$，$x*y' = e$，于是，

$$y = y * e = y * (x*y') = (y * x)*y' = e * y' = y'$$

即，元素 x 关于运算*有逆元的话，逆元是唯一的。

定义 4.5　设*为非空集合 X 上的二元运算。如果对任意的 x，y，$z \in X$，$x \neq \theta$ 都满足

若 $x*y = x*z$，则 $y = z$；　　　　若 $y*x = z*x$，则 $y = z$

则称*满足**消去律**。仅第一个式子满足时，称*满足**左消去律**；仅第二个式子满足时，称*满足**右消去律**。这里，θ 是 X 上关于运算*的零元。

例 4.5　（1）加法和乘法是 N 上的二元运算，它们都满足消去律。

（2）加法、减法和乘法是 R 上的二元运算，它们都满足消去律。

（3）模 m 加法 $+_m$ 和模 m 乘法 $\times_m$ 是 Z_m 上的二元运算。模 m 加法 $+_m$ 满足消去律；当 m 是质数时，模 m 乘法 $\times_m$ 满足消去律，当 m 不是质数时，模 m 乘法 $\times_m$ 不满足消去律。

（4）矩阵加法和矩阵乘法是 $M_n(R)$ 上的二元运算。矩阵加法满足消去律，但矩阵乘法不满足消去律。

（5）并运算、交运算、差运算和对称差运算是 $\rho(X)$ 上的二元运算。并运算、交运算和差运算不满足消去律，但对称差运算满足消去律。

（6）复合运算是 $\rho(X \times X)$ 上的二元运算，它不满足消去律。

（7）复合运算是 X^X 上的二元运算，它不满足消去律。

习题 4.1

1．判断下列集合对所给的二元运算是否封闭。

（1）集合 $nZ = \{n \times z \mid z \in Z\}$ 关于普通加法和普通乘法的运算，其中 n 是正整数。

（2）集合 $S = \{x \mid x = 2n - 1$，$n \in Z^+\}$ 关于普通加法和普通乘法的运算。

（3）集合 $S = \{0，1\}$ 关于普通加法和普通乘法的运算。

（4）集合 $S = \{x \mid x = 2^n$，$n \in Z^+\}$ 关于普通加法和普通乘法的运算。

（5）n 阶（$n \geqslant 2$）实可逆矩阵集合 $\hat{M}_n(R)$ 关于矩阵加法和矩阵乘法的运算。

对于封闭的二元运算，判断它们是否满足交换律、结合律和分配律，并在存在的情况下求出它们的单位元、零元和所有可逆元素的逆元。

2．判断下列集合对所给的二元运算是否封闭。

（1）正实数集合 R^+ 和*运算，其中，*运算定义为：

$$\forall a，b \in R^+，a*b = a \cdot b - a - b$$

（2）$A = \{a_1，a_2，\cdots，a_n\}$，$n \geqslant 2$。其中，*运算定义为：

$$\forall a，b \in A，a*b = b$$

对于封闭的二元运算，判断它们是否满足交换律和结合律，并在存在的情况下求出它们

的单位元、零元和所有可逆元素的逆元。

3．设 $S = Q \times Q$，这里，Q 是有理数集合，*为 S 上的二元运算，$\forall <u, v>$，$<x, y> \in S$，

$$<u, v> * <x, y> = <u \cdot x, u \cdot y + v>$$

（1）*运算在 S 上是否可交换、可结合？

（2）*运算是否有单位元、零元？如果有，请指出，并求 S 中所有可逆元素的逆元。

（3）*运算在 S 上是否满足消去律？

4．R 为实数集合，定义以下 6 个函数 f_1，$\cdots$，f_6。有 $\forall x$，$y \in R$ 有

$$f_1(<x, y>) = x + y \qquad\qquad f_2(<x, y>) = x - y$$

$$f_3(<x, y>) = |x - y| \qquad\qquad f_4(<x, y>) = xy$$

$$f_5(<x, y>) = \min(x, y) \qquad\qquad f_6(<x, y>) = \max(x, y)$$

（1）指出哪些函数是 R 上的二元运算。

（2）若是 R 上的二元运算，说明是否是可交换的、可结合的。

（3）若是 R 上的二元运算，在存在的情况下求出单位元、零元以及每一个可逆元素的逆元。

（4）若是 R 上的二元运算，说明是否满足消去律。

5．设 $G = \{1, 2, \cdots, 10\}$，问下面定义的运算*在 G 上是否封闭？对于封闭的二元运算，请说明运算是否满足交换律、结合律，并在存在的情况下求出运算的单位元、零元和所有可逆元素的逆元。

（1）$x*y = \gcd(x, y)$，$\gcd(x, y)$ 表示 x 与 y 的最大公因数。

（2）$x*y = \mathrm{lcm}(x, y)$，$\mathrm{lcm}(x, y)$ 表示 x 与 y 的最小公倍数。

（3）$x*y = $ 大于等于 x 和 y 的最小整数。

（4）$x*y = $ 质数 p 的个数，其中 $x \leqslant p \leqslant y$。

4.2 代 数 系 统

定义 4.6 非空集合 G 和 G 上的 k 个代数运算 f_1，f_2，$\cdots$，f_k（其中，f_i 是 n_i 元代数运算，n_i 为正整数，$i=1, 2, \cdots, k$）组成的系统称为**代数系统**，简称**代数**，记作 $<G, f_1, f_2, \cdots, f_k>$，而 $<n_1, n_2, \cdots, n_k>$ 称为这个代数系统的**类型**。

定义 4.7 设 $<G, f_1, f_2, \cdots, f_k>$，和 $<H, g_1, g_2, \cdots, g_k>$，是两个同类型的代数系统，$\phi$ 是从 G 到 H 的映射，若对 $i = 1, 2, \cdots, k$ 都有

$$\phi(f_i(x_1, x_2, \cdots, x_{n_i})) = g_i(\phi(x_1), \phi(x_2), \cdots, \phi(x_{n_i})),$$

则称 ϕ 是从 G 到 H 的**同态映射**，简称**同态**。

定义 4.8 设 ϕ 是从代数系统 $<G, f_1, f_2, \cdots, f_k>$ 到代数系统 $<H, g_1, g_2, \cdots, g_k>$ 的同态映射。

（1）若 ϕ: $G \rightarrow H$ 是满射，则称 ϕ 为**满同态**。

（2）若 ϕ: $G \rightarrow H$ 是单射，则称 ϕ 为**单同态**。

（3）若 ϕ: $G \rightarrow H$ 是双射，则称 ϕ 为**同构**。

若 $G = H$，则上面定义的 ϕ 分别称为**自同态**、**满自同态**、**单自同态**和**自同构**。

下面我们来看看同态映射和同构映射的例子。

例 4.6　设 $S = \{a + b\sqrt{2} \mid a,\, b \in \mathrm{Q}\}$，则 $<S,\ +>$ 是一个代数系统，如果定义

$$\phi(a + b\sqrt{2}) = a - b\sqrt{2}$$

则 ϕ 是 $<S,\ +>$ 的自同构。

例 4.7　n 阶实数矩阵组成的集合在矩阵乘法下构成代数系统 $<M_n(\mathrm{R}),\ \times>$，实数集合在乘法下也构成代数系统 $<\mathrm{R},\ \times>$，令

$$\phi(\mathrm{A}) = |\,\mathrm{A}\,|$$

即 ϕ 将一个实数矩阵映射成它的行列式的值，则 ϕ 是 $<M_n(\mathrm{R}),\ \times>$ 到 $<\mathrm{R},\ \times>$ 的同态，而且是满同态。

例 4.8　整数集合在加法和乘法下构成代数系统 $<\mathrm{Z},\ +,\ \times>$，集合 $\{0,\ 1\}$ 在逻辑运算异或和合取下构成同类型的代数系统 $<\{0,\ 1\},\ \leftrightarrow,\ \wedge> (p \leftrightarrow q = (p \wedge \neg q) \vee (\neg p \wedge q))$。令

$$\phi(x) = \begin{cases} 0 & x\text{是偶数} \\ 1 & x\text{是奇数} \end{cases}$$

则 ϕ 是 $<\mathrm{Z},\ +,\ \times>$ 到 $<\{0,\ 1\},\ \leftrightarrow,\ \wedge>$ 的同态，而且是满同态。

定理 4.2　设 $<G,\ *>$，$<H,\ \cdot>$ 是代数系统，$*,\ \cdot$ 是二元运算，ϕ 是从 G 到 H 的同态映射，则

（1）$\cdot$ 是 $\phi(G)$ 上的运算，即 $<\phi(G),\ \cdot>$ 是代数系统。

（2）如果 $*$ 在 G 上满足交换律，则 $\cdot$ 在 $\phi(G)$ 上满足交换律。

（3）如果 $*$ 在 G 上满足结合律，则 $\cdot$ 在 $\phi(G)$ 上满足结合律。

（4）如果 e 是 $<G,\ *>$ 的单位元，则 $\phi(e)$ 是 $<\phi(G),\ \cdot>$ 的单位元。

（5）如果 θ 是 $<G,\ *>$ 的零元，则 $\phi(\theta)$ 是 $<\phi(G),\ \cdot>$ 的零元。

（6）对于 $a \in G$，如果 a^{-1} 是 a 在 $<G,\ *>$ 中的逆元，则 $\phi(a^{-1})$ 是 $\phi(a)$ 在 $<\phi(G),\ \cdot>$ 中的逆元。

证明　（这里仅证（4）和（6）部分，其他部分留给读者完成。）

（4）对任意的 $x \in \phi(G)$，存在 $a \in G$，使得 $\phi(a) = x$。于是

$$\phi(e) \cdot x = \phi(e) \cdot \phi(a) = \phi(e * a) = \phi(a) = x,$$

即 $\phi(e)$ 是 $<\phi(G),\ \cdot>$ 的左单位元。同理可证 $\phi(e)$ 是右单位元，所以 $\phi(e)$ 是 $<\phi(G),\ \cdot>$ 的单位元。

（6）设 e 为 G 的单位元，则由（4）知 $\phi(e)$ 是 $<\phi(G),\ \cdot>$ 的单位元。$\forall a \in G$，因为

$$\phi(a^{-1}) \cdot \phi(a) = \phi(a^{-1} * a) = \phi(e), \quad \phi(a) \cdot \phi(a^{-1}) = \phi(a * a^{-1}) = \phi(e)$$

所以 $\phi(a^{-1})$ 是 $\phi(a)$ 关于运算 $\cdot$ 的逆元。

定理 4.3　设 $<G,\ *,\ *'>$，$<H,\ \cdot,\ \cdot'>$ 是代数系统，$*,\ *',\ \cdot,\ \cdot'$ 都是二元运算，ϕ 是从 G 到 H 的同态映射，那么如果在 G 上，$*$ 对 $*'$ 满足分配律，则在 $\phi(G)$ 上，$\cdot$ 对 $\cdot'$ 满足分配律。

证明　对任意的 $x,\ y,\ z \in \phi(G)$，存在 $u,\ v,\ w \in G$，使得

$$\phi(u) = x, \quad \phi(v) = y, \quad \phi(w) = z$$

因为 ϕ 是同态映射，所以有

$$\begin{aligned} x \cdot (y \cdot' z) &= \phi(u) \cdot (\phi(v) \cdot' \phi(w)) = \phi(u) \cdot \phi(v *' w) = \phi(u * (v *' w)) \\ &= \phi((u * v) *' (v * w)) = \phi(v * v) \cdot' \phi(u * w) \\ &= (\phi(u) \cdot \phi(v)) \cdot' (\phi(u) \cdot \phi(w)) = (x \cdot y) \cdot' (x \cdot z) \end{aligned}$$

所以分配律成立。

对于上面的两个定理，请注意两点：

（1）<G，*>满足消去律，同态像$\phi(G)$未必满足消去律。例如：<Z，×>，<Z_6，$×_6$>是两个代数系统，映射ϕ：$Z \to Z_6$，对任意的$x \in Z$，$\phi(x) = [x(\bmod\ 6)]$是满同态映射，即Z_6是同态像。<Z，×>满足消去律，但<Z_6，$×_6$>不满足消去律。

（2）从上面两个定理知，若代数系统<G，*>（<G，*，*′>）具有某些特殊元或满足某些性质，则同态像<$\phi(G)$，·>（<$\phi(G)$，·，·′>）保持相应的特殊元和性质，但这些特殊元和性质对<H，·>（<H，·，·′>）来说未必保持，且上面两个定理的逆一般不成立。但如果ϕ是两个代数系统间的同构映射，则<G，*>和<H，·>（<G，·，·′>和<H，·，·′>的性质或特殊元一一对应，即我们有下面的两个定理。

定理 4.4 设<G，*>，<H，·>是代数系统，*，·都是二元运算，ϕ是从 G 到 H 的同构映射，则

（1）*在 G 上满足交换律 $\Leftrightarrow$ ·在 H 上满足交换律。

（2）*在 G 上满足结合律 $\Leftrightarrow$ ·在 H 上满足结合律。

（3）*在 G 上满足消去律 $\Leftrightarrow$ ·在 H 上满足消去律。

（4）若 e 是<G，*>的单位元，则$\phi(e)$是<H，·>的单位元；反之，若 e'是<H，·>的单位元，则$\phi^{-1}(e')$是<G，*>的单位元。

（5）若 θ 是<G，*>的零元，则$\phi(\theta)$是<H，·>的零元；反之，若 θ'是<H，·>的零元，则$\phi^{-1}(\theta')$是<G，*>的零元。

（6）对于 $a \in G$，如果 a^{-1} 是 a 在<G，*>中的逆元，则$\phi(a^{-1})$是$\phi(a)$在<H，·>中的逆元；反之，对于 $b \in H$，如果 b^{-1} 是 b 在<H，·>中的逆元，则$\phi^{-1}(b^{-1})$是$\phi^{-1}(b)$在<G，*>中的逆元。

定理 4.5 设<G，*，*′>，<H，·，·′>是代数系统，*，*′，·，·′都是二元运算，ϕ是从 G 到 H 的同构映射，则在 G 上，$*_1$对$*_2$满足分配律 $\Leftrightarrow$ 在 H 上，·对·′满足分配律。

鉴于同态映射和同构映射的上述性质，在数学上，通常将两个同构的系统看成一个系统（即认为没有区别），而将同态像看成是一种系统的简化。

例 4.9 <Q，+>是有理数加法代数系统，<Q^*，×>是非零有理数乘法代数系统。证明不存在从<Q，+>到<Q^*，×>的同构映射。

证明 假设ϕ是从<Q^*，×>到<Q，+>的同构映射，因为 1 是代数系统<Q^*，×>的单位元，而 0 是代数系统<Q，+>的单位元，所以

$$\phi：Q^* \to Q，\ \phi(1) = 0$$

于是有

$$\phi(-1) + \phi(-1) = \phi((-1) \times (-1)) = \phi(1) = 0$$

从而得$\phi(-1) = 0$，这与ϕ的单射性矛盾。

从而没有从<Q^*，×>到<Q，+>的同构映射，当然也就没有从<Q，+>到<Q^*，×>的同构映射。

习题 4.2

1. 对以下给定的代数系统 G_1 和 G_2 以及映射φ，说明φ是否为代数系统 G_1 到 G_2 的同态映射。如果是，说明是否为单同态、满同态和同构。

（1）$G_1 = <\text{Z}, +>$，$G_2 = <\text{R}^*, \times>$，其中，$\text{R}^*$为非零实数的集合，$+$和$\times$分别表示实数加法和实数乘法运算。

$$\varphi: \ \text{Z} \to \text{R}^*, \quad \varphi(x) = \begin{cases} 1 & x\text{是偶数} \\ -1 & x\text{是奇数} \end{cases}$$

（2）$G_1 = <\text{Z}, +>$，$G_2 = <A, \times>$，其中，$A = \{x \mid x \in \text{C} \wedge \mid x \mid = 1\}$，C 为复数集合，$+$和$\times$分别表示复数加法和实数乘法运算。

$$\varphi: \ \text{Z} \to A, \quad \varphi(x) = \cos x + i \sin x$$

2．代数系统$<\text{Z}, \times>$和$<A, \times>$，其中，$A = \{0, 1\}$，$\times$表示实数乘法运算，映射定义如下：

$$\varphi: \ \text{Z} \to A, \quad \varphi(x) = \begin{cases} 1 & \text{当}x = 2^k (k \in N)\text{时} \\ 0 & \text{其他情况} \end{cases}$$

证明φ是从 Z 到 A 的同态映射。

3．代数系统$<\text{R}, +>$，$<\text{R}, \times>$，其中$+$和$\times$分别表示实数的加法和实数乘法运算，映射定义如下：

$$\varphi: \ \text{R} \to \text{R}, \quad \varphi(x) = 10^x$$

证明φ是从$<\text{R}, +>$到$<\text{R}, \times>$的单同态，但不是同构。

4．$<\text{Z}, +>$整数加法代数系统，$<G, *>$是任意一个代数系统，对于 G 中的任一固定元素 a，令 $g(n) = a^n (n \in \text{Z})$，证明 g 是从 Z 到 G 的同态映射。

5．$<\text{R}, +>$是实数加法代数系统，$<\text{C}_1, \times>$是模为 1 的复数对于乘法运算的代数系统，这两个代数系统同态吗？同构吗？请说明理由。

6．$<\text{Z}^+, +>$和$<\text{Z}^+, \times>$分别是正整数对于加法和乘法构成的代数系统，试问从$<\text{Z}^+, +>$到$<\text{Z}^+, \times>$，从$<\text{Z}^+, \times>$到$<\text{Z}^+, +>$都存在同态映射吗？说明理由。

7．设 f 从代数系统$<G, *>$到代数系统$<H, \cdot>$的同态映射，g 是从代数系统$<H, \cdot>$到代数系统$<K, \Diamond>$的同态映射，证明复合函数 $f \circ g$ 是从代数系统$<G, *>$到代数系统$<K, \Diamond>$的同态映射。

8．设$<G, *>$，$<H, \cdot>$是代数系统，$*$，$\cdot$都是二元运算，ϕ 是从 G 到 H 的同态映射，则

（1）$\cdot$是$\phi(G)$上的运算，即$<\varphi(G), \cdot>$是代数系统。

（2）如果$*$在 G 上满足交换律，则$\cdot$在$\phi(G)$上也满足交换律。

（3）如果$*$在 G 上满足结合律，则$\cdot$在$\phi(G)$上也满足结合律。

（4）如果θ是$<G, *>$的零元，则$\phi(\theta)$是$<\varphi(G), \cdot>$的零元。

4.3　群

4.3.1　基本概念

定义 4.9　设$<G, *>$是代数系统，$*$是二元运算，如果在 G 上运算$*$满足结合律，则称$<G, *>$为**半群**。更进一步，如果 G 中关于运算$*$还有单位元 e 存在，则称$<G, *>$为**幺半群**。

定义 4.10 设 $<G, *>$ 是有幺半群，如果对 G 中任何元素 x 都有逆元 $x^{-1} \in G$，则称 $<G, *>$ 为**群**。更进一步，如果在 G 上运算 $*$ 还满足交换律，则称 $<G, *>$ 为**交换群**（阿贝尔群）。

例 4.10 （1）普通加法是 N，Z，Q 和 R 上的二元运算，满足结合律，且有单位元 0，所以 $<N, +>$，$<Z, +>$，$<Q, +>$，$<R, +>$，都是有幺半群。

但，在 $<N, +>$ 中，除 0 之外都没有逆元，所以它仅是有幺半群而不是群。在 $<Z, +>$，$<Q, +>$，$<R, +>$ 中，每个元素都有逆元，即它的相反数，且运算满足交换律，所以它们都是交换群。

（2）普通乘法是 N，Z，Q 和 R 上的二元运算，满足结合律且有单位元 1，所以 $<N, \times>$，$<Z, \times>$，$<Q, \times>$，$<R, \times>$ 都是有幺半群。

在 $<N, \times>$ 和 $<Z, \times>$ 中，除了 1 外其他元素都没有逆元，所以 $<N, \times>$ 和 $<Z, \times>$ 都不是群；在 $<Q, \times>$，$<R, \times>$ 中，0 没有逆元，所以它们也仅是有幺半群，而不是群；但如果用非零有理数集合 Q^* 和非零实数集合 R^*，则 $<Q^*, \times>$ 和 $<R^*, \times>$ 都是交换群。

（3）矩阵加法是 $M_n(R)$ 上的二元运算，满足结合律，n 阶零矩阵为其单位元，所以 $<M_n(R), +>$ 是有幺半群。同样，矩阵乘法是 $M_n(R)$ 上的二元运算，满足结合律，n 阶单位矩阵为其单位元，所以 $<M_n(R), \times>$ 也是有幺半群。

在 $<M_n(R), +>$ 中，每个元素都有逆元，即它的相反矩阵，且运算满足交换律，所以 $<M_n(R), +>$ 是一个交换群；在 $<M_n(R), \times>$ 中，奇异矩阵没有逆元，所以 $<M_n(R), \times>$ 仅是一个有幺半群，而不是群；但 $<\hat{M}_n(R), \times>$ 是群，这里的 $<\hat{M}_n(R)$ 是 n 阶实可逆矩阵组成的集合，不过它不是交换群。

（4）并运算是幂集 $\rho(X)$ 上的二元运算，满足结合律，空集 ϕ 为其单位元，所以 $<\rho(X), \cup>$ 是有幺半群。同样，交运算是 $\rho(X)$ 上的二元运算，满足结合律，全集 X 为其单位元，所以 $<\rho(X), \cap>$ 也是有幺半群。

但在 $<\rho(X), \cup>$ 中，除了单位元空集 ϕ 外，其他元素都没有逆元，所以 $<\rho(X), \cup>$ 不是群。同样，$<\rho(X), \cap>$ 也不是群。

（5）复合运算是 $\rho(X \times X)$ 上的二元运算，满足结合律，恒等关系为其单位元，所以 $<\rho(X \times X), \circ>$ 是有幺半群。

在 $<\rho(X \times X), \circ>$ 中，每个元素都有逆关系，但不一定有逆元，逆关系和逆元是两个不同的概念，所以 $<\rho(X \times X), \circ>$ 不是群。

（6）复合运算是从 X 到 X 函数集合 X^X 上的二元运算，满足结合律，恒等函数为其单位元，所以 $<X^X, \circ>$ 是有幺半群。

在 $<X^X, \circ>$ 中，非双射函数没有逆元，所以 $<X^X, \circ>$ 仅是有幺半群，而不是群。但 $<\hat{X}^X, \circ>$ 是群，这里的 $\hat{X}^X$ 是集合 X 上的双射函数组成的集合，不过，它不是交换群。

例 4.11 设 $<G, *>$ 是群，$\forall a \in G$，定义 $G \rightarrow G$ 的映射 f_a 如下：

$$f_a(x) = x * a, \quad \forall x \in G$$

令 H 表示所有这样的映射组成的集合，即 $H = \{f_a \mid a \in G\}$，则 $<H, \circ>$ 构成群，这里的 "$\circ$" 是复合运算。

证明 因为

$$f_a \circ f_b(x) = f_b(f_a(x)) = f_b(x*a) = (x*a)*b = x*(a*b) = f_{a*b}(x)$$

所以 $f_a \circ f_b = f_{a*b} \in H$，即封闭性满足，所以$<H$，$\circ>$构成代数系统。

又因为复合运算满足结合律，所以$<H$，$\circ>$构成半群。从上面的式子显然可以看到，f_e 是$<H$，$\circ>$的单位元，所以$<H$，$\circ>$构成有幺半群。从上面的式子还可以看到，H 中的任何元素 f_a 都有逆元 $f_{a^{-1}}$，所以$<H$，$\circ>$构成群。

4.3.2 幂运算

由于半群中的运算满足结合律，所以可以在半群中定义元素的**幂运算**。

定义 4.11 设$<G$，$*>$是半群，$x \in G$，n 为正整数，即 $n \in Z^+$，则 x 的 n 次幂定义如下：

$$x^n = \begin{cases} x & n=1 \\ x^{n-1}*x & n \geq 2 \end{cases}$$

若$<G$，$*>$还是有幺半群，e 为其单位元，则还可以定义零次幂，即 $x^0 = e$；若$<G$，$*>$是群，则还可以定义负整数次幂，即

$$x^{-n} = (x^{-1})^n, \quad n \in Z^+$$

要注意的是，中学里学的 n 次幂是由普通乘法定义的，上面定义的 n 次幂是由运算 "$*$" 定义。由于运算 "$*$" 的一般性，上面定义的 n 次幂可以是各种各样的。例如，整数集合在普通加法下构成有群$<Z$，$+>$，它里面的 n 次幂是由整数的加法定义的，所以在$<Z$，$+>$中有：

$$1^3 = 3, \quad 2^5 = 10, \quad 3^{10} = 30, \quad 4^0 = 0$$

希望大家理解到这一点。

例 4.12 （1）在群$<R^*$，$\times>$中有

$$0.5^{-1} = 2 \quad 0.5^{-2} = 4 \quad 0.5^{-3} = 8$$

但在群$<R$，$+>$中有

$$0.5^{-1} = -0.5 \quad 0.5^{-2} = -1 \quad 0.5^{-3} = -1.5$$

（2）$<M_2(R)$，$\times>$在矩阵乘法下构成有幺半群，在$<M_2(R)$，$\times>$中有

$$\begin{bmatrix} 3 & 0 \\ 0 & 3 \end{bmatrix}^2 = \begin{bmatrix} 9 & 0 \\ 0 & 9 \end{bmatrix}, \quad \begin{bmatrix} 3 & 0 \\ 0 & 3 \end{bmatrix}^3 = \begin{bmatrix} 27 & 0 \\ 0 & 27 \end{bmatrix}, \quad \begin{bmatrix} 3 & 0 \\ 0 & 3 \end{bmatrix}^0 = \begin{bmatrix} 1 & 0 \\ 0 & 1 \end{bmatrix}$$

同样，$<M_2(R)$，$+>$在矩阵加法下也构成有幺半群，但在$<M_2(R)$，$+>$中有

$$\begin{bmatrix} 3 & 0 \\ 0 & 3 \end{bmatrix}^2 = \begin{bmatrix} 6 & 0 \\ 0 & 6 \end{bmatrix}, \quad \begin{bmatrix} 3 & 0 \\ 0 & 3 \end{bmatrix}^3 = \begin{bmatrix} 9 & 0 \\ 0 & 9 \end{bmatrix}, \quad \begin{bmatrix} 3 & 0 \\ 0 & 3 \end{bmatrix}^0 = \begin{bmatrix} 0 & 0 \\ 0 & 0 \end{bmatrix}$$

（3）在群 $< \hat{M}_2(R)$，$\times>$ 中有

$$\begin{bmatrix} 0.5 & 0 \\ 0 & 0.5 \end{bmatrix}^{-1} = \begin{bmatrix} 2 & 0 \\ 0 & 2 \end{bmatrix}, \quad \begin{bmatrix} 0.5 & 0 \\ 0 & 0.5 \end{bmatrix}^{-2} = \begin{bmatrix} 4 & 0 \\ 0 & 4 \end{bmatrix}$$

但在群 $< \hat{M}_2(R)$，$+>$ 中有

$$\begin{bmatrix} 0.5 & 0 \\ 0 & 0.5 \end{bmatrix}^{-1} = \begin{bmatrix} -0.5 & 0 \\ 0 & -0.5 \end{bmatrix}, \quad \begin{bmatrix} 0.5 & 0 \\ 0 & 0.5 \end{bmatrix}^{-2} = \begin{bmatrix} -1 & 0 \\ 0 & -1 \end{bmatrix}$$

定理 4.6 设<G，*>是群，则

（1）$\forall m$，$n \in Z$，$x^m * x^n = x^{m+n}$，$(x^m)^n = x^{m \times n}$

（2）$\forall x$，$y \in G$，$(x*y)^{-1} = y^{-1} * x^{-1}$

证明 （1）用数学归纳法即可进行证明，具体证明留给读者。

（2）因为

$$(y^{-1}*x^{-1})*(x*y) = y^{-1}*(x^{-1}*x)*y = y^{-1}*e*y = y^{-1}*y = e$$
$$(x*y)*(y^{-1}*x^{-1}) = x*(y*y^{-1})*x^{-1} = x*e*x^{-1} = x*x^{-1} = e$$

所以，$x*y$ 的逆元是 $y^{-1}*x^{-1}$，即 $(x*y)^{-1} = y^{-1}*x^{-1}$。

对于半群、有幺半群，有类似定理 4.6 第一部分的结论，只不过要把 $\forall m$，$n \in Z$ 换成 $\forall m$，$n \in N^+$ 或 $\forall m$，$n \in N$。

4.3.3 群的性质

定义 4.12 设<G，*>是群，如果 G 是有限集，则称<G，*>为**有限群**，G 中元素的个数称为该有限群的**阶数**，记为 $|G|$。阶数为 1 的群称为**平凡群**，它只含一个单位元。如果 G 是无限集，则称<G，*>为**无限群**。

定义 4.13 设<G，*>是群，e 为其单位元，$x \in G$，使得 $x^n = e$ 成立的最小正整数 n 称为 x 的**次数**，记作 $|x| = n$，这时也称 x 为 n **次元**。如果不存在这样的正整数 n，则称 x 为**无限次元**。

例 4.13 对于集合 $Z_6 = \{0, 1, 2, 3, 4, 5\}$ 上的二元运算"模 6 加法$+_6$"：

$$i +_6 j = (i + j)(\bmod 6)$$

列出其运算表，如表 4.3 所示。

表4.3 <Z_6，$+_6$>的运算表

$+_6$	0	1	2	3	4	5
0	0	1	2	3	4	5
1	1	2	3	4	5	0
2	2	3	4	5	0	1
3	3	4	5	0	1	2
4	4	5	0	1	2	3
5	5	0	1	2	3	4

从表中可以看出，运算满足封闭性，满足结合律和交换律，0 是单位元，每个元都有逆元，因而<Z_6，$+_6$>构成交换群。这个群的阶数是 6，元素 0，1，2，3，4，5 的次数分别为 1，6，3，2，3，6。

定理 4.7（方程的唯一可解性） 设<G，*>是半群，则<G，*>是群的充分必要条件是：$\forall a$，$b \in G$，方程 $a*x = b$ 和方程 $x*a = b$ 在 G 中都有唯一解。

证明 （1）（必要性证明）设<G，*>是群，e 为其单位元。因为

$$a*(a^{-1}*b) = (a*a^{-1})*b = e*b = b, \quad (b*a^{-1})*a = b*(a^{-1}*a) = b*e = b$$

所以 $x = a^{-1}*b$ 是方程 $a*x = b$ 的解，$x = b*a^{-1}$ 是方程 $x*a = b$ 的解。下面证明唯一性。

因为 $a^{-1}*b$ 是方程 $a*x = b$ 的一个解，设 c 是另一解，即 $a*c = b$，则

$$a^{-1}*b = a^{-1}*(a*c) = (a^{-1}*a)*c = c$$

从而唯一性得证。

（2）（充分性证明）对某个元 $c \in G$，根据条件，方程 $x*c = c$ 有解，设其解为 e，即 $e*c = c$。又因为 $\forall a \in G$，根据条件，方程 $c*x = a$ 有解，所以有

$$e*a = e*(c*x) = (e*c)*x = c*x = a$$

这说明 e 是左单位元。同样可证右单位元存在，从而单位元存在。

设单位元为 e，$\forall a \in G$，由方程 $x*a = e$ 解的存在性知，a 存在左逆元，同样可知存在右逆元，所以 a 的逆元存在。

因为 $<G, *>$ 是半群，现在又证明了存在单位元，并且每个元都有逆元，所以，$<G, *>$ 是群。

例 4.14 设 $<G, *>$ 是群，且 $|G| > 1$，e 为其单位元，则 $<G, *>$ 中没有零元。

证明 用反证法。设 $<G, *>$ 中有零元 θ，则 $\theta \neq e$，否则，对任意的 $x \in G$ 有

$$x = x*e = x*\theta = \theta$$

与 $|G| > 1$ 矛盾。而因为 $\theta \neq e$，所以对任意的 $x \in G$ 有

$$x*\theta = \theta*x = \theta \neq e$$

这表明零元 θ 不存在逆元，与 $<G, *>$ 是群矛盾，所以阶数大于 1 的群无零元。

定理 4.8（消去律） 设 $<G, *>$ 是群，则运算 * 在 G 中满足消去律，即 $\forall x, y, z \in G$ 有

（1）$x*y = x*z \Rightarrow y = z$ 　　　　（2）$y*x = z*x \Rightarrow y = z$

证明 设 e 为单位元，则有

$$y = e*y = (x^{-1}x)*y = x^{-1}*(x*y) = x^{-1}*(x*z) = (x^{-1}x)*z = z$$

即第一个式子成立。第二个式子可同样证明。

例 4.15 设 $<G, *>$ 是有限群，$G = \{x_1, x_2, \cdots, x_n\}$，令

$$x_i G = \{x_i * x_j \mid j = 1, 2, \cdots, n\}$$

证明 $x_i G = G$。

证明 由群中运算的封闭性知，$x_i G \subseteq G$。

假设 $x_i G \subset G$，即 $|x_i G| < n$，则必有 $x_j, x_k \in G$ 使得

$$x_i * x_j = x_i * x_k (j \neq k)$$

从而由消去律得 $x_j = x_k$，矛盾，所以 $x_i G = G$。

例 4.16 设 $<G, *>$ 是有限群，$G = \{x_1, x_2, \cdots, x_n\}$，则在 $<G, *>$ 运算表中，同一行（列）上没有相同元素。

证明 设 x_1 是单位元，建立该群所对应的运算表，如表 4.4 所示。

表4.4　　　　　　　　　　　　　　有限群 $<G, *>$ 的运算表

*	x_1	x_2	$\cdots$	x_k	$\cdots$	x_i	$\cdots$	x_j	$\cdots$	x_n
x_1	x_1	x_2	$\cdots$	x_k	$\cdots$	x_i	$\cdots$	x_j	$\cdots$	x_n
x_2	x_2	$\cdots$	$\cdots$	$\cdots$	$\cdots$	$\cdots$	$\cdots$	$\cdots$	$\cdots$	$\cdots$
$\vdots$	$\vdots$	$\vdots$								

续表

*	x_1	x_2	$\cdots$	x_k	$\cdots$	x_i	$\cdots$	x_j	$\cdots$	x_n
x_1	x_1	$\vdots$				a		b		
$\vdots$	$\vdots$	$\vdots$								
x_i	x_i			c						
$\vdots$	$\vdots$	$\vdots$								
x_j	x_j			d						
$\vdots$	$\vdots$	$\vdots$								
x_n	x_n	$\vdots$								

由表 4.2 知：

若 $a = b$，则 $x_i*x_i = x_i*x_j$，由左消去律得 $x_i = x_j$，矛盾。

若 $c = d$，则 $x_i*x_k = x_j*x_k$，由右消去律得 $x_i = x_j$，矛盾。

所以，在有限群 $<G, *>$ 运算表中，同一行（列）上没有相同元素。

利用这个例子的结果很容易判断一个代数结构是不是群。

定理 4.9 设 $<G, *>$ 是群，e 为其单位元，$a \in G$ 的次数为 n，即 $|a| = n$，则

（1）$|a| = |a^{-1}|$。

（2）$a^k = e$ 的充要条件是 k 是 n 的倍数，即 $n \mid k$。

（3）a^k 的次数等于 $\dfrac{\mathrm{lcm}(k, n)}{k}$，其中 $\mathrm{lcm}(k, n)$ 是 k 与 n 的最小公倍数。

证明 （1）因为 $\forall k \in \mathbf{Z}$，有 $(a^{-1})^k = (a^k)^{-1}$，所以

当 $a^k = e$ 时，$(a^{-1})^k = e$；当 $(a^{-1})^k = e$ 时，有 $(a^k)^{-1} = e$，从而 $a^k = e$。

因此 $|a| = |a^{-1}|$。

（2）（必要条件的证明）设 $k = m \times n + i$，$0 \leqslant i \leqslant n-1$，则有

$$e = a^k = a^{m \times n + i} = (a^n)^m * a^i = e * a^i = a^i$$

因为 $|a| = n$，根据群中元的次数的定义知必有 $i = 0$，即 k 是 n 的因子。

（充分条件的证明）设 $k = m \times n$，显然，$a^k = a^{m \times n} = (a^n)^m = e$。

（3）记 $p = \dfrac{\mathrm{lcm}(k, n)}{k}$，根据（1）有 $(a^k)^p = a^{\mathrm{lcm}(k, n)} = e$。

另一方面，对于任意的正整数 $m < p$，因 $k \times m < k \times p = \mathrm{lcm}(k, n)$，所以 $k \times m$ 不可能是 n 的倍数，因此，根据（2）有 $(a^k)^m = a^{k \times m} \neq e$。

综合这两点，再根据群中元的次数的定义，知 a^k 的次数为 $p = \dfrac{\mathrm{lcm}(k, n)}{k}$。

例 4.17 设 $<G, *>$ 是群，$a, b \in G$ 是有限次元，则

（1）$|b^{-1}*a*b| = |a|$ （2）$|a*b| = |b*a|$

证明 设 G 的单位元为 e。

（1）令 $|a| = r$，$|b^{-1}*a*b| = t$。则有

$$(b^{-1}*a*b)^r = \underbrace{(b^{-1}*a*b)*(b^{-1}*a*b)*\cdots*(b^{-1}*a*b)}$$

$$= b^{-1}*a^r*b = b^{-1}*e*b = e$$

从而根据上面定理知，t 应是 r 的因子，即 $t \mid r$。

根据这个结论，$(b^{-1})^{-1}*(b^{-1}*a*b)*b^{-1}$ 的次数应是 $b^{-1}*a*b$ 的次数的因子。而

$$(b^{-1})^{-1}*(b^{-1}*a*b)*b^{-1} = b*b^{-1}*a*b*b^{-1} = a$$

所以 a 的次数应是 $b^{-1}*a*b$ 的次数的因子，即 $r \mid t$。从而有 $r = t$。

（2）令 $\mid a*b \mid = r$，$\mid b*a \mid = t$。则有

$$(a*b)^{t+1} = \underbrace{(a*b)*(a*b)*\cdots*(a*b)}_{t+1\,\uparrow}$$

$$= a*\underbrace{(b*a)*(b*a)*\cdots*(b*a)}_{t\,\uparrow}*b$$

$$= a*(b*a)^t*b = a*e*b = ab$$

由消去律得 $(a*b)^t = e$，从而根据上面定理可知 $r \mid t$。

同理可证 $t \mid r$，所以 $r = t$。

习题 4.3

1．设 G 是所有形如

$$\begin{bmatrix} a_{11} & a_{12} \\ 0 & 0 \end{bmatrix}$$

的矩阵组成的集合，其是，a_{11}，a_{12} 是实数。设*表示矩阵乘法。试问$<G，*>$是半群吗？是有幺半群吗？

2．在自然数集合 N 上定义运算 $\vee$ 和 $\wedge$ 如下：

$$a \vee b = \max\{a，b\}，\qquad\qquad a \wedge b = \min\{a，b\}$$

试问$<N，\vee>$和$<N，\wedge>$是半群吗？是有幺半群吗？

3．设 Z 为整数集合，在 Z 上定义二元运算*如下：

$$x*y = x+y-2，\ \forall x，y \in Z$$

问 Z 关于运算*能否构成群？为什么？

4．$G = \{f(x) = ax+b \mid a \neq 0，a，b \in R\}$，证明 $<G，\circ>$ 是群，这里$\circ$是复合运算。

5．设 $A = \{x \mid x \in R \wedge x \neq 0，1\}$。在 A 上定义 6 个函数如下：

$f_1(x) = x$ $\qquad\qquad\qquad\qquad$ $f_2(x) = x^{-1}$

$f_3(x) = 1-x$ $\qquad\qquad\qquad\qquad$ $f_4(x) = (1-x)^{-1}$

$f_5(x) = (x-1)x^{-1}$ $\qquad\qquad\qquad\qquad$ $f_6(x) = x(x-1)^{-1}$

令 G 为这 6 个函数构成的集合，$\circ$是复合运算。

（1）给出$<G，\circ>$的运算表。 （2）验证$<G，\circ>$是群。

6．在群$<R，+>$中计算下列元素的幂：

（1）$0.5^2 = ?$ $\qquad\qquad\qquad\qquad$ （2）$0.5^{10} = ?$

（3）$0.5^0 = ?$ $\qquad\qquad\qquad\qquad$ （4）$\sqrt{4}^2 = ?$

（5）$\sqrt{4}^{10} = ?$ $\qquad\qquad\qquad\qquad$ （6）$\sqrt{4}^0 = ?$

7. 在群$<G，*>$中证明

$$x^m*x^n = x^{m+n} \qquad (x^m)^n = x^{m \times n} \qquad \forall m，n \in Z$$

8. 设$G = \{1，2，3，4，5，6\}$，对于G上的二元运算"模7乘法$\times_7$"

$$i \times_7 j = (i \times j)(\bmod 7)$$

请

（1）给出$<G，\times_7>$的运算表 　　　　　（2）验证$<G，\times_7>$构成群。

（3）给出每个元的次数。

9. 设$<G，*>$是群，若$\forall x \in G$有$x^2 = e$，证明$<G，*>$为交换群。

10. 设$<G，*>$是群，证明G是交换群的充要条件是$\forall a，b \in G$有$(a*b)^2 = a^2*b^2$。

11. 设$<G，*>$是有限半群，且满足消去律，证明G是群。

12. 设$<G，*>$是群，$a，b，c \in G$，证明

$$|a*b*c| = |b*c*a| = |c*a*b|$$

13. 设$<G，*>$是群，$a，b \in G$且$a*b = b*a$。如果$|a| = n$，$|b| = m$且n与m互质，证明$|a*b| = n \times m$。

4.4　子群与陪集

4.4.1　子群

子群是群论中的重要概念，研究子群对把握群的内在结构具有重要作用。

定义 4.14　设$<G，*>$是群，H是G的非空子集，如果H对二元运算*构成群，则称H是G的**子群**。

易知，对任意的群$<G，*>$，$\{e\}$和G都是其子群，这两个子群通常称为G的**平凡子群**，其他的子群则称为**非平凡子群**。

例 4.18　（1）群$<Z，+>$是群$<Q，+>$的子群，群$<Q，+>$是群$<R，+>$的子群。

（2）群$<Z_6，+_6>$的两个非平凡子群是$\{0，2，4\}$和$\{0，3\}$，两个平凡子群是Z_6和$\{0\}$。

下面给出子群的三个判定定理。

定理 4.10　设$<G，*>$是群，H是G的非空子集，则H为G的子群的充分必要条件是：

（1）$\forall a \in H$，有$a^{-1} \in H$ 　　　　　（2）$\forall a，b \in H$，有$a*b \in H$

证明　必要性是显然的。为证明充分性，只须证明G的单位元$e \in H$。

因为H非空，必存在$a \in H$。由条件（1）可知$a^{-1} \in H$，再使用条件（2）有$a*a^{-1} \in H$，即$e \in H$。

定理 4.11　设$<G，*>$是群，H是G的非空子集，则H为G的子群的充分必要条件是：$\forall a，b \in H$，有$a*b^{-1} \in H$。

证明　（必要性证明）$\forall a，b \in H$，由于H为G的子群，必有$b^{-1} \in H$，从而有$a*b^{-1} \in H$。

（充分性证明）因为H非空，必存在$c \in H$。根据给定条件知$c*c^{-1} \in H$，即G的单位元$e \in H$。

$\forall a \in H$，由$e，a \in H$，根据给定条件知$e*a^{-1} \in H$，即$a^{-1} \in H$。

$\forall a，b \in H$，由刚才的证明知$b^{-1} \in H$，再根据给定条件得$a*(b^{-1})^{-1} \in H$，即$a*b \in H$。

综合上面三条，根据子群定义知H为G的子群。

显然，将 $a*b^{-1} \in H$ 改为 $b^{-1}*a \in H$，定理 4.11 照样成立。

定理 4.12 设 $<G, *>$ 是群，H 是 G 的非空子集，如果 H 是有限集，则 H 为 G 的子群的充分必要条件是：$\forall a, b \in H$，有 $a*b \in H$。

证明 必要性是显然的。为证明充分性，只须证明 $\forall a \in H$ 必有 $a^{-1} \in H$。

$\forall a \in H$，根据条件知，a 的任何非负整数幂都属于 H。因 H 是有限集，所以 a 的次数必为有限正整数，设为 m，从而

$$a^{m-1} * a = a * a^{m-1} = a^m = e$$

这说明，$a^{-1} = a^{m-1} \in H$，这里 e 为 G 的单位元。

定理 4.13 设 $<G, *>$ 是群，$\forall a \in G$，则 $H = <a> = \{a^k \mid k \in \mathbf{Z}\}$ 是 G 的子群，称为**由 a 生成的子群**。

证明 $\forall a^m, a^l \in H$，有

$$a^m * (a^l)^{-1} = a^m * a^{-l} = a^{m-l} \in H$$

根据定理 4.11，H 是 G 的子群。

定理 4.14 设 $<G, *>$ 是群，令 C 是 G 中与 G 的所有元素都可交换的元素构成的集合，即

$$C = \{a \mid a \in G \wedge \forall x \in G(a * x = x * a)\}$$

则 C 为 G 的子群，称为 G 的**中心**。

解 首先，由 G 的单位元 e 与 G 的所有元素都可交换知 $e \in C$，从而说明 C 是 G 的非空子集。

$\forall a, b \in C$，为证明 $a*b^{-1} \in C$，只须证明 $a*b^{-1}$ 与 G 中所有元素都可交换。$\forall x \in G$，有

$$(a*b^{-1}) * x = a * b^{-1} * (x^{-1})^{-1} = a * (x^{-1} * b)^{-1} = a * (b * x^{-1})^{-1} = a * (x * b^{-1})$$

$$= (a*x) * b^{-1} = (x*a) * b^{-1} = x * (a*b^{-1})$$

由定理 4.11 知 C 为 G 的子群。

例 4.19 设 $<G, *>$ 是群，H 和 K 是 G 的子群，则

（1）$H \cap K$ 是 G 的子群。

（2）$H \cup K$ 是 G 的子群当且仅当 $H \subseteq K$ 或 $K \subseteq H$。

证明 （1）由 G 的单位元 $e \in H \cap K$ 知，$H \cap K$ 非空。

任取 $a, b \in H \cap K$，则 $a, b \in H$，$a, b \in K$。由于 $<H, *>$ 和 $<K, *>$ 是子群，所以 $a*b^{-1} \in H$，$a*b^{-1} \in K$，从而 $a*b^{-1} \in H \cap K$。这样，根据定理 4.11，命题得证。

（2）充分性显然，下面只证明必要性，用反证法。

假设 $H \nsubseteq K$ 且 $K \nsubseteq H$，那么存在 h 和 k 使得

$$h \in H \wedge h \notin K, \quad k \in K \wedge k \notin H$$

这就推出 $h * k \notin H$。若不然，由 $h^{-1} \in H$ 可得

$$k = h^{-1} * (h * k) \in H$$

与假设矛盾。同理可证 $h * k \notin K$。从而得到 $h * k \notin H \cup K$。这与 $H \cup K$ 是子群矛盾。

4.4.2　陪集

定义 4.15　设$<G, *>$是群，H 为其子群。对 $a \in G$，称集合 $aH = \{a * h \,|\, h \in H\}$ 为子群 H 相应于元素 a 的**左陪集**，称集合 $Ha = \{h * a \,|\, h \in H\}$ 为子群 H 相应于元素 a 的**右陪集**。

一般情况下，左陪集与右陪集不相同，但若是交换群，则它子群的左、右陪集相同。

例 4.20　（1）交换群$<Z_6, +_6>$的非平凡子群$\{0, 2, 4\}$的左陪集有 2 个：$\{0, 2, 4\}$，$\{1, 3, 5\}$，右陪集也有 2 个：$\{0, 2, 4\}$，$\{1, 3, 5\}$。左陪集与右陪集相同。

（2）非交换群$<S_3, \circ>$的非平凡子群$\{\sigma_1, \sigma_2\}$的左陪集有 3 个：$\{\sigma_1, \sigma_2\}$，$\{\sigma_3, \sigma_6\}$，$\{\sigma_4, \sigma_5\}$，右陪集也有 3 个：$\{\sigma_1, \sigma_2\}$，$\{\sigma_3, \sigma_5\}$，$\{\sigma_4, \sigma_6\}$。左陪集与右陪集不相同。

定理 4.15　设$<G, *>$是群，H 为 G 的子群，在集合 G 上定义二元关系：

$$R = \{<a, b> \,|\, a \in G \wedge b \in G \wedge b^{-1} * a \in H\}$$

则 R 是 G 上的等价关系，且其等价类与相应的左陪集相等，即$[a]_R = aH$。

证明　设 e 为 G 的单位元。下面先证明二元关系 R 是 G 上的等价关系。

$\forall a \in G$，由

$$a^{-1} * a = e \in H \Rightarrow <a, a> \in R$$

可知，R 在 G 上是自反的。

$\forall a, b \in G$，由

$$<a, b> \in R \Rightarrow b^{-1} * a \in H \Rightarrow (b^{-1} * a)^{-1} \in H \Rightarrow (a^{-1} * b) \in H \Rightarrow <b, a> \in R$$

可知，R 在 G 上是对称的。

$\forall a, b, c \in G$，由

$$<a, b> \in R \wedge <b, c> \in R \Rightarrow b^{-1} * a \in H \wedge c^{-1} * b \in H$$
$$\Rightarrow ((c^{-1} * b) * (b^{-1} * a)) \in H \Rightarrow (c^{-1} * a) \in H \Rightarrow <a, c> \in R$$

可知，R 在 G 上是传递的。

综上所述，R 是 G 上的等价关系。又因为

$$x \in [a]_R \Leftrightarrow <x, a> \in R \Leftrightarrow a^{-1} * x \in H \Leftrightarrow \exists h(h \in H \wedge a^{-1} * x = h)$$
$$\Leftrightarrow \exists h(h \in H \wedge x = a * h) \Leftrightarrow x \in aH$$

所以，$\forall a \in G$，$[a]_R = aH$。

注意，在定理 4.15 中，将集合 G 上二元关系 R 的定义改为：

$$R = \{<a, b> \,|\, a \in G \wedge b \in G \wedge a * b^{-1} \in H\}$$

则 R 仍然是 G 上的等价关系，不过，此时的等价类与相应的右陪集相等，即$[a]_R = Ha$。

推论 1　设$<G, *>$是群，H 为其子群，则 H 的所有左陪集构成 G 的一个划分，即

（1）$\forall a, b \in G$，有 $aH = bH$ 或 $aH \bigcap bH = \phi$

（2）$\bigcup \{aH \,|\, a \in G\} = G$

对右陪集，相应的推论也成立。

根据定理 4.15 和定理 3.9 可直接得到此推论。

推论 2　设$<G, *>$是群，H 为其子群，则$\forall a, b \in G$ 有

$$a \in bH \Leftrightarrow b^{-1} * a \in H \Leftrightarrow aH = bH$$
$$a \in Hb \Leftrightarrow a * b^{-1} \in H \Leftrightarrow Ha = Hb$$

证明　这里（只证明第一个式子，第二个可同样证明。）$\forall a$，$b \in G$，因为

$$b^{-1} * a \in H \Leftrightarrow <a, b> \in R \Leftrightarrow a \in [b]_R \Leftrightarrow a \in bH$$

$$b^{-1} * a \in H \Leftrightarrow <a, b> \in R \Leftrightarrow [a]_R = [b]_R \Leftrightarrow aH = bH$$

所以第一个式子成立。

定理 4.16　设 $<G$，$*>$ 是群，H 为其子群，则 $\forall a \in G$，集合 H 与左陪集 aH 和右陪集 Ha 等势，即 $H \sim aH$，$H \sim Ha$。

证明　这里只证明 $H \sim aH$，用同样的方法可以证明 $H \sim Ha$。为了证明两个集合等势，我们只须构造一个 $H \to aH$ 的双射函数即可。现定义函数 g：$\forall h \in H$，$g(h) = a * h$。显然，g 是满射函数。如果 h_1，$h_2 \in H$，且 $a * h_1 = a * h_2$，则

$$h_1 = (a^{-1} * a) * h_1 = a^{-1} * (a * h_1) = a^{-1} * (a * h_2) = (a^{-1} * a) * h_2 = h_2$$

所以 g 还是单射函数，从而是双射函数，这就完成了证明。

定理 4.17　设 $<G$，$*>$ 是群，H 为其子群，则 H 的所有左陪集组成的集合 $S_l = \{aH \mid a \in G\}$ 和所有右陪集组成的集合 $S_r = \{Ha \mid a \in G\}$ 等势，即 $S_l \sim S_r$。

证明　为了证明两个集合等势，我们来构造一个 $S_l \to S_r$ 的双射函数。定义 g：

$$\forall aH \in S_l, \ g(aH) = H * a^{-1}$$

（1）g 确实是 $S_l \to S_r$ 的函数。事实上，根据定理 4.15 的推论 2，有

$$aH = bH \Leftrightarrow b^{-1} * a \in H \Leftrightarrow b^{-1} * (a^{-1})^{-1} \in H \Leftrightarrow Hb^{-1} = Ha^{-1}$$

所以 g 是单值的，单射的，故 g 是 $S_l \to S_r$ 的单射函数。

（2）g 是满射。因为 $\forall Ha \in S_r$，$g(a^{-1}H) = H(a^{-1})^{-1} = Ha$。

综合上面的（1）、（2）知 g 是 $S_l \to S_r$ 的双射函数，所以 $S_l \sim S_r$。

定义 4.16　群 $<G$，$*>$ 的子群 H 的左（右）陪集组成的集合的基数称为 H **在 G 中的指数**，记作 $[G:H]$。

对于有限群，H 在 G 中的指数 $[G:H]$ 和群 G 的阶数 $|G|$ 及子群 H 的阶数 $|H|$ 有着密切关系，这就是著名的拉格朗日定理。

定理 4.18（拉格朗日定理）　设 $<G$，$*>$ 是有限群，H 是其子群，则

$$|G| = [G:H] \times |H|$$

即子群的阶数一定是群的阶数的因子。

证明　设 $[G:H] = r$，a_1H，a_2H，$\cdots$，a_rH，分别是 H 的 r 个不同的左陪集，根据定理 4.15 的推论 1 有

$$G = a_1H \bigcup a_2H \bigcup \cdots \bigcup a_rH$$

且这 r 个左陪集是两两不相交的，所以有

$$|G| = |a_1H| + |a_2H| + \cdots + |a_rH|$$

由定理 4.16 可知，$|a_iH| = |H|$，$i = 1$，2，$\cdots$，r，所以

$$|G| = r \times |H| = [G:H] \times |H|$$

推论 1　设 $<G$，$*>$ 是 n 阶群，$\forall a \in G$，则 $|a|$ 是 n 的因子，且有 $a^n = e$。

证明　因为 $<G$，$*>$ 是有限群，所以 a 只能是有限次元，设 $|a| = r$，则 $H = <a> = \{e, a, a^2, \cdots, a^{r-1}\}$ 是 $<G$，$*>$ 的子群，从而根据拉格朗日定理，知 $|a| = r$ 是 n 的因子。既然 $|a|$ 是 n 的因子，那么根据定理 4.9，就有 $a^n = e$。

推论 2 设 $<G, *>$ 是 n 阶群，n 为质数，则存在 $a \in G$，使得 $G = <a>$。

证明 不妨设 $n \geq 2$，因为 n 是质数，所以 n 只有因子 1 和 n。任取不是单位元 e 的元素 $a \in G$，根据推论 1，知 a 的次数是 n 的因子，因 $a \neq e$，所以 a 的次数等于 n。这样，子群 $<a> = \{e, a, a^2, \cdots, a^{n-1}\}$ 的元素个数与 G 的元素个数一样，所以 $G = <a>$。

要注意的是，根据推论 1，有限群的元素次数一定是群的阶数的因子，但反之不一定成立。同样地，根据拉格朗日定理，有限群子群的阶数一定是群的阶数的因子，但反之也不一定成立。

例 4.21 群 $<Z_6, +_6>$ 的阶数是 $|Z_6| = 6$，两个非平凡子群 $\{0, 2, 6\}$，$\{0, 3\}$ 的阶数分别是 3 和 2，满足拉格朗日定理。

4.4.3 正规子群与商群

定义 4.17 设 $<G, *>$ 是群，H 是其子群，如果 $\forall a \in G$ 都有 $aH = Ha$，则称 H 是 G 的**正规子群**。

下面给出有关正规子群的判定定理。

定理 4.19 设 $<G, *>$ 是群，H 是其子群，则

（1）H 是正规子群当且仅当对任意的 $a \in G$，$h \in H$，都有 $a*h*a^{-1} \in H$。

（2）H 是正规子群当且仅当对任意的 $a \in G$，都有 $aHa^{-1} = H$。

证明 我们仅证（1），（2）留给读者去思考。

必要性：任取 $a \in G$，$h \in H$，由 $aH = Ha$ 可知，存在 $h_1 \in H$ 使得 $a*h = h_1*a$，从而有

$$a*h*a^{-1} = h_1*a*a^{-1} = h_1 \in H$$

充分性，即证明 $\forall a \in G$ 有 $aH = Ha$。

任取 $a*h \in aH$，由 $a*h*a^{-1} \in H$ 可知，存在 $h_1 \in H$ 使得 $a*h*a^{-1} = h_1$，从而得 $a*h = h_1*a \in Ha$，这就推出了 $aH \subseteq Ha$。

反之，任取 $h*a \in Ha$，由于 $a^{-1} \in G$，所以也有 $a^{-1}*h*(a^{-1})^{-1} \in H$，故存在 $h_1 \in H$ 使得 $a^{-1}*h*a = h_1$，从而得 $h*a = a*h_1 \in aH$，这就推出了 $Ha \subseteq aH$。

综上所述，$\forall a \in G$，$aH = Ha$。

若将上面定理 4.19 中的 $a*h*a^{-1} \in H$ 改为 $a^{-1}*h*a \in H$，$aHa^{-1} = H$ 改为 $aHa^{-1} = H$ 后，定理照样成立。

显然，任何群 $<G, *>$ 的平凡子群 $\{e\}$ 和 G 都是正规子群；交换群的任一子群都是正规子群。

例 4.22 设 $<G, *>$ 是群，H 是其子群，若 H 在 G 中的指数 $[G:H] = 2$，则 H 是正规子群。

证明 任取 $a \in G$，若 $a \in H$，则 $H \cap aH \neq \phi$，$H \cap Ha \neq \phi$，根据陪集的性质有

$$aH = H = Ha$$

若 $a \notin H$，则 $Ha \neq h$，$H \neq Ha$，根据陪集的性质有

$$H \cap aH = \phi，\quad H \cap Ha = \phi$$

由 $[G:H] = 2$ 可知

$$G = H \cup aH，\quad G = H \cup Ha$$

从而，$aH = G - H = Ha$。从而证明了 H 是群 G 的正规子群。

定理 4.20　设$<G，*>$是群，H 是其正规子群，令 G/H 是 H 在 G 中的全体左陪集（或右陪集）构成的集合，即：

$$G/H = \{aH \mid a \in G\}$$

在 G/H 上定义$\otimes$如下：

$$\forall aH，bH \in G/H，aH \otimes bH = (a*b)H$$

则$<G/H，\otimes>$构成群，称为 G 关于 H 的**商群**。

证明　（1）必须验证$\otimes$确实是 G/H 上的二元运算。即证明若 $aH = xH$，$bH = yH$，有 $aH \otimes bH = xH \otimes yH$。事实上，根据定理 4.15 的推论 2，由 $aH = xH$，$bH = yH$ 可推出 $x^{-1}*a \in H$，$y^{-1}*b \in H$。又因为 H 是 G 的正规子群，所以根据定理 4.19 知 $y^{-1}*(x^{-1}*a)*y \in H$，从而

$$(x*y)^{-1}*(a*b) = y^{-1}*(x^{-1}*a)*b = (y^{-1}*(x^{-1}*a)*y)*(y^{-1}*b) \in H$$

再次利用定理 4.15 的推论 2，我们有$(a*b)H = (x*y)H$，即 $aH \otimes bH = xH \otimes yH$，所以$<G/H，\otimes>$是代数系统。

（2）G/H 对运算$\otimes$满足结合律。事实上，对任意的 $aH，bH，cH \in G/H$，我们有

$$(aH \otimes bH) \otimes cH = (a*b)H \otimes cH = ((a*b)*c)H = (a*(b*c))H$$
$$= aH \otimes (b*c)H = aH \otimes (bH \otimes cH)$$

（3）$<G/H，\otimes>$有单位元 H，对任何元素 aH 有逆元 $a^{-1}H$，所以$<G/H，\otimes>$是群。

例 4.23　（1）$H = \{[0]，[3]\}$ 是群$<Z_6，+>$的正规子群，相应的商群为

$$Z_6/H = \{\{[0]，[3]\}，\{[1]，[4]\}，\{[2]，[5]\}\}$$

（2）$H = \{\sigma_1，\sigma_5，\sigma_6\}$ 是 3 元对称群$< S_3，\circ>$的正规子群，相应的商群为

$$S_3/H = \{\{\sigma_1，\sigma_5，\sigma_6\}，\{\sigma_2，\sigma_3，\sigma_4\}\}$$

4.4.4　群同态与同构

根据定理 4.2，若$<G，*>$，$< H，\bullet>$是群，ϕ 是从 G 到 H 的同态映射，则$<\phi(G)，\bullet>$是$< H，\bullet>$的子群。更进一步，有下面的定理 4.21。

定理 4.21　设 ϕ 是群$<G，*>$到群$< H，\bullet>$的同态映射，N 是 G 的子群，则

（1）$\phi(N)$ 是 H 的子群。

（2）若 N 是 G 的正规子群，且 ϕ 是满同态，则 $\phi(N)$ 是 H 的正规子群。

证明　（1）设 e 是 G 的单位元，则 $\phi(e) \in \phi(N)$ 是 $\phi(G)$ 的单位元，当然也是 $\phi(N)$ 的单位元；另外，$\forall \phi(a)，\phi(b) \in \phi(N)$，有 $\phi(a) \bullet \phi(b) = \phi(a*b) \in \phi(N)$，即满足封闭性；$\forall \phi(a) \in \phi(N)$，有逆元 $\phi(a^{-1}) \in \phi(N)$。所以，$\phi(N)$ 是 H 的子群。

（2）$\forall x \in \phi(N)$，存在 $a \in N$，使得 $\phi(a) = x$，$\forall y \in H$，因为 ϕ 是满同态，所以也存在 $b \in G$ 使得 $\phi(b) = y$，所以

$$y \bullet x \bullet y^{-1} = \phi(b) \bullet \phi(a) \bullet \phi(b)^{-1} = \phi(b) \bullet \phi(a) \bullet \phi(b^{-1}) = \phi(b*a*b^{-1})$$

因为 N 是正规子群，所以 $b*a*b^{-1} \in N$，因此 $y \bullet x \bullet y^{-1} \in \phi(N)$，根据正规子群的判定定理，知 $\phi(N)$ 是 H 的正规子群。

定义 4.18　设 ϕ 是从群$<G，*>$到群$< H，\bullet>$的同态映射，e' 是 H 的单位元，称

$$\ker(\phi) = \{x \mid x \in G \wedge \phi(x) = e'\}$$

为**同态核**。

定理 4.22　设 ϕ 是从群$<G，*>$到群$< H，\bullet>$的同态映射，e 为 G 的单位元，则

（1）同态核 ker(ϕ)是 G 的正规子群。　　　（2）ϕ 是单同态当且仅当 ker(ϕ) = {e}。

证明　（1）因为 $e \in$ ker(ϕ)，所以 ker(ϕ)非空，$\forall a, b \in$ ker(ϕ)，设 e' 为 H 的单位元，则

$$\phi(a*b^{-1}) = \phi(a) \cdot \phi(b^{-1}) = \phi(a) \cdot \phi(b)^{-1} = e' \cdot e' = e'$$

因此 $a*b^{-1} \in$ ker(ϕ)，根据子群的判定定理，知 ker(ϕ)是 G 的子群。

下面证明 ker(ϕ)是正规子群。$\forall x \in$ ker(ϕ)，$\forall y \in G$，则

$$\phi(y*x*y^{-1}) = \phi(y) \cdot \phi(x) \cdot \phi(y^{-1}) = \phi(y) \cdot e' \cdot \phi(y^{-1}) = \phi(y*y^{-1}) = \phi(e) = e'$$

所以 $y*x*y^{-1} \in$ ker(ϕ)，根据正规子群的判定定理，知 ker(ϕ)是 G 的正规子群。

（2）必要性：根据函数的单射定义即得。

充分性：$\forall a, b \in G$，根据 ker(ϕ) = {e}有

$$\phi(a) = \phi(b) \Rightarrow \phi(b)^{-1} \cdot \phi(a) = e' \Rightarrow \phi(b^{-1}*a) = e' \Rightarrow b^{-1}*a = e \Rightarrow a = b$$

这就表明 ϕ 是单同态的。

定理 4.23（群同态基本定理） 设<G, *>是群。

（1）若 N 是 G 的正规子群，则商群<G/H, $\otimes$>是<G, *>的同态像。

（2）若群<H, ·>是<G, *>的同态像，则商群<$G/$ker(ϕ), $\otimes$>同构于<H, ·>。

证明　（1）定义自然映射 ϕ: $G \rightarrow G/N$ 如下：

$$\phi(a) = aN, \forall a \in G$$

易知它是从群 G 到商群 G/N 的同态，称为**自然同态**。且 ϕ 是满同态映射，即 G/N 是 G 的同态像，

（2）设 G 到其同态像 H 的映射为 f, $K =$ ker(f)，e' 为 H 的单位元，定义 g:$G/K \rightarrow H$ 如下：

$$g(aK) = f(a), \forall aK \in G/K$$

因为

$$aK = bK \Leftrightarrow b^{-1}*a \in K \Leftrightarrow f(b^{-1}*a) = e' \Leftrightarrow f(b)^{-1} \cdot f(a) = e'$$
$$\Leftrightarrow f(a) = f(b) \Leftrightarrow g(aK) = g(bK)$$

这就证明了 g 是单值的，即 g 是一个映射，同时又证明了 g 是单射。

因为 f 是从 G 到其同态像 H 的映射，所以不难证明 g 是满同态映射，加上上面证明的单射性知 g 是同构映射，即商群 $G/$ker(ϕ)同构于 H。

习题 4.4

1．给出群<Z_8, $+_8$>的全部子群。

2．设<G, *>是群，H 是其子群，任给 $a \in G$，令

$$aHa^{-1} = \{a*h*a^{-1} \mid h \in H\}$$

证明 aHa^{-1} 是 G 的子群（称为 H 的**共轭子群**）。

3．设<G, *>是群，H 是 G 的子集，证明 H 是 G 的子群当且仅当 $H^2 = H$，$H^{-1} = H$，这里

$$H^2 = \{h_1*h_2 \mid h_1, h_2\} \qquad H^{-1} = \{h^{-1} \mid h \in H\}$$

4．集合 Z_{20} = {0, 1, 2···, 19}在"模 20 加法$+_{20}$"下构成群。设 H 是由元素 5 生成的 Z_{20} 的子群。

（1）求 H 的每个元素及其次数。　　　　（2）求 H 在 Z_{20} 中的所有左陪集。

5．求 12 阶循环群 $G = \{e,\ a,\ a^2,\ a^3,\ a^4,\ \cdots a^{11}\}$ 的子群 $H = \{e,\ a^4,\ a^8\}$ 在 G 中的所有左陪集。

6．证明 6 阶群必含有 3 次元。

7．证明偶数阶群必含 2 次元。

8．设 i 为虚数单位，即 $i^2 = -1$，令

$$G = \left\{ \pm\begin{bmatrix} 1 & 0 \\ 0 & 1 \end{bmatrix},\ \pm\begin{bmatrix} i & 0 \\ 0 & -i \end{bmatrix},\ \pm\begin{bmatrix} 0 & 1 \\ -1 & 0 \end{bmatrix},\ \pm\begin{bmatrix} 0 & i \\ i & 0 \end{bmatrix} \right\}$$

证明 G 在矩阵乘法下构成群 $<G,\ \times>$，并

（1）给出 G 的运算表。　　　　　　　　（2）找出 G 的所有子群。

（3）证明 G 的所有子群都是正规子群。

9．设 $<G,\ *>$ 是群，H 和 K 是其子群，若 H 或 K 是正规子群，则 $HK = KH$，其中

$$HK = \{h * k \mid h \in H \wedge k \in K\}, \qquad KH = \{k * h \mid k \in K \wedge h \in H\}.$$

10．设 $<G,\ *>$ 是群，H 是其子群，证明 H 是正规子群当且仅当对任意的 $a \in G$，都有 $aHa^{-1} = H$。

11．令 $G = <Z,\ +>$ 是整数加群。求商群 $Z/4Z$，$Z/12Z$ 和 $4Z/12Z$，其中，集合 $4Z = \{4 \times z \mid z \in Z\}$，$12Z = \{12 \times z \mid z \in Z\}$。

12．设 $<G,\ *>$ 是群，定义映射 $\varphi: G \to G$ 为 $\varphi(x) = x^{-1}$，证明 φ 是 G 的自同构当且仅当 G 是交换群。

13．设 $<G,\ *>$ 和 $<H,\ \cdot>$ 分别是 m 阶群和 n 阶群，若从 G 到 H 存在单同态，证明 $m \mid n$，即 m 是 n 的因子。

14．设 φ 是从群 $<G,\ *>$ 到群 $<H,\ \cdot>$ 的同态映射，对任意的 $a \in G$，记 $b = \varphi(a)$，试问 b 和 a 的次数是否一定相同？如果不同，它们之间有何关系？

4.5　循环群、置换群

本节介绍两种特殊的群：循环群和置换群，它们是群中被研究得最彻底的两种群。

4.5.1　循环群

定义 4.19　设 $<G,\ *>$ 是群，若 $\exists a \in G$，使得 $\forall x \in G$，都有 $x = a^k$（k 为整数），则称 $<G,\ *>$ 是**循环群**，a 为这个循环群的**生成元**，并记为 $G = <a>$。

显然，循环群一定是交换群。循环群 $G = <a>$ 按生成元的次数可以分为两类：n 阶循环群和无限循环群。

若 a 是 n 次元，则 $G = <a>$ 是 n 阶循环群，此时
$$G = <a> = \{a^0 = e,\ a^1,\ a^2,\ \cdots,\ a^{n-1}\}$$

若 a 是无限次元，则 $G = <a>$ 是无限循环群，此时
$$G = <a> = \{a^0 = e,\ a^{\pm 1},\ a^{\pm 2},\ \cdots\}$$

定理 4.24　设 $G = <a>$ 是循环群，$a^0 = e$ 为单位元。

（1）若 a 是无限次元，即 $G = \{e,\ a^{\pm 1},\ a^{\pm 2},\ \cdots\}$，则 G 中只有两个生成元，为 a 和 a^{-1}。

（2）若 a 是 n 次元，即 $G = \{a^0 = e,\ a^1,\ a^2,\ \cdots,\ a^{n-1}\}$，则 $a^k (1 \leqslant k \leqslant n,\ a^n = e)$ 是生成元的充要条件是 k 与 n 互质。即 G 中只有 $\varphi(n)$ 个生成元，这里 $\varphi(n)$ 是欧拉函数，它是小于或等于 n 且与 n 互质的正整数的个数。

证明 （1）因为 $G = \{a^0 = e,\ a^{\pm 1},\ a^{\pm 2},\ \cdots\}$，所以 a 和 a^{-1} 显然是 G 的生成元。下面的证明 G 的生成元只有 a 和 a^{-1}。

若 a^k 是生成元，则因为 $a \in G$，所以存在整数 r 使得 $a = (a^k)^r = a^{k \times r}$，根据 G 中的消去律，得到 $a^{k \times r - 1} = e$。又由于 a 是无限次元，所以必有 $k \times r = 1$，从而证明了 $k = r = 1$ 或 $k = r = -1$，即 a^k 是 a 或 a^{-1}。所以，G 的生成元只有 a 和 a^{-1}。

（2）用 $<a^k>$ 表示 a^k 的所有幂组成的集合，显然，$<a^k> \subseteq <a> = G$，而 $|G| = n$。

根据定理 4.9，a^k 的次数为 $\dfrac{\mathrm{lcm}(k, n)}{k}$，这里 $\mathrm{lcm}(k, n)$ 是 k 与 n 的最小公倍数。当 k 与 n 互质时，a^k 的次数是 n，则 $|<a^k>| = n$，所以 $<a^k> = G$，即 a^k 是 G 的生成元；当 k 与 n 不互质时，a^k 的次数小于 n，则 $|<a^k>| < n$，所以 $<a^k> \subset G$，即 a^k 不是 G 的生成元。

例 4.24 （1）$<Q, +>$，$<R, +>$ 都是交换群，但都不是循环群，$<Z, +>$ 是无限循环群，1 和 -1 是其生成元。

（2）设 $G = 3Z = \{3 \times n \mid n \in Z\}$，$G$ 上的运算是普通加法，则 G 是无限阶循环群，3 和 -3 是其生成元。

（3）$<Z_6, +_6>$ 是 6 阶循环群，令 $a = 1$，则 $Z_6 = <a>$，$|a| = 6$。小于等于 6 且与 6 互质的正整数是 1 和 5，根据定理 4.24，$a = 1$ 和 $a^5 = 5$ 是其生成元。

考察 $a^5 = 5$，根据定理 4.9，元素 5 的次数为 $\dfrac{\mathrm{lcm}(5, 6)}{6} = 6$，即 5 可生成 6 个不同元素：$5^0 = 5$，$5^1 = 5$，$5^2 = 4$，$5^3 = 3$，$5^4 = 2$，$5^5 = 1$，$5^6 = 0$，$\cdots$。这表明元素 5 确实是生成元。

再考察 $a^3 = 3$，根据定理 4.9，元素 3 的次数为 $\dfrac{\mathrm{lcm}(3, 6)}{3} = 2$，即 3 只生成 2 个不同元素：$3^0 = 0$，$3^1 = 3$，$3^2 = 0$，$3^3 = 3$，$3^4 = 0$，$3^5 = 3$，$\cdots$。这表明元素 3 确实不是生成元。

（4）设 $G = \{e,\ a,\ a^2,\ \cdots a^{11}\}$ 是 12 阶循环群，即 $|a| = 12$。小于或等于 12 且与 12 互质的正整数是 1，5，7，11，根据定理 4.24，a，a^5，a^7，a^{11} 是 G 的生成元。

根据拉格朗日定理的推论 2，任何质数阶群都是循环群。

例 4.25 若 G 是 n 阶循环群，则对 n 的任何因子 m，都有 G 的元素 c，使得 $|c| = m$。

证明 不妨设 $G = <a>$，$n = m \times k$，根据定理 4.9，知 a^k 的次数等于 $\dfrac{\mathrm{lcm}(k, n)}{k} = m$，即 $|a^k| = m$。命题得证。

4.5.2 置换群

定义 4.20 设 $S = \{1,\ 2,\ \cdots,\ n\}$ 为 n 个元素的集合，S 上的双射函数 $\sigma : S \to S$ 称为 S 上的 **n 元置换**，n 元置换一般记为

$$\sigma = \begin{pmatrix} 1 & 2 & \cdots & n \\ \sigma(1) & \sigma(2) & \cdots & \sigma(n) \end{pmatrix}$$

例 4.26　设 $S = \{1, 2, 3\}$，则 S 上的 3 元置换共有 3！＝6 个，如下所示：

$$\sigma_1 = \begin{bmatrix} 1 & 2 & 3 \\ 1 & 2 & 3 \end{bmatrix}, \quad \sigma_2 = \begin{bmatrix} 1 & 2 & 3 \\ 2 & 1 & 3 \end{bmatrix}, \quad \sigma_3 = \begin{bmatrix} 1 & 2 & 3 \\ 3 & 2 & 1 \end{bmatrix}$$

$$\sigma_4 = \begin{bmatrix} 1 & 2 & 3 \\ 1 & 3 & 2 \end{bmatrix}, \quad \sigma_5 = \begin{bmatrix} 1 & 2 & 3 \\ 2 & 3 & 1 \end{bmatrix}, \quad \sigma_6 = \begin{bmatrix} 1 & 2 & 3 \\ 3 & 1 & 2 \end{bmatrix}$$

根据定理 3.14，函数的复合满足结合律；又根据定理 3.15，双射函数的复合仍然是双射函数，于是有如下结论。

定义 4.21　设 σ 和 τ 是 $S = \{1, 2, \cdots, n\}$ 上的 n 元置换，则 σ 和 τ 的复合 $\sigma \circ \tau$ 也是 S 上的 n 元置换，称为 σ 与 τ 的**乘积**，记作 $\sigma\tau$。若用 S_n 表示 S 上所有置换组成的集合，则 S_n 关于置换的乘法构成群，称为 n **元对称群**。

例 4.27　5 元置换

$$\sigma = \begin{bmatrix} 1 & 2 & 3 & 4 & 5 \\ 5 & 3 & 2 & 1 & 4 \end{bmatrix} \qquad \tau = \begin{bmatrix} 1 & 2 & 3 & 4 & 5 \\ 4 & 3 & 1 & 2 & 5 \end{bmatrix}$$

的乘积

$$\sigma\tau = \begin{bmatrix} 1 & 2 & 3 & 4 & 5 \\ 5 & 1 & 3 & 4 & 2 \end{bmatrix} \qquad \tau\sigma = \begin{bmatrix} 1 & 2 & 3 & 4 & 5 \\ 1 & 2 & 5 & 3 & 4 \end{bmatrix}$$

例 4.28　例 4.26 给出了集合 $S = \{1, 2, 3\}$ 上的所有置换 σ_1，σ_2，σ_3，σ_4，σ_5，σ_6，共 3！＝6 个。设 $S_3 = \{\sigma_1, \sigma_2, \sigma_3, \sigma_4, \sigma_5, \sigma_6\}$，则 $<S_3, \circ>$ 构成群，即 3 元对称群，这个群的运算表如表 4.5 所示。

表4.5　　　　　　　　　　　　　　$<S_3, \circ>$的运算表

$\circ$	σ_1	σ_2	σ_3	σ_4	σ_5	σ_6
σ_1	σ_1	σ_2	σ_3	σ_4	σ_5	σ_6
σ_2	σ_2	σ_1	σ_5	σ_6	σ_3	σ_4
σ_3	σ_3	σ_6	σ_1	σ_5	σ_4	σ_2
σ_4	σ_4	σ_5	σ_6	σ_1	σ_2	σ_3
σ_5	σ_5	σ_4	σ_2	σ_3	σ_6	σ_1
σ_6	σ_6	σ_3	σ_4	σ_2	σ_1	σ_5

从表中可以看出，σ_1 是单位元，每个元都有逆元，元素 σ_1，σ_2，σ_3，σ_4，σ_5，σ_6 的逆元分别是 σ_1，σ_2，σ_3，σ_4，σ_6，σ_5，次数分别为 1，2，2，2，3，3。

定义 4.22　n 元对称群的任何子群称为 n **元置换群**。

例 4.29　3 元对称群 $<S_3, \circ>$ 的四个非平凡子群是：$\{\sigma_1, \sigma_2\}$，$\{\sigma_1, \sigma_3\}$，$\{\sigma_1, \sigma_4\}$，$\{\sigma_1, \sigma_5, \sigma_6\}$，两个平凡子群是 S_3 和 $\{\sigma_1\}$，它们都是 3 元置换群。

定理 4.25　任何有限群都同构于一个置换群。

证明　设 $<G, *>$ 是一个 n 阶有限群，e 是 $<G, *>$ 的单位元。$\forall a \in G$，用元 a 定义一个 $G \rightarrow G$ 的函数 f_a：

$$f_a(x) = x * a, \ \forall x \in G$$

则 f_a 是 G 上的一个置换，即它是双射。事实上，因为群$<G, *>$满足可消去性，所以由 $f_a(x_1) = f_a(x_2) \Rightarrow x_1 = x_2$，所以 f_a 是单射；$\forall y \in G$，存在 $y * a^{-1} \in G$，使得 $f_a(y * a^{-1}) = y * a^{-1} * a = y$，所以$f_a$是满射。

令 $H = \{f_a \mid a \in G\}$，则它是 n 元对称群集合 S_n 的子集。下面证明它在复合运算。下构成群，即$<H, \circ>$是n阶置换群。事实上，因为

$$f_a \circ f_b(x) = f_b(f_a(x)) = f_b(x * a) = (x * a) * b = x * (a * b) = f_{a*b}(x),$$

即 $f_a \circ f_b(x) \in H$，满足封闭性。且f_e是$<H, \circ>$的单位元，H中的任何元素f_a都有逆元 $f_{a^{-1}}$，所以$<H, \circ>$是 n 元对称群$<S_n, \circ>$的一个子群，即它是一个 n 元置换群。

最后，定义映射 g：$G \to H$ 如下：

$$g(a) = f_a, \ \forall a \in G$$

下面证明 g 是一个同构映射。事实上，g 显然是一个映射，且由于

$$g(a * b) = f_{a*b} = f_a \circ f_b = g(a) \circ g(b)$$

所以 g 是一个同态映射。又由于$<G, *>$满足可消去性，所以，

$$g(a) = g(b) \Rightarrow f_a = f_b \Rightarrow f_a(x) = f_b(x), \ \forall x \in G \Rightarrow x * a = x * b, \ \forall x \in G \Rightarrow a = b,$$

即 g 是单射，再加上 g 显然是满射，所以 g 是同构映射。

例 4.30 如图 4.1 所示，一个 2×2 的方格棋盘可以围绕它的中心进行旋转，也可以围绕它的对称轴进行翻转，但经过旋转或翻转后仍要与原来的方格重合（方格中的数字可以改变）。如果把每种旋转或翻转看作是作用在$\{1, 2, 3, 4\}$上的置换，求所有这样的置换，并证明它构成一个置换群。

解 所有的这样的置换如下：

$\sigma_1 = (1)$ 恒等置换

$\sigma_2 = (1\ 2\ 3\ 4)$ 逆时针旋转 $90°$

$\sigma_3 = (1\ 3)(2\ 4)$ 逆时针旋转 $180°$

$\sigma_4 = (1\ 4\ 3\ 2)$ 逆时针旋转 $270°$

$\sigma_5 = (1\ 2)(3\ 4)$ 围绕垂直轴翻转 $180°$

$\sigma_6 = (1\ 4)(2\ 3)$ 围绕水平轴翻转 $180°$

$\sigma_7 = (2\ 4)$ 围绕对角线轴翻转 $180°$

$\sigma_8 = (1\ 3)$ 围绕另一个对角线轴翻转 $180°$

1	2
4	3

图 4.1 构造一个置换群

令 D_4 是这 8 个置换组成的集合，它的运算表（相对于置换乘法）如表 4.6 所示。

表4.6 $<D_4, \circ>$的运算表

$\circ$	σ_1	σ_2	σ_3	σ_4	σ_5	σ_6	σ_7	σ_8
σ_1	σ_1	σ_2	σ_3	σ_4	σ_5	σ_6	σ_7	σ_8
σ_2	σ_2	σ_3	σ_4	σ_1	σ_7	σ_8	σ_6	σ_5
σ_3	σ_3	σ_4	σ_1	σ_2	σ_6	σ_5	σ_8	σ_7
σ_4	σ_4	σ_1	σ_2	σ_3	σ_8	σ_7	σ_5	σ_6

$\circ$	σ_1	σ_2	σ_3	σ_4	σ_5	σ_6	σ_7	σ_8
σ_5	σ_5	σ_8	σ_6	σ_7	σ_1	σ_3	σ_4	σ_2
σ_6	σ_6	σ_7	σ_5	σ_8	σ_3	σ_1	σ_2	σ_4
σ_7	σ_7	σ_5	σ_8	σ_6	σ_2	σ_4	σ_1	σ_3
σ_8	σ_8	σ_6	σ_7	σ_5	σ_4	σ_2	σ_3	σ_1

从表中可以看出，运算满足封闭性，σ_1 是单位元，且

$$\sigma_1^{-1} = \sigma_1, \quad \sigma_2^{-1} = \sigma_4, \quad \sigma_3^{-1} = \sigma_3, \quad \sigma_4^{-1} = \sigma_2$$
$$\sigma_5^{-1} = \sigma_5, \quad \sigma_6^{-1} = \sigma_6, \quad \sigma_7^{-1} = \sigma_7, \quad \sigma_8^{-1} = \sigma_8$$

即每个元都有逆元。又因为置换乘法满足结合律，所以 D_4 在置换乘法下构成群。它显然是 4 阶对称群的子群，即 4 元置换群。

习题 4.5

1．证明循环群一定是交换群，举例说明交换群不一定是循环群。

2．证明由 1 的 n 次复根的全体所组成的集合在复数的乘法下构成 n 阶循环群。

3．阶数为 5，6，14，15 的循环群的生成元分别有多少个？

4．设 $G = \{1, 5, 7, 11\}$，对于 G 上的二元运算"模 12 乘法 $\times_{12}$"：

$$i \times_{12} j = (i \times j) (\bmod 12)$$

（1）证明 $<G, \times_{12}>$ 构成群。　　（2）求出 $<G, \times_{12}>$ 的所有子群。

（3）求 G 中每个元素的次数。　　（4）$<G, \times_{12}>$ 是循环群吗？

5．设 $G = <a>$ 是循环群，$H = <a^s>$ 和 $K = <a^t>$ 是它的两个子群。证明 $H \cap K = <a^u>$，这里 $u = \mathrm{lcm}(s, t)$ 是 s 和 t 的最小公倍数。

6．设 φ 是从群 $<G, *>$ 到群 $<H, \bullet>$ 的同态映射，证明若 G 是循环群，则 $\varphi(G)$ 也是循环群。

7．设 5 阶置换为

$$\alpha = \begin{bmatrix} 1 & 2 & 3 & 4 & 5 \\ 2 & 3 & 1 & 5 & 4 \end{bmatrix} \qquad \beta = \begin{bmatrix} 1 & 2 & 3 & 4 & 5 \\ 1 & 3 & 4 & 5 & 2 \end{bmatrix}$$

计算 $\alpha\beta$，$\beta\alpha$，α^{-1}，$\alpha^{-1}\beta\alpha$，$\beta^{-1}\alpha\beta$。

8．设 $S = \{1, 2, 3, 4\}$，写出 S 上的所有 4 元置换。

9．列出 4 元对称群 $<S_4, \circ>$ 的运算表，求出单位元，每个元的逆元，每个元的次数以及它的所有子群。

4.6　环 与 域

环和域是具有两个二元运算的代数系统，习惯上，我们用＋（加法）和×（乘法）表示，但实际上这里的＋和×是抽象意义下的两个二元运算，并不是不同意义下的加法和乘法运算。

4.6.1 环

定义 4.23 设 $<R, +, \times>$ 是代数系统，$+$ 和 $\times$ 是 R 上的二元运算。如果满足以下 3 个条件：
（1）$<R, +>$ 构成交换群；　（2）$<R, \times>$ 构成半群；
（3）运算 $\times$ 关于运算满足分配律，则称 $<R, +, \times>$ 是**环**。

为了区别环中的两个运算，通常称运算 $+$ 为环中的加法，运算 $\times$ 为环中的乘法。

为了今后叙述方便，将环中加法的单位元记作 0，如果乘法的单位元存在的话，则记作 1。对任何环中的元素 x，称 x 的加法逆元为**负元**，记作 $-x$。若 x 存在乘法逆元的话，则称它为**逆元**，记作 x^{-1}。类似地，针对环中的加法，用 $x - y$ 表示 $x + (-y)$，nx 表示 $\underbrace{x + x + \cdots + x}_{n \uparrow x}$，即 x 的 n 次加法幂，而 n 次乘法幂仍用 x^n 表示，并且在不引起混淆的情况下用 xy 表示 $x \times y$。

例 4.31　（1）整数集 Z、有理数集 Q、实数集 R 和复数集 C 关于普通的加法和乘法构成环 $<Z, +, \times>$，$<Q, +, \times>$，$<R, +, \times>$ 和 $<C, +, \times>$，分别称为**整数环、有理数环、实数环和复数环**。

（2）n 阶（$n \geqslant 2$）实矩阵集合 $M_n(R)$ 关于矩阵加法和乘法构成环 $<M_n(R), +, \times>$，称为 **n 阶实矩阵环**。

（3）集合 A 的幂集 $p(A)$ 关于集合的对称差运算和并运算构成环 $<p(A), \oplus, \bigcup>$。

（4）$Z_m = \{0, 1, \cdots, m-1\}$ 关于模 m 加法 $+_m$ 和模 m 乘法 $\times_m$ 构成环 $<Z_m, +_m, \times_m>$，称为**模 m 的整数环**。

例 4.32　设 $<R, +, \times>$ 是环，则
（1）$\forall a \in R$，$a0 = 0a = 0$
（2）$\forall a_1, a_2, \cdots, a_n, b_1, b_2, \cdots, b_m \in R$ 有

$$\left(\sum_{i=1}^{n} a_i\right)\left(\sum_{j=1}^{m} b_j\right) = \sum_{i=1}^{n}\sum_{j=1}^{m}(a_i b_j)$$

证明　（1）$\forall a \in R$ 有
$$a0 = a(0+0) = a0 + a0$$
因为 $<R, +>$ 构成群，从而满足消去律，所以有 $a0 = 0$。同理可证 $0a = 0$。
（2）先证 $\forall a_1, a_2, \cdots, a_n, b \in R$ 有

$$\left(\sum_{i=1}^{n} a_i\right)b = \sum_{i=1}^{n}(a_i b)$$

对 n 进行归纳证明。当 $n = 1$ 时，等式显然成立。

假设 $\left(\sum_{i=1}^{n} a_i\right)b = \sum_{i=1}^{n}(a_i b)$ 成立，则有

$$\left(\sum_{i=1}^{n+1} a_i\right)b = \left(\sum_{i=1}^{n} a_i + a_{n+1}\right)b$$

$$= \left(\sum_{i=1}^{n} a_i\right)b + a_{n+1}b$$

$$= \sum_{i=1}^{n}(a_ib) + a_{n+1}b = \sum_{i=1}^{n+1}(a_ib)$$

由归纳法，命题得证。

同理可证，$\forall b_1,\ b_2,\ \cdots,\ b_m,\ a \in R$ 有

$$a\left(\sum_{j=1}^{m} b_j\right) = \sum_{j=1}^{m}(ab_j)$$

于是

$$\left(\sum_{i=1}^{n} a_i\right)\left(\sum_{j=1}^{m} b_j\right) = \sum_{i=1}^{n}(a_i\sum_{j=1}^{m} b_j)) = \sum_{i=1}^{n}\sum_{j=1}^{m}(a_ib_j)$$

例 4.33　在环中计算 $(a+b)^3$，$(a-b)^2$。

解
$$(a+b)^3 = (a+b)(a+b)(a+b)$$
$$= (a^2 + ba + ab + b^2)(a+b)$$
$$= a^3 + ba^2 + aba + b^2a + a^2b + bab + ab^2 + b^3$$
$$(a-b)^2 = (a-b)(a-b)$$
$$= a^2 - ba - ab + b^2$$

4.6.2　整环与域

定义 4.24　设 $<R,\ +,\ \times>$ 是环。

（1）若环中乘法 $\times$ 满足交换律，则称 $<R,\ +,\ \times>$ 是**交换环**。

（2）若环中乘法 $\times$ 存在单位元，则称 $<R,\ +,\ \times>$ 是**有么环**。

（3）若 $\forall a,\ b \in R,\ ab = 0 \Rightarrow a = 0 \lor b = 0$，则称 $<R,\ +,\ \times>$ 是**无零因子环**。

（4）若既是交换环、有么环，又是无零因子环，则称 $<R,\ +,\ \times>$ 是**整环**。

例 4.34　（1）整数环 $<Z,\ +,\ \times>$，有理数环 $<Q,\ +,\ \times>$，实数环 $<R,\ +,\ \times>$ 和复数环 $<C,\ +,\ \times>$ 都是交换环、有么环、无零因子环和整环。

（2）令 $2Z = \{2z \mid z \in Z\}$，则 $2Z$ 关于普通的加法和乘法构成交换环和无零因子环。但不是有么环和整环，因为 $1 \notin 2Z$。

（3）$n\,(n \geq 2)$ 阶实矩阵环 $<M_n(R),\ +,\ \times>$ 是有么环，但不是交换环和无零因子环，也不是整环。

例 4.35　模 6 整数环 $<Z_6,\ +_6,\ \times_6>$ 是交换环、有么环，但不是无零因子环和整环。因为 $2 \times_6 3 = 0$，但 2 和 3 都不是 0。通常称 2 为 Z_6 中的**左零因子**，3 为 Z_6 中的**右零因子**。类似地，因为 $3 \times_6 2 = 0$，所以 3 也是左零因子，2 也是右零因子，因此它们都是**零因子**。

一般来说，对于模 m 的整数环 $<Z_m,\ +_m,\ \times_m>$。若 m 不是质数，则存在正整数 $s,\ t\,(2 \leq s,\ t \leq m)$，使得 $m = s \times t$。这样就得到 $s \times_m t = 0$，即 $s,\ t$ 是 Z_m 的零因子，从而，Z_m 不是无

零因子环，也不是整环。

反之，若$<Z_m, +_m, \times_m>$不是整环，因它是交换环和有么环，所以就一定不是无零因子环。这就意味着存在 $a, b \in Z_m$，且 $a \neq 0$，$b \neq 0$，使得 $a \times_m b = 0$，根据模 m 乘法定义得 m 整除 $a \times b$。这样 m 肯定不是质数，若不然，必有 m 整除 a 或 m 整除 b，由于 $0 \leq a \leq m-1$，$0 \leq b \leq m-1$，所以 $a = 0$ 或 $b = 0$，矛盾。

通过上面的分析可以得到这样一个结论：$<Z_m, +_m, \times_m>$是整环，当且仅当 m 是质数。

下面的定理给出了一个环是无零因子环的充分必要条件。

定理 4.26 设$<R, +, \times>$是环，则它是无零因子环，当且仅当$<R, +, \times>$中的乘法满足消去律，即 $\forall a, b, c \in R$，$a \neq 0$，有

$$ab = ac \Rightarrow b = c \qquad ba = ca \Rightarrow b = c$$

证明 充分性：任取 $\forall a, b \in R$，$ab = 0$，且 $a \neq 0$，则由

$$ab = 0 = a0$$

和消去律，得 $b = 0$，这就证明了$<R, +, \cdot>$无右零因子。同理可证$<R, +, \cdot>$无左零因子，从而$<R, +, \cdot>$是无零因子环。

必要性：任取 $\forall a, b, c \in R$，$a \neq 0$，由 $ab = ac$ 得

$$a(b - c) = 0$$

由于$<R, +, \times>$是无零因子环且 $a \neq 0$，必有 $b - c = 0$，即 $b = c$。这就证明了左消去律成立。同理可证右消去律也成立。

定义 4.25 设$<R, +, \cdot>$是整环，且 R 中至少含有两个元素。若 $\forall a \in R^* = R - \{0\}$，都有逆元 $a^{-1} \in R$，则称$<R, +, \cdot>$是**域**。

例如，有理数环$<Q, +, \times>$，实数环$<R, +, \times>$和复数环$<C, +, \times>$都是域，分别称为**有理数域**、**实数域**和**复数域**。但整数环$<Z, +, \times>$不是域，因为并不是对于任意的非零整数 $x \in Z$ 都有 $\dfrac{1}{x} \in Z$。对于模 m 整数环 Z_m，若 m 是质数，可以证明 Z_m 是域。

习题 4.6

1. 设 $A = \{a + bi \mid a, b \in Z, i^2 = -1\}$。证明 A 关于复数的加法和乘法构成环，称为**高斯整数环**。

2. 设 $f(x) = a_0 + a_1 x + a_2 x^2 + \cdots + a_n x^n$，$a_1, a_2, \cdots, a_n$ 为实数，称 $f(x)$ 为实数域上的 n 次多项式。令

$$A = \{f(x) \mid f(x) \text{为实数域上的 } n \text{ 次多项式}, n \in N\}$$

证明 A 关于多项式的加法和乘法构成环，称为**实数域上的多项式环**。

3. 判断下列集合和给定运算是否构成环、整环和域。如果不能构成，请说明理由。

（1）$A = \{a + bi \mid a, b \in Q, i^2 = -1\}$，运算为复数的加法和乘法。

（2）$A = \{2z + 1 \mid z \in Z\}$，运算为实数的加法和乘法。

（3）$A = \{2z \mid z \in Z\}$，运算为实数的加法和乘法。

（4）$A = \{x \mid x \geq 0 \wedge x \in Z\}$，运算为实数的加法和乘法。

（5）$A = \{a + b\sqrt[4]{5} \mid a，b \in Q\}$，运算为实数的加法和乘法。

4．设 a 和 b 是含么环中的两个可逆元，证明：

（1）$-a$ 可逆，且 $(-a)^{-1} = a^{-1}$。

（2）ab 可逆，且 $(ab)^{-1} = b^{-1}a^{-1}$。

5．在域 $<Z_5，+_5，\times_5>$ 中解下列方程和方程组：

（1）$3x = 2$

（2）$\begin{cases} x + 2z = 1 \\ y + 2z = 2 \\ 2x + y = 1 \end{cases}$

4.7　格与布尔代数

格与布尔代数是又一类代数结构，在计算机科学中有十分重要的作用，可直接用于开关理论和逻辑电路设计、密码学和计算机理论科学等。我们在这一节首先介绍格。

4.7.1　格

一般地，对偏序集 $<X，\preceq>$ 中的任一对元素 a 和 b，下确界 $\inf(a，b)$ 和上确界 $\sup(a，b)$ 不一定存在。本节讨论一种特殊的偏序集——格，它对 X 中的任意两个元素 a 和 b，$\inf(a，b)$ 和 $\sup(a，b)$ 都存在。

定义 4.26　设 $<L，\preceq>$ 是偏序集，如果 $\forall a，b \in L$，集合 $\{a，b\}$ 的上确界 $\sup(a，b)$ 和下确界 $\inf(a，b)$ 都存在，则称 $<L，\preceq>$ 是**格**。

根据全序集的定义，全序集一定是格，因为当 a 和 b 可比时 $\sup(a，b)$ 一定存在，而且就是 a 或 b 中的一个。反之，格不一定是全序集，因为当 a 和 b 不可比时，$\sup(a，b)$ 可以存在，只不过不是 a 或 b 的一个而已。

例 4.36　（1）对于偏序集 $<R，\leqslant>$，$\forall a，b \in R$，$\max(a，b)$ 和 $\min(a，b)$ 分别是 $\{a，b\}$ 的上确界和下确界，所以 $<R，\leqslant>$ 是格。

（2）对于偏序集 $<Z^+，\mid>$，$\forall a，b \in Z^+$，最大公因数 $\gcd(a，b)$ 和最小公倍数 $\text{lcm}(a，b)$ 分别是 $\{a，b\}$ 的上确界和下确界，所以 $<Z^+，\mid>$ 是格。

（3）对于偏序集 $<\rho(S)，\subseteq>$，$\forall A，B \in \rho(S)$，$\{A，B\}$ 都有上确界 $A \cup B$ 和下确界 $A \cap B$，所以 $<\rho(S)，\subseteq>$ 是格。

由于上确界和下确界的唯一性，可以把求 $\{a，b\}$ 的上确界和下确界看成集合 L 上的二元运算 $\otimes$ 和 $\oplus$，即用 $a \oplus b$ 和 $a \otimes b$ 分别表示 a 和 b 在格 $<L，\preceq>$ 中的上确界和下确界。

定理 4.27　设 $<L，\preceq>$ 是格，则求上确界运算 $\oplus$ 和下确界运算 $\otimes$ 满足交换律、结合律、吸收律和等幂律，即

（1）$\forall a，b \in L$ 有

$$a \oplus b = b \oplus a，a \otimes b = b \otimes a$$

（2）$\forall a，b，c \in L$ 有

$$(a \oplus b) \oplus c = a \oplus (b \oplus c), \ (a \otimes b) \otimes c = a \otimes (b \otimes c)$$

（3）$\forall a$，$b \in L$ 有

$$a \oplus (a \otimes b) = a, \ a \otimes (a \oplus b) = a$$

（4）$\forall a \in L$ 有

$$a \oplus a = a, \ a \otimes a = a$$

根据上确界和下确界的定义即可证明此定理。

由定理 4.27 可知，格是具有两个二元运算的代数系统$<L，\oplus，\otimes>$，其中运算$\oplus$和$\otimes$满足交换律、结合律、吸收律和幂等律。那么，能不能像群、环、域一样，通过规定运算及其基本性质来给出格的定义呢？回答是肯定的。

定理 4.28 设$<L，\oplus，\otimes>$是具有两个二元运算的代数系统，且运算$\oplus$和$\otimes$满足交换律、结合律、吸收律，则可以适当定义 L 中的偏序 $\preceq$，使得$<L，\preceq>$构成格，且$\forall a$，$b \in L$，有 $a \oplus b = \sup(a，b)$，$a \otimes b = \inf(a，b)$。

此证明比较复杂，这里从略。

根据定理 4.28，可以给出格的另一个等价定义。

定义 4.27 设$<L，\oplus，\otimes>$是具有两个二元运算的代数系统，如果运算$\oplus$和$\otimes$满足交换律、结合律、吸收律，则称$<L，\oplus，\otimes>$是格。

4.7.2 几种特殊的格

定义 4.28 设$<L，\preceq>$是格，如果 L 中存在两个元素，分别记为"0"和"1"，使得$\forall a \in L$，都有 $0 \preceq a$ 和 $a \preceq 1$，则称 0 是格 L 的**下界**，1 是格 L 的**上界**，L 是**有界格**，并记为$<L，\leqslant，0，1>$。

注意，这里的"0"和"1"是抽象的符号，表示格的下界和上界，并不是自然数中的 0 和 1。

例 4.37 （1）格$<\rho(S)，\subseteq>$是有界格，其上界是全集 S，下界是空集ϕ。

（2）设$<L，\oplus，\otimes>$是有限格，则它一定是有界格。事实上，如果设 $L = \{a_1, a_2, \cdots, a_n\}$，则 $a_1 \oplus a_2 \oplus \cdots \oplus a_n$ 和 $a_1 \otimes a_2 \otimes \cdots \otimes a_n$ 就是格的上、下界。

定义 4.29 设$<L，\oplus，\otimes，0，1>$是有界格，对于 $a \in L$，如果存在元素 $b \in L$，使得

$$a \oplus b = 1, \ a \otimes b = 0$$

则称元素 b 是元素 a 的**补元**，并记为 $a^c = b$。

从补元的定义知，若 b 是元素 a 的补元，则 a 是元素 b 的补元，即 a 与 b 互为补元。特别地，0 的补元是 1，1 的补元是 0，且 0 和 1 的补元是唯一确定的。

要注意，这里的"补元"与群中的"逆元"不是一回事。"逆元"是根据单位元定义的，而"补元"是根据格的上界和下界定义的，或者说是根据零元定义的（补元定义，注意，"1"是运算$\oplus$的零元，"0"是运算$\otimes$的零元）。

例 4.38 考查图 4.2 的三个有界格各元素的补元情况。

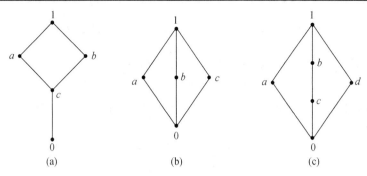

图 4.2　格中元素的补元

解　（1）在图 4.2(a)所表示的有界格中，0 和 1 互为补元；a，b，c 均无补元。

（2）在图 4.2(b)所表示的有界格中，0 和 1 互为补元；a 的补元是 b 和 c；b 的补元是 a 和 c；c 的补元是 a 和 b。

（3）在图 4.2(c)所表示的有界格中，0 和 1 互为补元；a 有三个补元 b，c，d；d 有三个补元 a，b，c；b 和 c 均以 a 和 d 为补元。

定义 4.30　设$<L$，$\preceq$，0，$1>$是有界格，如果 L 中的每个元素都至少有一个补元，则称 L 为**有补格**。

例 4.39　（1）格$<\rho(S)$，$\subseteq>$是一个有补格，其上界是全集 S，下界是空集 ϕ，对任意的 $A \in \rho(S)$，$S - A$ 是 A 的补元。

（2）由有补格的定义，知图 4.2(b)和图 4.2(c)表示的有界格是有补格，而图 4.2(a)表示的有界格不是有补格。

定义 4.31　设$<L$，$\oplus$，$\otimes>$是格，如果在 L 中分配律成立，即 $\forall a$，b，$c \in L$，有

$$a \oplus (b \otimes c) = (a \oplus b) \otimes (a \oplus c), \qquad a \otimes (b \oplus c) = (a \otimes b) \oplus (a \otimes c)$$

则称 L 是**分配格**。

例 4.40　说明图 4.3 中的格是否为分配格，并给出理由。

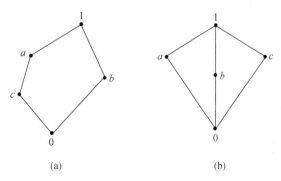

图 4.3　非分配格

解　图 4.3(a)是一个非分配格，因为

$$a \otimes (b \otimes c) = a \otimes 1 = a, \text{但} (a \otimes b) \oplus (a \otimes c) = 0 \oplus c = c$$

同样，图 4.3(b)是一个非分配格，因为

$$a \oplus (b \otimes c) = a \oplus 0 = a, \text{但} (a \oplus b) \otimes (a \oplus c) = 1 \otimes 1 = 1$$

定理 4.29 设$<L, \oplus, \otimes>$是分配格，则$\forall a, b, c \in L$，有

$$a \oplus c = b \oplus c, \ a \otimes c = b \otimes c \Rightarrow a = b$$

证明 L 是分配格，利用运算 $\oplus$ 和 $\otimes$ 的吸收律、交换律和分配律以及已知条件得 $a \oplus c = b \oplus c, \ a \otimes c = b \otimes c$ 得

$$a = a \otimes (a \oplus c) = a \otimes (b \oplus c) = (a \otimes b) \oplus (a \otimes c) = (a \otimes b) \oplus (b \otimes c)$$
$$= b \otimes (a \oplus c) = b \otimes (b \oplus c) = b$$

上面定理表明在分配格中消去律成立，而在一般的格中，消去律并不成立。

定理 4.30 设$<L, \oplus, \otimes>$是有界分配格，若$a \in L$时有补元b，则b是a的唯一补元。

证明 设c也是a的补元，则根据补元的定义有

$$a \otimes b = a \otimes c = 0, \ a \oplus b = a \oplus c = 1$$

由此根据定理 4.29，知 $c = b$，即 a 有唯一补元。

推论 有补分配格的每一个元都有唯一的补元。

4.7.3 布尔代数

定义 4.32 如果一个格是有补分配格，则称它为**布尔格**或**布尔代数**。

根据定理 4.30 的推论，在布尔代数中，每个元素都存在唯一的补元，这样可以把求补元看作是布尔代数中的一元运算。从而可以把布尔代数标记为$<B, \oplus, \otimes, ^c, 0, 1>$，其中，"^{c}"为求补运算：$\forall a \in B$，$a^c$为$a$的补元。$\oplus$，$\otimes$，^{c}称为**布尔运算**，且运算$\oplus$和$\otimes$通常称为**布尔和与布尔积**。

例 4.41 设$B^n = B \times B \times \cdots \times B$（$n$个），$B = \{0, 1\}$。为方便起见，我们把$B^n$的元素写成没有逗号的长度为$n$的位串形式，例如，$x = 110011$ 和 $y = 111000$ 都是B^6中的元素。B^n中的运算$\wedge$、$\vee$和$\neg$用其各个字位上的相应运算定义，例如，对于前面B^6中的x和y，有

$$x \vee y = 111011, \quad x \wedge y = 110000, \quad \neg x = 001100$$

这样$<B^n, \vee, \wedge, \neg, 000\cdots0, 111\cdots1>$构成布尔代数，通常称为**逻辑代数**或**开关代数**。

定理 4.31 设$<B, \oplus, \otimes>$是代数系统，$\oplus$，$\otimes$是两个二元运算，若运算$\oplus$，$\otimes$满足：

（1）交换律，即$\forall a, b \in B$，有

$$a \oplus b = b \oplus a, \qquad a \otimes b = b \otimes a$$

（2）分配律，即$\forall a, b, c \in B$，有

$$a \oplus (b \otimes c) = (a \oplus b) \otimes (a \oplus c), \qquad a \otimes (b \oplus c) = (a \otimes b) \oplus (a \otimes c)$$

（3）单位律，即存在元素 0，$1 \in B$，使得$\forall a \in B$，有

$$a \oplus 0 = a, \qquad a \otimes 1 = a$$

（4）补元律，即$\forall a \in B$，存在$a^c \in B$，使得

$$a \oplus a^c = 1, \qquad a \otimes a^c = 0$$

则 B 是布尔代数。

此证明比较复杂，这里从略。

根据定理 4.31，可以给出布尔代数的另一个等价定义。

定义 4.33　设<B，$\oplus$，$\otimes$>是具有两个二元运算的代数系统，如果运算$\oplus$和$\otimes$满足交换律、分配律、单位律和补元律，则称 B 是**布尔代数**。

习题 4.7

1．确定具有如图 4.4 所示哈斯图的偏序集是否为格。

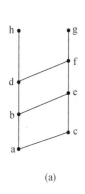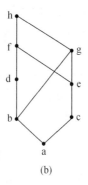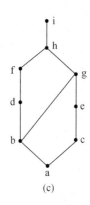

(a)　　　　　　　　(b)　　　　　　　　(c)

图 4.4　习题 1 的图

2．证明每个有限格都有一个最小元素和一个最大元素。

3．给出一个无限格的例子，使得

（1）既没有最小元素也没有最大元素。

（2）有最小元素但没有最大元素。

（3）有最大元素但没有最小元素。

（4）有最小元素也有最大元素。

4．给出一个有限格的例子，其中至少 1 个元素有多于 1 个的补元，且至少 1 个元素没有补元。

5．设<L，$\preceq$>是有界格，证明：

（1）若 $|L| \geqslant 2$，则 L 中不存在以自身为补元的元素。

（2）若 $|L| \geqslant 3$，且<L，$\preceq$>是链（全序集），则<L，$\preceq$>不是有补格。

6．格<Z^+，$|$>是分配格吗？试分析之。

7．给出一个不是分配格的例子。

8．在布尔代数中证明

$$a \preceq b \Leftrightarrow a \oplus b^c = 1 \Leftrightarrow a \otimes b^c = 0$$

9．对于 $n = 1$，2，3，4，5，给出所有不同构的 n 元格，并说明其中哪些是分配格、有补格和布尔格。

10．设<B，$\oplus$，$\otimes$，^{c}，0，1>是布尔代数，在 B 上定义二元运算*，$\forall x, y \in B$，有

$$x * y = (x \otimes y^c) \oplus (x^c \otimes y)$$

问<B，*>能否构成代数系统？如果能，指出是哪一种代数系统。为什么？

第4章 上机练习

编写下列程序并计算至少一个算例

1. 给定有限集合上的一个二元运算（给定运算表），判断这个运算是否满足交换律、结合律。

2. 给定有限集合上的一个二元运算，求出它的单位元和零元。

3. 给定一个有限半群，判断它是否是有幺半群，是否是群。

4. 给定一个有限群，求每个元素的次数。

5. 给定一个有限循环群，求出它的所有生成元。

6. 给定一个有限循环群，求它的所有子群。

7. 给定一个有限群以及这个有限群集合的一个子集，判断这个子集是否构成子群。

8. 给定一个有限群和它的一个非平凡子群，求这个子群的所有左陪集，并判断这个子群是否是正规子群。

9. 给定一个有限群和它的一个非平凡子群，求出这个有限群集合上的一个等价关系，使得这个等价关系的等价类就是这个子群相应的左陪集。

10. 给出所有 5 阶置换。

11. 给定两个有限群$<G, *>$和$<H, \cdot>$以及从$<G, *>$到$<H, \cdot>$的同态映射ϕ，求同态像$\phi(G)$和同态核 $\ker(\phi)$。

12. 给定一个有限环，判断它是否是交换环，是否是有幺环，是否是无零因子环，是否是整环。

13. 给定一个有限整环，判断它是否是域。

14. 编程给出一个有 5 个元素的集合上的所有格。

15. 给定一个有限格，判断这个格是否是有界格，是否是有补格。

16. 给定一个有限格，判断这个格是否是分配格。

17. 编程给出一个有 5 个元素的集合上的所有布尔代数。

第5章　图

关于图论最早的论文可以追溯到 1736 年，当时欧拉（Leonhard Eular）发表了一篇论文，给出了图论中的一个一般性的理论，其中包括现在被称为 **Königsberg 七桥问题**的解。其背景是一个非常有趣的问题：在 Königsberg 城郊的 Pregerl 河上有两个小岛，小岛和河两岸的陆地由 7 座桥相连（如图 5.1（a）），问题是如何从河岸或岛上的某一个位置出发，7 座桥正好各经过一次，最后回到出发地。有人尝试了很多次，始终没能成功。Euler 在论文中给出了该问题的数学模型，用 4 个点代表 4 个被河隔开的陆地（两岸和岛屿），把桥表示为连接两个陆地之间的边，则得到图 5.1（b）所示的图，从而问题变为如何从图中的某个点出发，经过所有的边正好一次，最后回到这个点。在研究这个图的基础上，Euler 在论文中证明了该七桥问题无解，并且给出了一些规律性的理论。把实际问题抽象成点和边构成的图进行研究，标志着图论研究的开始。

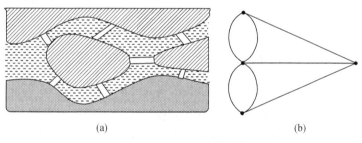

(a)　　　　　　　　　　　　　(b)

图 5.1　Königsberg 七桥问题

图论中几个重要的结论也是在 19 世纪得到的，但图论引起人们持续的、广泛的兴趣是在 20 世纪 20 年代以后，其主要原因是它在许多不同领域内的应用，包括计算机科学、化学、运筹学、电子工程、语言学和经济学等。

5.1　基本概念

5.1.1　图的定义

在许多实际问题中，事物之间的某些关系往往可以用图来描述。一个图通常包含一些结点及结点之间的连线，图中线段的长度及结点的位置并不重要。因此，图论中的图是一个非常抽象的概念，它可以表示许多具体的东西。下面给出图的数学定义。

定义 5.1　一个图 G 是一个序偶 $<V, E>$，其中，V 是一个非空集合，E 是 V 的 2-元素子集的集合。分别称 V 和 E 是图 G 的顶点集和边集，V 中的元素是图 G 的顶点，E 中的元

素是图 G 的边。

说明：（1）在容易引起混淆的情况下，通常把 V 记为 $V(G)$，E 记为 $E(G)$。

（2）对于图 $G = \langle V, E \rangle$，若 $|V| = p$，$|E| = q$，则通常称它为 (p, q) **图**。p 称为**图 G 的阶**。边集 E 为空集的图称为**零图**，而（1，0）图称为**平凡图**。

（3）在图中，若边 $e = (u, v)$，则称顶点 u 与顶点 v **相邻接**；并说顶点 u 与边 e **相关联**，顶点 v 与边 e **相关联**；若边 e 和边 f 有一个共同的端点，则称边 e 和边 f **相邻接**；没有边关联于它的顶点称为**孤立点**，不与其他任何边相邻接的边称为**孤立边**。

（4）在图中，两端点相同的边称为**环**；两端点间的若干条边称为**平行边**；有环的图称为**带环图**，没有环的图称为**无环图**；有平行边的图称为**多重图**；没有环也没有平行边的图，称为**简单图**。

（5）任何两个不同顶点之间都有边相连的简单图叫**完全图**。具有 p 个顶点的完全图记作 K_p。完全图的总边数为 $p(p-1)/2$。

（6）设 $G = <V, E>$ 是简单图且 $V = V_1 \bigcup V_2$，$V_1 \bigcap V_2 = \phi$。若 $\forall (u, v) \in E$，均有 $u \in V_1$ 且 $v \in V_2$，或 $v \in V_1$ 且 $u \in V_2$，则称 G 为**二部图**。

若 $\forall u \in V_1$，$\forall v \in V_2$，均有 $(u, v) \in E$，则称 G 为**完全二部图**，$|V_1| = m$，$|V_2| = n$ 时的完全二部图记作 $K_{m, n}$。容易看出，完全二部图的总边数为 $m \cdot n$。

（7）如果 (p, q) 图 G 的每条边 e_i 都赋以一个实数 w_i 作为该边的权，则称 G 为**赋权图**。

赋权图常常记作 $G = \langle V, E, W \rangle$，其中 $W = \{w_1, w_2, w_3, \cdots, w_q\}$，并称 $w(G) = \sum_{i=1}^{q} w_i$ 为 G 的**总权值数**。

例 5.1 图 5.2 是一个带环图，也是一个多重图，其边集 $E = \{(v_1, v_2)_1, (v_1, v_2), (v_2, v_3), (v_4, v_5), (v_5, v_5), (v_1, v_6)\}$，顶点集 $V = \{v_1, v_2, v_3, v_4, v_5, v_6\}$。

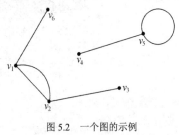

图 5.2　一个图的示例

例 5.2　在图 5.3 中，（a）和（b）均为二部图，同时（b）还是完全二部图。在二部图中，顶点被分成了两组，在同组内没有边相连，所有的边都是连接不同组中的顶点。完全二部图中，边集是连接两组顶点的所有边。

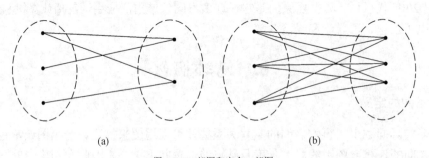

(a)　　　　　　　　　　　　　(b)

图 5.3　二部图和完全二部图

例 5.3　（1）图 5.4（a）所示的具有 3 个顶点的完全图 K_3 不是二部图。为了看明白这一点，注意若把 K_3 的顶点集合分成两个不相交的集合，则两个集合之一必然包含两个顶点。

假如这个图是二部图，那么这两个顶点就不能用边连接，但是在 K_3 里任何两个顶点都有边相连。

（2）图5.4（b）所示的具有 8 个顶点的环型图 C_8 是二部图，因为把它的顶点集分成两个集合 $V_1 = \{a, c, e, g\}$ 和 $V_2 = \{b, d, f, h\}$，C_8 的每一条边都连接 V_1 里的一个顶点与 V_2 里的一个顶点。

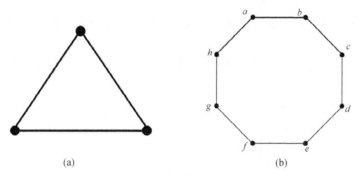

图 5.4 二部图与非二部图

定义 5.2 若 $G = <V, E>$ 及 $G_1 = <V_1, E_1>$ 是两个图，满足 $V_1 \subseteq V$，$E_1 \subseteq E$，则称 G_1 是 G 的**子图**，记为 $G_1 \subseteq G$。若 $G_1 \subseteq G$ 且 $G_1 \neq G$，则称 G_1 是 G 的**真子图**。更进一步，若 $G_1 \subseteq G$ 且 $E_1 = \{(u, v) \mid u, v \in V_1\} \bigcap E$，则称 G_1 是 G 的由顶点子集 V_1 确定的**导出子图**。若 $G_1 \subseteq G$ 且 $V_1 = V$，则称 G_1 是 G 的**生成子图**。

例 5.4 在图 5.5 中，（b）和（c）都为（a）的子图，但（c）是（a）的导出子图而（b）不是，（b）为（a）的生成子图而（c）不是。

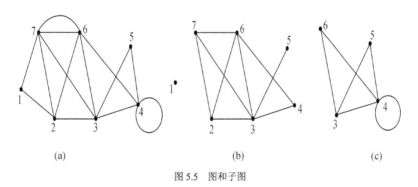

图 5.5 图和子图

5.1.2 顶点的度

定义 5.3 设 $G = <V, E>$，$v \in V$，E 中与 v 关联的边的条数称为 v 的**度**，记作 $d(v)$。若 v 处有环，则默认每一个环与该点的关联边数为 2。

说明：（1）若 $d(v)$ 是奇数，就称 v 为**奇点**；若 $d(v)$ 是偶数，就称 v 为**偶点**。度为 1 的点称为**悬挂点**，与悬挂点关联的边称为**悬挂边**。

（2）设 $G = <V, E>$ 是 p 阶图，$V = \{v_1, v_2, \cdots, v_p\}$，称 $d(v_1)$，$d(v_2)$，$\cdots$，$d(v_p)$ 为 G 的**度数列**。

（3）可以定义图的**最大度** $\Delta(G)$、**最小度** $\delta(G)$：

$$\Delta(G) = \max\{d(v)\,|\,v \in V\}, \qquad\qquad \delta(G) = \min\{d(v)\,|\,v \in V\}$$

显然，对于 p 阶简单图，$\Delta(G) \leqslant p-1$。

（4）度的概念可以从一个顶点推广到一个顶点子集。对于图 $G = <V,\ E>$，取 V 的一个子集 V_1，定义边的集合

$$R(V_1) = \{(u,\ v)\,|\,u \in V_1 \wedge v \notin V_1 \wedge (u,\ v) \in E\},$$

称集合 $R(V_1)$ 的基数 $|R(V_1)|$ 为**顶点子集 V_1 的度**。它表示在图 G 中连接点集 V_1 外部点与内部点的所有边的条数。

例 5.5 求图 5.2 中每个顶点的度数和顶点子集合 $\{v_1,\ v_2\}$，$\{v_4,\ v_6\}$，$\{v_2,\ v_3,\ v_4\}$ 的度数。

解 根据定义，容易得到：

$d(v_1) = 3$，$d(v_2) = 3$，$d(v_3) = 1$，$d(v_4) = 1$，$d(v_5) = 3$，$d(v_6) = 1$。

$d(\{v_1,\ v_2\}) = 2$，$d(\{v_4,\ v_6\}) = 2$，$d(\{v_2,\ v_3,\ v_4\}) = 3$

度的概念在图论中是非常重要的概念，很多理论都是以它为基础的。下面的定理 5.1 是 Euler 在 1936 年给出的，称**握手定理**，是图论中最基本的定理。

定理 5.1 （握手定理）设 $G = <V,\ E>$ 是 $(p,\ q)$ 图，$V = (v_1,\ v_2, \cdots,\ v_p)$，则

$$\sum_{i=1}^{p} d(v_i) = 2q \text{。}$$

这就是说，图中各顶点度数之和是边数的两倍。

证明 G 中的每条边均有两个端点，所以在计算 G 中所有顶点度数之和时，每条边提供度数为 2。一共有 q 个边，所以总提供度数为 $2q$。

推论 在一个图中，奇点必有偶数个。

证明 设图为 $(p,\ q)$ 图，则根据握手定理，有

$$2q = \sum_{i=1}^{p} d(v_i) = \sum_{v_k \in \{\text{所有奇点}\}} d(v_k) + \sum_{v_j \in \{\text{所有偶点}\}} d(v_j)$$

由于所有偶数点的度数之和必然为偶数，所以所有奇点度数之和为偶数，而每个奇点的度数为奇数，所以奇点的个数必然为偶数。

例 5.6 在任何由两个或两个以上的人组成的小组里，证明必有两个人组内朋友的个数相等。

证明 设组内人的集合为图 G 的顶点集合，若两人彼此是朋友，则其间连一条边。这样得到的图 G 是组内人员的关系图。显然，G 是简单图，图中顶点的度恰好表示该人在组内朋友的个数。利用图 G，原题就抽象为下面的图论问题：在简单图 G 种，若顶点数 $P \geqslant 2$，则在 G 中存在度数相等的两个顶点。下面用反证法来证明这个命题。

假设图 G 中各点的度数均不相等，则必有最大度数 $\Delta(G) \geqslant p-1$，又由于 G 是简单图，所以 $\Delta(G) = p-1$。在 p 阶简单图中，$\Delta(G) = p-1$ 表明有一个点与每个点相邻，从而 $\delta(G) \geqslant 1$，因此 p 个点的度数从 1 取到 $p-1$，所以至少有两个顶点的度数相等，与假设矛盾。

习题 5.1

1. 证明：若 G 是 (p, q) 图，则有 $\delta(G) \leqslant \dfrac{2q}{p} \leqslant \Delta(G)$。

2. 设图 G 有 6 条边，3 度和 5 度顶点各 1 个，其余的都是 2 度顶点，问 G 中有几个顶点？

3. 设 9 阶图 G 中，每个顶点的度数不是 5 就是 6，证明 G 中至少有 5 个 6 度顶点或至少有 6 个 5 度顶点。

4. 设图 G 有 10 条边，3 度顶点和 4 度顶点各 2 个，其余顶点的度数均小于 3，问 G 中至少有几个顶点？在最少顶点的情况下，写出 G 的度数列、$\Delta(G)$ 和 $\delta(G)$。

5. 证明在任意具有 p 个点的简单二部图中，边数 $q \leqslant p^2/4$。

6. 某会议有 p 名代表出席，已知任意四名代表中有一名代表与其余三名相识。证明：任意四名代表中必有一名与其余 $p-1$ 名代表都认识。

7. 给出图 5.6（a）一个生成子图及一个有 3 个点的导出子图，对图 5.6（b）也一样做。

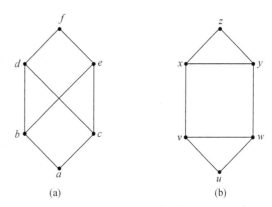

图 5.6 习题 7 的图

5.2 图的连通性

5.2.1 通路

定义 5.4 $G = \langle V, E \rangle$ 是一个图，G 的一个点边交替序列 $(v_0, e_1, v_1, \cdots, v_{n-1}, e_n, v_n)$ 称为 G 的**通路**，其中 $e_i = (v_{i-1}, v_i)$，$i = 1, 2, \cdots, n$。通路中边的条数称为**通路的长度**。特别地，若 $v_0 = v_n$，则该通路称为**回路**。

在通路的定义中，边或顶点可以重复出现，但在实际应用中，常常要求经过的边不重复，或者经过的顶点不重复，所以就有了下面的定义。

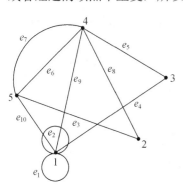

图 5.7 图的通路

定义 5.5 若通路（回路）上的边各不相同，则称为**简单通路（简单回路）**；若通路上的顶点各不相同，则称为**基本通路**；若回路 $(v_0, e_1, v_1, \cdots, v_{n-1}, e_n, v_n)$ 上的顶点 $v_0, v_1, \cdots, v_{n-1}$ 各不相同，则称为**基本回路**。基本回路有时也叫做**圈**。

长为 1 的回路是环，长为 2 的回路只能由平行边生成，因而在简单图中，回路的长度至少为 3。

一般用顶点与边的交替序列表示通路，但实际上也可以用边序列表示通路。在简单图中，还可以用顶点序列表示通路。

从定义 5.5 可以看到，基本通路（回路）一定是简单通路（回路）。例如，在图 5.7 中，$(1, e_1, 1, e_2, 1, e_4, 3, e_5, 4, e_5, 3)$

是一个长为 5 的通路，显然它包含了相同边，所以不是简单通路，当然也不是基本通路。$(1, e_{10}, 5, e_7, 4, e_6, 5, e_3, 2)$ 为简单通路，但不是基本通路，因为它包含了相同的顶点。$(2, e_8, 4, e_7, 5, e_3, 2)$ 是基本回路，但注意有平行边的出现，它能写成 (e_8, e_7, e_3)，但不能写成 $(2, 4, 5, 2)$ 的形式。$(1, e_4, 3, e_5, 4, e_9, 1)$ 是基本回路，它没经过任一平行边，记作 $(1, 3, 4, 1)$ 的形式也不会发生歧义。

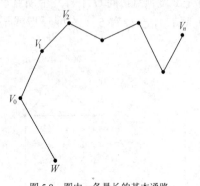

图 5.8　图中一条最长的基本通路

定理 5.2　如果非零图 G 中无奇点，则 G 中必有基本回路。

证明　因为 G 不是零图，所以至少存在一个顶点 u 满足 $d(u) > 0$，因而 G 中必然有基本通路。设 $(v_0, v_1, \cdots, v_n)$ 是 G 中一条最长的基本通路（如图 5.8 所示），由于 $d(v_0) \neq 0$，所以 $d(v_0) \geqslant 2$，因此必然存在与 (v_0, v_1) 不相同的另外一条以 v_0 为端点的边，设为 (v_0, w)。显然，w 与 $v_2, v_3, \cdots, v_n$ 中的某个顶点重合，否则，$(w, v_0, v_1, v_2, \cdots, v_n)$ 为图中的另一条基本通路，且长度更长，这与 $(v_0, v_1, \cdots, v_n)$ 是最长的基本通路矛盾。因此，w 与 $v_1, v_2, \cdots, v_n$ 中的某个顶点相同，设 $w = v_k$，$k \geqslant 1$，则 $(w, v_0, v_1, v_2, \cdots, v_k = w)$ 为基本回路。

定理 5.3　在 p 阶图 G 中，（1）若顶点 v 和 w（$v \neq w$）有通路相连，则 v 和 w 之间存在长度小于或等于 $(p-1)$ 的基本通路。（2）若存在通过顶点 v 的简单回路，则一定存在通过 v 的长度小于或等于 p 的基本回路。

证明　这里只对（1）进行证明，（2）可以类似证明。

由于 p 阶图中的一条基本通路的顶点数最多只有 p 个，因此其长度必小于或等于 $(p-1)$。于是下面只要证明 v 和 w 之间存在基本通路即可。

设 $\Gamma = (u_0 = v, e_1, u_1, e_2, u_2, e_3, u_3, \cdots, e_n, u_n = w)$ 为从顶点 v 到 w 的通路。若 Γ 上有相同顶点，设其为 u_s 和 u_t，其中 $s < t$，从而 Γ 包含回路 $\Gamma_1 = (u_s, \cdots, e_t, u_t)$。在 Γ 中去掉该回路后（保留顶点 u_s），可以得到一个新的从 v 到 w 的通路 $\Gamma_2 = (u_0, e_1, u_1, e_2, u_2, \cdots, e_s, u_s, e_{t+1}, u_{t+1}, \cdots, e_n, u_n)$，该通路至少比 Γ 的长度小 1。若 Γ_2 上仍有相同顶点，则可以重复上述的过程，由于 G 为有限图，经过有限步，必然最终得到从 v 到 w 的通路 Γ_z，并且在 Γ_z 上不存在相同顶点，即得到一条基本通路。

图中两个顶点之间的通路可能不止一条，但是，必然存在长度最短的一条，即最短通路。

定义 5.6　设图 $G = <V, E>$，$u, v \in V$，顶点 u, v 之间最短通路的长度称为 u, v 之间的**距离**，记为 $d(u, v)$。若 u 与 v 无通路相连，则取 $d(u, v)$ 为 ∞。

将短程线的长度称之为距离，是因为它满足距离定义的三个基本性质。

（1）非负性：$d(u, v) \geqslant 0$，$u = v$ 时等号成立。

（2）对称性：$d(u, v) = d(v, u)$。

（3）三角不等式：$\forall u, v, w \in V$，则 $d(u, v) + d(v, w) \geqslant d(u, w)$。

5.2.2 连通图

定义 5.7 $G = <V, E>$ 是一个图。若 $u, v \in V$，u 和 v 之间存在通路，则称 u，v 连通，记作 $u \sim v$。若 $\forall u, v \in V$，均有 u 与 v 连通，则 G 称为**连通图**，否则 G 称为**非连通图**。非连通图 G 中的极大连通子图称为 G 的**连通分图**。

例 5.7 图 5.2 是一个非连通图，它有两个连通分图。

$$G_1 = < \{v_1, v_2, v_3, v_6\}, \ \{(v_1, v_2), (v_1, v_2), (v_2, v_3), (v_1, v_6)\} \ >$$
$$G_2 = < \{v_4, v_5\}, \ \{(v_4, v_5), (v_5, v_5)\} \ >$$

对于一般的图，去掉其平行边和环不影响图的连通性，因此，本小节的定理针对的都是简单图。

例 5.8 若一个图中恰有两个奇点，则这两个奇点之间连通。

证明 根据定理 5.1 的推论，图中的奇点个数为偶数，而连通分图也是图，所以，若一个图中恰有两个奇点，则该两个奇点必然位于同一个连通分图中，所以这两个奇点之间连通。

定理 5.4 在 p 阶简单图 G 中，若对 G 的每对顶点 u 和 v，都有 $d(u) + d(v) \geqslant p - 1$，则 G 是连通图。

证明 用反证法。若 G 不是连通图，则它至少有两个连通分图，设其中一个连通分图有 n 个顶点（$n \geqslant 1$），u_0 是其中的一个顶点，其余各连通分图共含有 $p - n$ 个顶点，v_0 是其中一个顶点，则

$$d(u_0) \leqslant n - 1, \quad d(v_0) \leqslant p - n - 1$$

两式相加得

$$d(u_0) + d(v_0) \leqslant p - 2$$

这与题设 $d(u) + d(v) \geqslant p - 1$ 矛盾。因而假设不成立，所以 G 是连通图。

推论 在 p 阶简单图 G 中，若 $\delta(G) \geqslant (p - 1)/2$，则 G 是连通图。

在一个图中，去掉一些顶点并不影响其他顶点之间的连通性，而去掉另一些顶点将使整个图分成几部分，很多顶点之间的连通都被破坏。边也有类似的情况。由此可见，在图的连通性中，一些顶点和边起到了非常关键的作用。下面将着重讨论这些关键的边集和顶点集。

定义 5.8 设图 $G = <V, E>$，顶点子集 $V_1 \subseteq V$，边子集 $E_1 \subseteq E$。用 $G - V_1$ 表示从 G 中去掉 V_1 中所有的顶点及与之相关联的所有边所得的图，当 $V_1 = \{v\}$ 时，直接记作 $G - v$；用 $G - E_1$ 表示从 G 中去掉边子集 E_1 中所有的边，其他不变，所得到的图，当 $E_1 = \{e\}$ 时，直接记作记作 $G - e$。

定义 5.9 （1）设图 $G = <V, E>$，顶点子集 $V_1 \subseteq V$。若 $G - V_1$ 的连通分图数大于 G 的连通分图数，且 $\forall V_2 \subset V_1$，$G - V_2$ 的连通分图数不大于 G 的连通分图数，则称 V_1 是 G 的**点割集**。当 $V_1 = \{v\}$ 时，则称 v 是 G 的**割点**。

（2）设图 $G = <V, E>$，边子集 $E_1 \subseteq E$。若 $G - E_1$ 的连通分图数大于 G 的连通分图数，且 $\forall E_2 \subset E_1$，$G - E_2$ 的连通分图数不大于 G 的连通分图数，则称 E_1 是 G 的**边割集**，当 $E_1 = \{e\}$ 时，则称 e 是 G 的**割边**。边割集简称为**割集**，割边简称为**桥**。

显然，若 $e = (u, v)$ 是桥，且 $d(u) > 1$，则 u 一定是割点。

从上面的定义可以看到，去掉割集（点割集）必然使图的连通性发生变化，然而，去掉

割集（点割集）所包含的任何真子集都不会使图的连通性发生变化，这就体现了去掉割集（点割集）"正好"使图连通性发生变化这一基本性质。

例 5.9 在图 5.9（a）中，顶点 5，6，10 是割点，顶点子集 {1, 4} 是点割集，而顶点子集 {1, 9}，{7, 8}，{4, 5}，{1, 3, 4} 不是点割集。边 (5, 6) 是桥，边子集 {(1, 2), (2, 4)}，{(6, 9), (6, 10)}，{(1, 2), (1, 3), (1, 5)} 是割集，而边子集 {(3, 4), (4, 5)}，{(1, 3), (1, 5)，(4，5)}，{(6, 10), (9, 10), (10, 11)} 不是割集。

在图 5.9（b）中，顶点 3, 4 是割点，顶点子集 {2, 8}，{5, 7} 是点割集，而顶点子集 {1, 9}，{4, 5}，{1, 2, 8} 不是点割集。边 (3, 4) 是桥，边子集 {(2, 3), (3, 8)}，{(4, 5), (4, 7)}，{(1, 2), (2, 9), (2, 8), (3, 8)} 是割集，而边子集 {(3, 4), (4, 5)}，{(2, 3), (2, 8), (3, 8)}，{(1, 2), (2, 8), (1, 8)} 不是割集。

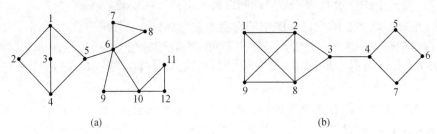

图 5.9　图的割点、割边与割集

定理 5.5 若 v 是连通图 $G=<V，E>$ 的顶点，则下述命题等价：

（1）v 是 G 的割点。

（2）G 中存在与 v 不同的两点 u，w，使 v 在从 u 到 w 的每一条基本通路上。

（3）存在对集合 $V-\{v\}$ 的一个划分 $\{U，W\}$，使得 $\forall u \in U$，$w \in W$，v 在从 u 到 w 的每一条基本通路上。

证明 （1）$\Rightarrow$（3）：因为 v 是 G 的割点，所以 $G-v$ 不连通。于是，$G-v$ 至少有两个连通分图。记其中一个连通分图的顶点集为 U，其余连通分图的顶点集之并为 W，则 U 和 W 均非空，且 $U \bigcup W=V-\{v\}$，$U \bigcap W=\phi$，即 $\{U，W\}$ 是集合 $V-\{v\}$ 的一个划分。

$\forall u \in U$，$w \in W$，因为 u 与 w 不在 $G-v$ 的同一个连通分图中，所以在 $G-v$ 中没有从 u 到 w 的基本通路，因此，G 中从 u 到 w 的每条基本通路都经过 v。

（3）$\Rightarrow$（2）：显然。

（2）$\Rightarrow$（1）：用反证法。假设 v 不是 G 的割点，则 $G-v$ 连通，于是在 $G-v$ 中有从 u 到 w 的基本通路，此基本通路也在 G 中但不经过 v，与题设矛盾，所以 v 是 G 的割点。

定理 5.6 若 e 是连通图 $G=<V，E>$ 的边，则下述命题等价：

（1）e 是 G 的桥。

（2）G 中存在不同的两个点 u，w，使边 e 在从 u 到 w 的每一条基本通路上。

（3）存在对集合 V 的一个划分 $\{U，W\}$，使得 $\forall u \in U$，$w \in W$，边 e 在从 u 到 w 的每一条基本通路上。

（4）e 不在 G 的任一条基本回路上。

本定理的证明类似于定理 5.5 的证明，留给读者进行。

例 5.10 证明在非平凡的连通图中，至少存在两个点不是割点。

证明 设 G 是非平凡的连通图，v_1，v_2 是 G 中相距最远的两个顶点，现证明 v_1，v_2 不是割点。用反证法。

若 v_2 是割点，则存在对集合 $V - \{v_2\}$ 的一个划分 $\{U, W\}$，使得 $\forall u \in U$，$w \in W$，v_2 在从 u 到 w 的每一条基本通路上。由于 v_1 必属于顶点集合 U 和 W 中的一个，不妨设属于 U，这样 v_2 在从 v_1 到 w 的每一条基本通路，从而有 $d(v_1, w) > d(v_1, v_2)$，即 v_1，v_2 不是相距最远的两个点，矛盾。故 v_2 不是割点。同理可证 v_1 不是割点。

把无向图的顶点看作计算机，图的边看作两台计算机之间的连接关系，则一个图就是一个计算机网络。说一个网络可靠性高是指计算机之间的通信不会由于个别电脑的不工作造成整个系统的瘫痪。图论中是用连通度来衡量一个图的连通程度，计算机网络对应的图的连通度越高，网络越可靠。下面给出图中点连通度和边连通度的形式定义。

定义 5.10 图 $G = <V, E>$ 的**点连通度** $\kappa(G)$，是为了由 G 产生一个不连通图或平凡图，而需从 G 中去掉的最少顶点数。显然，

$$\kappa(G) = \min\{|V_1| \mid V_1 \text{为} G \text{的点割集}\}$$

定义 5.11 图 $G = <V, E>$ 的**边连通度** $\lambda(G)$，是为了由 G 产生一个不连通的图或平凡图，而需从 G 中去掉的最少的边数。显然，

$$\lambda(G) = \min\{|E_1| \mid E_1 \text{为} G \text{的边割集}\}$$

非连通图和平凡图的点连通度都为 0。对完全图 K_p，去掉多个点也不能得到非连通图；但去掉了 $p - 1$ 就得到了平凡图。因此，K_p 的点连通度为 $p - 1$。由此可以看到，完全图的连通性是最理想的，然而在实际应用中，在任何两个点之间都建立连接花费的代价是非常大的，所以往往采用折中的方法。

例 5.11 求完全图 K_p（$p \geq 2$）的边连通度。

解 对于完全图 K_p，若 S 是 K_p 的一个割集，则 $K_p - S$ 恰由两个连通分图组成。设这两个联通分图为 G_1 和 G_2，其顶点数为 n 和 $p - n$（$p - 1 \geq n \geq 1$）。显然，G_1 和 G_2 分别是完全图 K_n 和 K_{p-n}，否则 S 不可能是割集，因此，S 中边的条数

$$\frac{p(p-1)}{2} - \frac{n(n-1)}{2} - \frac{(p-n)(p-n-1)}{2} = n(p-n)$$

它的最小值为 $p - 1$，所以根据边连通图的定义，完全图 K_p 的边连通度也为 $p - 1$。

考虑图的连通性，点连通度和边连通度是两个主要的方面。另外，顶点的度数也是研究图的连通性的一个重要参数。容易看到，顶点的度数越大（即最小度数越大），连通性越好。下面的定理 5.7 给出了这三个参数之间的关系。

定理 5.7 对任一图 G，有

$$\kappa(G) \leq \lambda(G) \leq \delta(G)$$

证明 在任一连通图中，去掉与某一点相关联的所有边，必得到一个非连通图。我们选择度数最小的点进行，就可以得到：$\lambda(G) \leq \delta(G)$。

另一方面，若图 G 的边连通度 $\lambda(G) > 0$，则必有一个割集恰含 $\lambda(G)$ 条边。将这 $\lambda(G)$ 条中的每一条都去掉一个端点，则最多去掉 $\lambda(G)$ 个顶点就得到不连通图或平凡图。因此 $\kappa(G) \leq \lambda(G)$。

5.2.3 图的矩阵表示

本小节介绍图的矩阵表示。这种表示方法有许多优点：它使得用代数方法研究图论成为可能；通过对图的矩阵的分析，可以得到图的若干性质；图的有关信息能以矩阵的形式在计算机中存储并加以变化。

定义 5.12 设 $G = <V, E>$ 是 p 阶图，其中，$V = \{v_1, v_2, \cdots, v_p\}$。$p$ 阶方阵 $A_G = (a_{ij})_{p \times p}$ 称为图 G 的**邻接矩阵**，其中，元素 a_{ij} 为起点为 v_i 终点为 v_j 的边的数目。

图的邻接矩阵完整地刻画了图中各顶点间的邻接关系，但它依赖于 V 中各元素的给定次序。对于 V 中各元素的不同给定次序，可以得到同一个图的不同的邻接矩阵。然而，图的任何一个邻接矩阵都可以由它的另一个邻接矩阵通过交换某些行和相应的列而得到。因此，我们将不考虑这种由于 V 中的元素的给定次序而引起的邻接矩阵的任意性，并选取给定图的任何一个邻接矩阵作为该图的邻接矩阵。

(p, q) 图 G 的邻接矩阵 A_G 具有如下性质：

（1）A_G 是对称非负整数型矩阵。

（2）G 是简单图，当且仅当 A_G 是主对角线上元素全为 0 的（0，1）矩阵。

（3）G 是完全图，当且仅当 A_G 的元素除主对角线上元素全为 0 外，其余元素全为 1。

（4）G 是无环图，当且仅当 A_G 主对角线上的元素全为 0。

（5）若 G 是无环图，则在 A_G 中，每一行元素的和等于对应顶点的度数，所有元素的和等于边个数的两倍，即 $2q$。

例 5.12 求图 5.5 中三个图的邻接矩阵。

解 图 5.5 中三个图的邻接矩阵如下，其中，图（a）和图（b）的顶点次序为（1，2，3，4，5，6，7）。图（c）的顶点次序为（3，4，5，6）。

$$A_1 = \begin{bmatrix} 0 & 1 & 0 & 0 & 0 & 0 & 1 \\ 1 & 0 & 1 & 0 & 0 & 1 & 1 \\ 0 & 1 & 0 & 1 & 1 & 1 & 1 \\ 0 & 0 & 1 & 1 & 1 & 1 & 0 \\ 0 & 0 & 1 & 1 & 0 & 0 & 0 \\ 0 & 1 & 1 & 1 & 0 & 0 & 2 \\ 1 & 1 & 1 & 0 & 0 & 2 & 0 \end{bmatrix}, \quad A_2 = \begin{bmatrix} 0 & 0 & 0 & 0 & 0 & 0 & 0 \\ 0 & 0 & 1 & 0 & 0 & 1 & 1 \\ 0 & 1 & 0 & 1 & 1 & 1 & 1 \\ 0 & 0 & 1 & 0 & 0 & 1 & 0 \\ 0 & 0 & 1 & 0 & 0 & 0 & 0 \\ 0 & 1 & 1 & 1 & 0 & 0 & 1 \\ 0 & 1 & 1 & 0 & 0 & 1 & 0 \end{bmatrix}, \quad A_3 = \begin{bmatrix} 0 & 1 & 1 & 1 \\ 1 & 1 & 1 & 1 \\ 1 & 1 & 0 & 0 \\ 1 & 1 & 0 & 0 \end{bmatrix}$$

在一个图里，两个顶点之间的通路的数目，可以用这个图的邻接矩阵来确定。

定理 5.8 设 A 为 p 阶图 $G = <V, E>$ 的邻接矩阵，其中，$V = \{v_1, v_2, \cdots, v_p\}$，则矩阵 A 的 n 次幂 $A^n (n=1, 2, 3, \cdots)$ 中的元素 $a_{ij}^{(n)}$ 等于从 v_i 到 v_j 的长度为 n 的通路的总数。

证明 对 n 进行归纳证明。当 $n=1$ 时，$A^n = A$，由邻接矩阵的定义可知结论成立。假设 $n \leqslant k$ 时结论成立。当 $n = k+1$ 时，$A^n = A^{k+1} = A \cdot A^k$，因此

$$a_{ij}^{(k+1)} = \sum_{t=1}^{p} a_{it} \cdot a_{tj}^{(k)}$$

根据邻接矩阵定义，a_{it} 表示从 v_i 到 v_t 的长度为 1 的通路的数目，$a_{ij}^{(k)}$ 是从 v_t 到 v_j 的长度为 k 的通路的数目，故上式右边的每一项表示由 v_i 经过一条边到 v_t，再由 v_t 经过一条长度为 k 的通路到 v_j 的总长度为 $k+1$ 的通路的数目。对所有 t 求和，即得 $a_{ij}^{(n+1)}$ 是所有从 v_i 到 v_j 的长度为 $k+1$ 的通路的数目，故命题对 $n=k+1$ 成立。

因为回路也是通路，所以元素 $a_{ii}^{(n)}$ 就是通过 v_i 的长度为 n 的回路的总数，而 $\sum\limits_{i=1}^{p}\sum\limits_{j=1}^{p}a_{ij}^{(n)}$ 是 G 中长度为 n 的通路的总数。

推论 1 v_i 和 v_j 之间的距离 $d(v_i,\ v_j)$ 是使 A^n 中的元素 $a_{ij}^{(n)}$ 不为零的最小正整数 n。

推论 2 $b_{ij}^{(k)}=a_{ij}+a_{ij}^{(2)}+\cdots+a_{ij}^{(k)}$ 是图 G 中连接 v_i 到 v_j 的长度小于或等于 k 的通路的总数。

例 5.13 对于图 5.5（a），（1）求顶点 4 和顶点 7 之间长度小于或等于 3 的通路的条数；（2）根据图的邻接矩阵，判断顶点 1 和顶点 4 是否连通。若连通，求出它们之间的距离。

解 （1）图 5.5（a）的邻接矩阵 A_1 在上例中已经给出，下面求出 A_1 的 2 次幂和 3 次幂：

$$A_1^2=\begin{bmatrix} 2 & 1 & 2 & 0 & 0 & 3 & 1 \\ 1 & 4 & 2 & 2 & 1 & 3 & 4 \\ 2 & 2 & 5 & 3 & 1 & 4 & 3 \\ 0 & 2 & 3 & 4 & 2 & 2 & 3 \\ 0 & 1 & 1 & 2 & 2 & 2 & 1 \\ 3 & 3 & 4 & 2 & 2 & 7 & 2 \\ 1 & 4 & 3 & 3 & 1 & 2 & 7 \end{bmatrix},\quad A_1^3=\begin{bmatrix} 2 & 8 & 5 & 5 & 2 & 5 & 11 \\ 8 & 10 & 14 & 8 & 4 & 16 & 13 \\ 5 & 14 & 13 & 13 & 8 & 16 & 17 \\ 5 & 8 & 13 & 11 & 7 & 15 & 9 \\ 2 & 4 & 8 & 7 & 3 & 6 & 6 \\ 5 & 16 & 16 & 15 & 6 & 13 & 24 \\ 11 & 13 & 17 & 9 & 6 & 24 & 12 \end{bmatrix}$$

图 5.5（a）中顶点 4 和顶点 7 之间长度小于或等于 3 的通路的条数为

$$a_{47}+a_{47}^{(2)}+a_{47}^{(3)}=0+3+9=12$$

（2）由于邻接矩阵 A_1 的 3 次幂 A_1^3 的元素 $a_{14}^{(3)}$ 非零，所以顶点 1 和顶点 4 连通，又由于 $a_{14}^{(2)}=0$，所以根据定理 5.8 的推论 1，已知它们之间的距离为 3。

如果我们仅须知道顶点之间是否连通，而不须知道它们之间存在多少条通路，可以引入以下定义。

定义 5.13 设 $G=<V,\ E>$ 是 p 阶图，其中，$V=\{v_1,\ v_2,\ \cdots,\ v_p\}$。$p$ 阶方阵 $C_D=(c_{ij})_{p\times p}$ 称为 G 的**连通矩阵**，其中，元素

$$c_{ij}=\begin{cases} 1 & v_i\ 与\ v_j\ 连通 \\ 0 & v_i\ 与\ v_j\ 不连通 \end{cases}$$

显然，连通图的连通矩阵的每个元素都是 1。但是，用计算机求一个图的连通矩阵却没有求邻接矩阵方便，特别是对于比较复杂的图。这里我们给出一个借助于邻接矩阵求可达矩阵的方法。

根据定理 5.3 和定理 5.8，对于矩阵 $B^{(p-1)}=A+A^2+\cdots+A^{p-1}$，当 $i\neq j$ 时，若 $b_{ij}^{(p-1)}\neq 0$，则从

v_i 到 v_j 的基本通路存在。反之，若 $b_{ij}^{(p-1)}=0$，则从 v_i 到 v_j 的基本通路不存在。再考虑到任何顶点 v_i 都与自己连通，所以令

$$C_A = A^0 + A + A^2 + \cdots + A^{p-1}$$

则将矩阵 C_A 中非零元改为1，零元保持不变，就得到连通矩阵 C_G，这里 A^0 即是单位矩阵。

例 5.14 求图 5.5（c）的连通矩阵。

解 例 5.12 已经给出了它的邻接矩阵，现先求出它们的幂，然后再按上面的方法求连通矩阵。

$$A_3 = \begin{bmatrix} 0 & 1 & 1 & 1 \\ 1 & 1 & 1 & 1 \\ 1 & 1 & 0 & 0 \\ 1 & 1 & 0 & 0 \end{bmatrix}, \quad A_3^2 = \begin{bmatrix} 3 & 3 & 1 & 1 \\ 3 & 4 & 2 & 2 \\ 1 & 2 & 2 & 2 \\ 1 & 2 & 2 & 2 \end{bmatrix}, \quad A_3^3 = \begin{bmatrix} 5 & 8 & 6 & 6 \\ 8 & 11 & 7 & 7 \\ 6 & 7 & 3 & 3 \\ 6 & 7 & 3 & 3 \end{bmatrix}$$

$$C_{A_3} = A_3^0 + A_3^1 + A_3^2 + A_3^3 = \begin{bmatrix} 9 & 12 & 8 & 8 \\ 12 & 17 & 10 & 10 \\ 8 & 9 & 6 & 5 \\ 8 & 9 & 5 & 6 \end{bmatrix}, \quad C_D = \begin{bmatrix} 1 & 1 & 1 & 1 \\ 1 & 1 & 1 & 1 \\ 1 & 1 & 1 & 1 \\ 1 & 1 & 1 & 1 \end{bmatrix}$$

关联矩阵是可以完全表示一个图的另一种方式，其定义如下。

定义 5.14 设 $G = <V, E>$ 是 $<p, q>$ 图，$V = \{v_1, v_2, \cdots, v_p\}$，$E = \{e_1, e_2, \cdots, e_q\}$。$p \times q$ 阶矩阵 $M_G = (m_{ij})_{p \times q}$ 称为 G 的**关联矩阵**，其中

$$m_{ij} = \begin{cases} 2 & e_j \text{是环且关联} x_i \\ 1 & e_j \text{关联} x_i \text{且不是环} \\ 0 & e_j \text{不关联} x_i \end{cases}$$

类似于邻接矩阵，关联矩阵依赖于 V 中各元素的给定次序和 E 中各元素的给定次序，同样，我们将不考虑这种由于 V 或 E 中元素的不同给定次序而引起的关联矩阵的任意性，并选取给定图的任何一个关联矩阵作为该图的关联矩阵。

从关联矩阵 M_G 的定义，可以看出它具有如下性质：

（1）在 M_G 中，平行边的对应列相同。

（2）在 M_G 中，若某行元素全为0，则其对应的顶点为孤立点。

（3）在 M_G 中，每一列元素之和为2。

（4）在 M_G 中，第 i 行元素的和等于第 i 个顶点的度数，即 $\sum_{j=1}^{q} m_{ij} = d(v_i)$。

（5）在 M_G 中，所有元素的和等于边数的两倍，即 $\sum_{i=1}^{p} \sum_{j=1}^{q} m_{ij} = \sum_{i=1}^{p} d(v_i) = 2q$，这正是握手定理的内容。

例 5.15 图 5.5（c）的关联矩阵如下，其中顶点的次序为（3, 4, 5, 6），边的次序为（(3, 4), (3, 5), (3, 6), (4, 4), (4, 5), (4, 6)）。

$$M = \begin{bmatrix} 1 & 1 & 1 & 0 & 0 & 0 \\ 1 & 0 & 0 & 2 & 1 & 1 \\ 0 & 1 & 0 & 0 & 1 & 0 \\ 0 & 0 & 1 & 0 & 0 & 1 \end{bmatrix}$$

习题 5.2

1．证明或否定以下论题。

（1）简单图 G 中有从点 u 到点 v 的两条不同的通路，则 G 中有基本回路。

（2）简单图 G 中有从点 u 到点 v 的两条不同的基本通路，则 G 中有基本回路。

2．设 G 是简单图，$\delta(G) \geqslant 2$，证明 G 中存在长度大于或等于 $\delta(G)+1$ 的基本回路。

3．证明：若连通图 G 不是完全图，则 G 中存在三个点 u，v，w，使 $(u, v) \in E$，$(v, w) \in E$，$(u, w) \notin E$。

4．证明：图 $G = <V, E>$ 是连通图的充分必要条件是对 V 的任何划分 $\{U, W\}$，总存在 $u \in U$，$w \in W$，使 $(u, w) \in E$。

5．设 u，w 是连通图 G 的两个顶点，试证明：若 $d(u, w) \geqslant 2$，则存在顶点 v，使得
$$d(u, v) + d(v, w) = d(u, w)。$$

6．设有 a，b，c，d，e，f，g 七个人，他们分别会讲的语言如下：a 会讲英语；b 会讲汉语和英语；c 会讲英语、西班牙语和俄语；d 会讲日语和汉语；e 会讲德语和西班牙语；f 会讲法语、日语和俄语；g 会讲法语和德语。试问：这七个人中是否任意两个都能交谈（必要时可借助于其余五人组成译员链）？

7．求图 5.10 中各个图的所有割点、割边与割集。

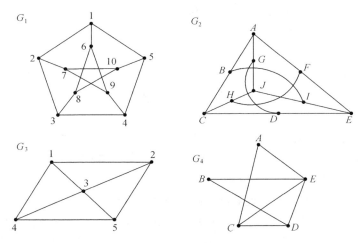

图 5.10 习题 7 的图

8．非平凡的连通图，若其中无割点，则称为不可分图。若 G 是连通的 (p, q) 图，$p \geqslant 3$，证明下述命题等价：

（1）G 是不可分图。

（2）G 中任意两点同在一条基本回路上。

（3）G 中任意两条边同在一条基本回路上。

（4）G 中任一点与任一边同在一条基本回路上。

（5）给定 G 中两个点和一条边，则存在一条基本通路连接这两个点并经过这条边。

9．设 S 是图 G 的任一割集，若 G 是连通图，证明 $G-S$ 恰由两个连通分图组成。更进一步，若 G 由 k 个连通分图组成，证明 $G-S$ 恰由 $k+1$ 个连通分图组成。

10．求图 5.5 中三个图的点连通度和边连通度。

11．给出图 5.2、图 5.7 的邻接矩阵、连通矩阵和关联矩阵。

12．根据图 5.7 中图的邻接矩阵，求出：

（1）顶点 3 和顶点 5 之间长度小于或等于 3 的通路的条数。

（2）通过顶点 3 且长度等于 4 的回路的条数。

13．给出图 5.9 中两个图的邻接矩阵，并根据邻接矩阵求：

（1）图（a）中顶点 2 与顶点 12 之间的距离。

（2）图（b）中顶点 1 和顶点 5 之间的距离。

5.3 欧拉图与哈密尔顿图

5.3.1 欧拉图

定义 5.15 在图中，包含了所有边的简单通路称为**欧拉通路**，包含了所有边的简单回路称为**欧拉回路**。具有欧拉回路的图称为**欧拉图**，具有欧拉通路而无欧拉回路的图称为**半欧拉图**。

定理 5.9 若 G 是非平凡的连通图，则下述命题等价。

（1）G 是欧拉图。（2）G 中无奇点。

证明 （1）$\Rightarrow$（2）：若 G 是连通的而且是欧拉图，则欧拉回路既包含所有的边，也包含所有顶点。对该欧拉回路上的每一个顶点，若有一条边以该顶点为出发点，必然对应另一条边以该点为终止点。因为这样的边成对出现，并且不重复，所以每个顶点的度数必然为偶数。

（2）$\Rightarrow$（1）：对图 G 的边数 q 采用数学归纳法。

（a）当 $q=1$ 时，图 G 为一个环，结论显然成立。

（b）假设 $q \leqslant k$ 时结论成立，则当 $q = k+1$ 时，因为图 G 无奇点，因此根据定理 5.2 可知，G 中必然有一个基本回路。设此基本回路为 C，考察图 $G-C$。

若 $G-C$ 是零图，则有 $G=C$，即 G 本身是欧拉回路，从而，G 是欧拉图。

若 $G-C$ 不是零图，则由于减去一个回路时，各点度数的奇偶性不变，所以其中仍无奇点，但边数 $q \leqslant k$。由归纳假设，$G-C$ 中存在欧拉回路。此时，再将 C 中的边补上，易知 G 中存在一条欧拉回路。

定理 5.10 若 G 是非平凡的连通图，则下述命题等价。

（1）G 是半欧拉图。（2）G 中恰有两个奇点，而且这两个奇点即是欧拉通路的起点和终点。

证明 （1）$\Rightarrow$（2）：若 G 是连通的而且是半欧拉图，则欧拉通路包含所有的边，也包含了所有顶点。沿着该欧拉通路前进，则只有起点和终点经过奇数次，其他顶点必然经历偶数次，即入顶点和出顶点的次数成对，所以 G 中恰有两个奇点。

（2）$\Rightarrow$（1）：在该两个奇点之间连一条边，则新构成的图不含奇点，从而是欧拉图，存在欧拉回路。在该欧拉回路去掉新加入的边，则变成了欧拉通路，即原图 G 中有欧拉通路，所以，G 是半欧拉图。

图 5.11 中的 3 个图也既不是欧拉图，也不是半欧拉图。

例 5.16 某工作是用一条连续曲线与图的每条边各相交一次。证明：这项工作对于图 5.11（a）可以用一条封闭曲线完成；对于图 5.11（b）只能用一条非封闭的曲线完成；对于图 5.11（c）则不可能。

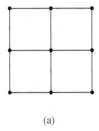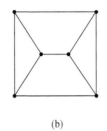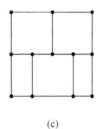

图 5.11 用连续曲线相交的图

证明 在图 5.11 中，每条边都是两个相邻区域的分界线，若一条连续曲线与某边相交一次，则该连续曲线必然是从一个区域到另外一个区域。若把边看成是河流，把区域看成是陆地的话，那么每次相交就是走过连接两个陆地的桥，这正好和欧拉的七桥问题类似。因此，我们可以采用类似的方法，用顶点来表示区域，用每一个相交作为边，从而得到图 5.12（实线部分）。

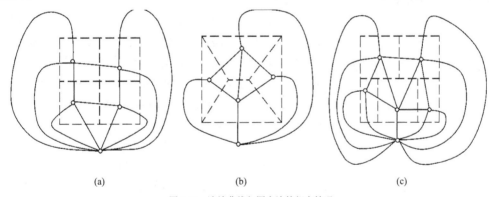

图 5.12 连续曲线与图中边的相交情况

注意，这里的外部区域用一个顶点表示。这样，证明就可以转换成欧拉图的判断问题。图 5.12（a）（实线部分）有 5 个顶点，每个顶点的度数都为偶数，所以必然存在欧拉回路，即存在一条封闭的曲线与图 5.11（a）每条边各相交一次。图 5.12（b）（实线部分）恰有两个奇数点，以该两个奇点分别为起点和终点，可以构成欧拉通路，所以存在一个非封闭的曲线与图 5.11（b）每条边各相交一次。图 5.12（c）（实线部分）中有 4 个奇点，所以不存在欧拉通路，即不存在任何连续曲线与图 5.11（c）每条边各相交一次。

设 $G=<V, E>$ 是 (p, q) 欧拉图（半欧拉图），一般来说，G 中存在若干条欧拉回路（通路），求解欧拉回路（通路）的方法也不止一种。下面介绍一种求欧拉回路（通路）的算法，称为 **Fleury 算法**。

步骤 1

任取 $v_0 \in V$（当有奇点时，v_0 是 G 的奇数度点），令 $L_0 = (v_0)$。

步骤 2

设 $L_i = (v_0,\ e_1,\ v_1,\ e_2,\ \cdots e_i,\ v_i)$ 为已经选定的通路，按下述方法从集合 $E-(e_1,\ e_2,\ \cdots,\ e_i)$ 中选取边 e_{i+1}。

（a）e_{i+1} 与 v_i 关联。

（b）除非无别的边可选择，否则，e_{i+1} 不应该为图 $G-(e_1,\ e_2,\ \cdots,\ e_i)$ 的桥。

如果找到 e_{i+1}，则将 e_{i+1} 及其相关联的另一个顶点 v_{i+1} 加入到通路 L_i 中得到

$$L_{i+1} = (v_0,\ e_1,\ v_1,\ e_2,\ \cdots e_i,\ v_i,\ e_{i+1},\ v_{i+1})$$

步骤 3

重复步骤 2 直到找不出边为止，所得迹即是一条欧拉回路（通路）。

可以证明，按此算法最后所得 $L_q = (v_0,\ e_1,\ v_1,\ e_2,\ \cdots, e_q,\ v_q)$ 为一条欧拉回路（通路）。

例 5.17 用 Fleury 算法从图 5.7 中找出一条欧拉通路。

解 图中奇数度顶点是 1，4，根据 Fleury 算法找出一条欧拉通路如下：

$$L = (1,\ e_1,\ 1,\ e_2,\ 1,\ e_4,\ 3,\ e_5,\ 4,\ e_8,\ 2,\ e_3,\ 5,\ e_6,\ 4,\ e_7,\ 5,\ e_{10},\ 1,\ e_9,\ 4)$$

5.3.2 哈密尔顿图

图论中还有一个看上去与欧拉图问题相似的问题，即哈密尔顿图问题。欧拉图问题考虑边的遍历性，哈密尔顿图问题考虑点的遍历性。

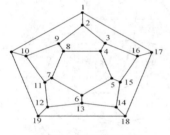

图 5.13 哈密尔顿图问题

哈密尔顿（Hamilton）在 1859 年发明了一种游戏，他将世界上 20 个著名的城市的名字分别标在一个由 12 个正五边形组成的正十二面体的 20 个顶点上。要求游玩的人沿正十二面体的棱前进，经过每个顶点一次且仅一次，并回到出发点。哈密尔顿把这个游戏称为"周游世界"。如果我们以正十二面体的顶点作为点，相应的棱作为边，就得到图 5.13 所示的一个图。因为每个点须经过且只经过一次，所以，我们找的是一条经过所有 20 个顶点的基本回路。

定义 5.16 图 G 的经过所有顶点的基本通路称为**哈密尔顿路**，经过所有顶点的基本回路称为**哈密尔顿回路**，具有哈密尔顿回路的图称为**哈密尔顿图**，具有哈密尔顿路而不具备哈密尔顿回路的图称为**半哈密尔顿图**。

根据上面的定义，可直接得出下面结论：

(1) 每个哈密尔顿图都连通且每个顶点的度数均大于等于 2。

(2) 若一个图有哈密尔顿回路，则任何顶点所关联的边一定有两条在该哈密尔顿回路上。

(3) 若一个图有哈密尔顿回路，则该哈密尔顿回路上的部分边不可能组成一个未经过所有顶点的基本回路。

从这些结论可以判断某些图不是哈密尔顿图。

例 5.18 证明图 5.14 不是哈密尔顿图。

证明 若图 G 中存在一个哈密尔顿回路 H，根据上面的结论 (2)，边 $(a,\ b)$，$(a,\ g)$，$(b,\ c)$ 和 $(c,\ k)$ 必须在 H 中。因为

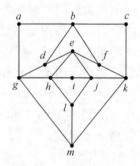

图 5.14 一个非哈密尔顿图

哈密尔顿回路中的顶点的度为 2，所以 (b, d) 和 (b, f) 不能在 H 中。再次由上面的结论（2），知边 (g, d)，(d, e)，(e, f) 和 (f, k) 必在 H 中。这样，由 H 中的边组成了一个基本回路 $(a, b, c, k, f, e, d, g, a)$，它不包含图 5.14 的所有顶点，根据上面的结论（3），图 5.14 中不存在一条哈密尔顿回路。

判断一个图是否是哈密尔顿图，可以借助定义以及上面给出的 3 个结论，但这对顶点数较多的图来说是不可行的，因此有必要寻找其他的方法。但可惜的是，尽管哈密尔顿图问题看起来与欧拉图问题类似，但却是一个至今尚未解决的难题。现在人们只是给出了一些充分条件和一些必要条件，有些结论的证明还比较复杂，至今还没有得到一个充分必要条件。下面给出的例子说明可以通过构造哈密尔顿回路的办法证明一个图是哈密尔顿图。

例 5.19 证明 $K_p (p \geqslant 3)$ 是哈密尔顿图。

证明 在 K_p 中，从任意一个顶点 v_0 开始前进，由于 v_0 和其他的所有顶点都有边相连，则可以沿着某条边到达另一个顶点，设为 v_1，v_1 也与其他的所有顶点有边相连，若除 v_0 和 v_1 外还有顶点没遍历到的话，可以经过某个边到达一个新的顶点 v_2。依此类推，由于每个顶点都与其他任何顶点相连接，只要有顶点没遍历到，就必然能找到新的边到达该顶点，最终可以遍历所有顶点后回到 v_0，得到哈密尔顿回路。

5.3.3 旅行商问题

现在讨论一个与哈密尔顿图问题有关的重要问题：一位旅行推销员想要访问 n 个城市中每个城市恰好一次，并且返回他的出发点。他应当以什么顺序访问这些城市以便旅行总距离最短？这就是著名的**旅行商问题**。这个问题可化归为如下的图论问题：

设 G 是一个赋权完全图，各边的权非负，且有的边的权可能为 ∞（对应两城市之间无交通线），求 G 中一条最短的哈密尔顿回路。

最直截了当的求解旅行商问题的方法是检查所有可能的哈密尔顿回路并且挑选出总权值最小的。若在图中有 n 个城市，则为了求解这个问题，得检查多少条哈密尔顿回路？一旦选定了出发点，需要检查的不同的哈密尔顿回路就有 $(n-1)!/2$ 条，因为第二个顶点有 $n-1$ 种选择，第三个顶点有 $n-2$ 种选择，依此类推。

例 5.20 图 5.15（a）所示图为 4 阶赋权完全图 K_4，求出它的不同的哈密尔顿回路，并指出最短的哈密尔顿回路。

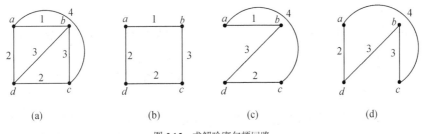

(a)　　　　　　(b)　　　　　　(c)　　　　　　(d)

图 5.15　求解哈密尔顿回路

解 求哈密尔顿回路可以从任何顶点出发。下面给出从顶点 a 点出发，考虑顺时针与逆时针顺序的不同的哈密尔顿回路。

$$G_1 = (a, b, c, d, a),\qquad\qquad G_2 = (a, b, d, c, a)$$

$$G_3 = (a, c, b, d, a),\qquad\qquad G_4 = (a, c, d, b, a)$$
$$G_5 = (a, d, b, c, a),\qquad\qquad G_6 = (a, d, c, b, a)$$

于是，当不考虑顺（逆）时针顺序时，可知 $G_1 = G_6$，以 G_1 为代表，$w(G_1) = 8$（见图 5.15 (b)）。$G_2 = G_4$，以 G_2 为代表，$w(G_2) = 10$（见图 5.15（c））。$G_3 = G_5$，以 G_3 为代表，$w(G_3) = 12$（见图 5.15（d））。经过比较可知，G_1 是最短的哈密尔顿回路。

不过，要注意的是，$(n-1)!/2$ 增长极快。当有几十个城市时，试图用这种方法来求解旅行商问题就已经不切实际了。例如，有 25 个城市，那么就不得不考虑总共 $24!/2$（约 3.1×10^{23}）条不同的哈密尔顿回路。假设检查每条哈密尔顿回路只花费 1 纳秒（10^{-9} 秒），那么就需要大约 1 千万年才能求出这个图中长度最短的哈密尔顿回路。

因为旅行商问题同时具有理论意义和实际意义，所以许多科学家都投入了巨大的努力。不过，迄今还没有得到解决这个问题的多项式时间复杂性算法。

当有许多需要访问的城市时，只能用**近似方法**来解决旅行商问题：不去追求精确解，只需要产生接近精确解的近似解。即它们可能产生总权值为 w_t' 的哈密尔顿回路，使得 $w_t^* \leqslant w_t' \leqslant cw_t^*$，其中，$w_t^*$ 是精确解的总权值，而 c 是一个常数。例如，存在多项式时间复杂性算法使得 $c = 1.5$。在实际中，已经开发出这样的算法，它们可以只用几分钟的机时，就解决多达 1000 个城市的旅行商问题，误差在精确解的 2%之内。

习题 5.3

1. 判断图 5.16 中哪些图是欧拉图，哪些图不是。对不是欧拉图的，至少要加多少条新边才能成为欧拉图？对是欧拉图的，用 Fleury 算法求出欧拉回路。

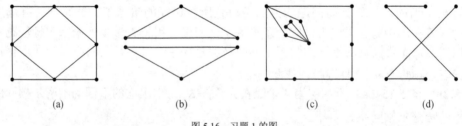

(a)　　　　　　(b)　　　　　　(c)　　　　　　(d)

图 5.16　习题 1 的图

2. 画一个欧拉图，使它具有：
（1）偶数个顶点，偶数条边。　　　　（2）奇数个顶点，奇数条边。
（3）偶数个顶点，奇数条边。　　　　（4）奇数个顶点，偶数条边。

3. 在 k（$k \geqslant 2$）个长度大于或等于 3 的无公共点的环型图之间至少加多少条边才能使它们组成一个简单欧拉图？

4. 证明：可以从连通图中任意一点出发，经过这个图中每条边恰好两次，回到出发点。

5. 完全图 K_p 是欧拉图吗？是哈密尔顿图吗？完全二部图 $K_{m,n}$ 是欧拉图吗？是哈密尔顿图吗？

6. 证明彼得松（Petersen）图（图 5.10(G_1)）既不是欧拉图，也不是哈密尔顿图。并回答，至少加几条边才能使它成为欧拉图？又至少加几条边才能使它变成哈密尔顿图？

7. 设 G 是连通图,证明:若 G 中有桥或割点,则 G 不是哈密尔顿图。

8.(1)证明图 5.17(a)是半哈密尔顿图。

(2)判断图 5.17(b)是否为哈密尔顿图,是否为半哈密尔顿图。

9. 5 阶完全赋权图如图 5.18 所示,求图中的最短哈密尔顿回路。

(a)

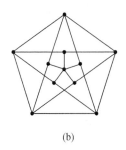

(b)

图 5.17 习题 8 的图

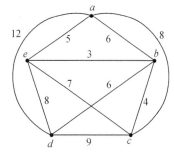

图 5.18 习题 9 的图

10. 今有 n 个人,已知他们中的任何两个人合起来认识其余的 $n-2$ 个人。证明:当 $n \geqslant 3$ 时,这 n 个人能排成一列,使得中间的任何人都认识两旁的人,而最右边的人(最左边的人)认识左边(或右边)的人。当 $n \geqslant 4$ 时,这 n 个人能排成一个圆圈,使得每个人都认识两旁的人。

5.4 最短通路

本节考虑求图中两个顶点间的最短通路的方法,即从一个顶点到另一个顶点含边最少的通路。这个最少的边数也就是两个顶点之间的距离。在许多不同的情形中都需要求这样的通路。由于在一个图的两点之间若有平行边,则最短通路只需要走其中一条边即可,而且带环图的环对最短通路的求解也没有任何影响,所以本节我们假设所考虑的图是简单图。

5.4.1 广义优先搜索

我们希望在顶点 S 和 T 之间找到一条最短通路,并求出从 S 到 T 的距离。通常的方法是:首先考虑顶点 S,接着考虑与 S 相邻的顶点,然后考虑与这些相邻顶点相邻且未被考虑的顶点,等等。通过记录顶点被检查的路线,就可以构造出一条从 S 到 T 的最短通路。为了求出从 S 到 T 的距离,需要对图中被考虑的顶点做标记。比如,如果顶点 V 标记为 3(U),那么从 S 到 V 的距离为 3,且在某条从 S 到 V 的最短通路上,U 是 V 的前驱(即从 S 到 V 的最短通路包含边(U,V))。

例 5.21 如图 5.19(a)所示,求从 S 到每个顶点的距离(若从 S 到该顶点有通路)。首先将 S 标为 0(–),表示从 S 到 S 的距离为 0,而且这条通路上没有边。然后,确定从 S 到其距离为 1 的顶点。这些顶点是 A 和 B,把它们标为 1(S),如图 5.19(b)所示。

对从 S 到其距离为 1 的顶点做好标记后,确定从 S 到其距离为 2 的顶点,这些顶点是还没有被标记且与从 S 到其距离为 1 的某个顶点相邻。例如,与 S 距离为 2 且未被标记的顶点 C 和 E,与 A 相邻,所以,把它们标记为 2(A)。同样,未被标记的顶点 D 与 B 相邻,所以把 D 标记为 2(B)。现在,这些标记如图 5.19(c)所示。

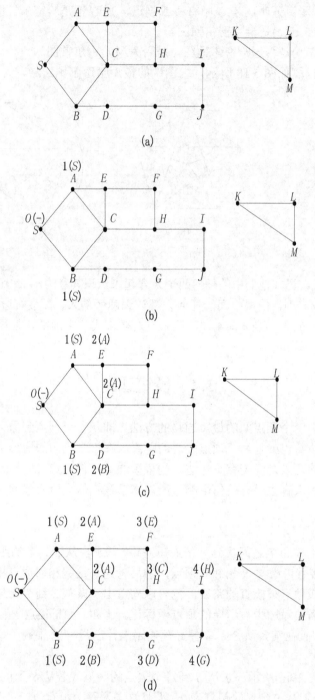

图 5.19　广义优先搜索过程

重复上述步骤，直到没有与未被标记的顶点相邻的已被标记的顶点。当这种情况出现时，如果图中的每个顶点都被做了标记，那么这个图是连通的；否则，从 S 到任何一个未被标记的顶点都没有通路。对如图 5.19(a)所示的图，从顶点 A 到顶点 J 以及顶点 S 最终都被做了标记，如图 5.19(d)所示。此时，停止操作，因为没有与未被标记的顶点相邻的已被标记的顶点。

注意，从 S 到任意一个未被标记的顶点（K，L 或 M）都没有通路。

任何一个已被标记的顶点的标记给出了从 S 到该顶点的距离。例如，由于 I 的标记是 4（H），所以从 S 到 I 的距离是 4。还有，I 的前驱是 H，这意味着从 S 到 I 的某条最短通路包含边（H，I）。同样，H 的前驱是 C，C 的前驱是 A，A 的前驱是 S。因此一条从 S 到 I 的最短通路包含边（H，I），（C，H），（A，C）和（S，A），所以，从 S 到 I 的一条最短通路是（S，A，C，H，I）。

在这个图中，还存在另外一条从 S 到 I 的最短通路，即（S，B，C，H，I）。所求得的是哪一条最短通路依赖于顶点 C 是如何标记的，因为顶点 C 既与 A 相邻又与 B 相邻。

下面是这个过程的算法描述。

广度优先搜索算法：本算法确定图中从 S 到其他各个顶点的距离和最短通路（若 S 到这些顶点有通路）。在这个算法中，£ 表示已被标记的顶点的集合，顶点 A 的前驱是用来对 A 做标记的、£ 中的一个顶点。

步骤 1（对 S 做标记）

（a）将 S 标记为 0，并使 S 没有前驱

（b）令 £={S}，$k=0$

步骤 2（对其他顶点做标记）

repeat

步骤 2.1（增加标记值）

令 $k=k+1$

步骤 2.2（扩大做标记的范围）

while £ 包含标记为 $k-1$ 的顶点 V，且 V 与不在 £ 中的顶点 W 相邻

（a）把 W 标记为 k

（b）指定 V 为 W 的前驱

（c）把 W 加入到 £ 中去

endwhile

until £ 中没有与不在 £ 中的顶点相邻的顶点

步骤 3（构造到达一个顶点的最短距离）

if 顶点 T 属于 £

T 上的标记是从 S 到 T 的距离。沿着下列序列的逆序就构成从 S 到 T 的一条

最短距离：T，T 的前驱，T 的前驱的前驱，...，直到 S

otherwise

从 S 到 T 不存在通路

endif

可以证明，通过广度优先搜索算法给每个顶点做标记，每个标记上的标记就是从 S 到该顶点的距离。（作为习题）

把对顶点做标记和利用一条边寻找相邻顶点看做是基本操作，可以分析这个算法的时间复杂性。对一个有 p 个顶点和 q 条边的图，对每个顶点恰好做一个标记，并且每条边在寻找相邻顶点时至多用到一次，因此最多需要 $p+q$ 次基本操作。而由于

$$p + q \leqslant p + C_p^2 = p + 0.5p(p-1)$$

所以这个算法至多是 p^2 阶的。

5.4.2 Dijkstra 算法

在许多应用中，需要在赋权图中寻找权最小的通路。两个顶点之间权最小的通路也称为最短通路，这条通路的权也称为这两个顶点之间的距离。

然而，并不一定都会存在权最小的通路。例如，当图中存在权为负数的情况时，最小通路就可能不存在。

例 5.22 如图 5.20 所示，通路 (A, B, D, E) 的权为 2，而通路 (A, B, D, C, B, D, E) 的权为 -2，比第一条通路的权小。注意，如果在 A 到 E 的通路上重复回路 (B, D, C, D)，那么通路 $(A-E)$ 的权就将变得越来越小。所以，在 A 和 E 之间没有权最小的通路。

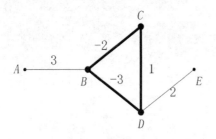

图 5.20 最小通路不存在

因此，除非明确地指明，本书假设赋权图没有权为负数的情况。如果两个顶点之间有通路，这个假设保证了它们之间存在权最小的通路。另外，可以假定权最小的通路是基本通路，因为权为零的回路在最短通路存在中没有意义。

有一个计算赋权图中两顶点 S 和 T 之间距离和最短通路的算法。事实上，这个算法可以同时用来找出 S 到其他所有各顶点之间的距离和最短通路。这个算法的思想是：先找出距 S 最近的顶点，接着找出距 S 第二近的顶点……，依此类推。通过这种方法可以找出 S 到其他所有各顶点之间的距离。此外，在确定距离时，如果把用到的顶点记录下来，那么就可以找到从 S 到任意一个顶点的最短通路。这个算法归功于迪杰斯特拉（E.Dijkstra），他是计算机科学的先驱之一。

Dijkstra 算法：设 G 是赋权图，图中的顶点多于一个，且所有的权都非负。本算法确定从顶点 S 到 G 中其他各个顶点的距离和最短通路。在算法中，£ 表示带永久标记的顶点的集合。顶点 A 的前驱是 £ 中的一个顶点，用来标记 A。顶点 U 和 V 之间的权用 $w(U, V)$ 表示，如果 U 和 V 之间没有边，则记 $w(U, V) = \infty$。

步骤 1（对 S 做标记）

（a）将 S 标记为 0，并使 S 没有前驱

（b）令 £ $= \{S\}$

步骤 2（对其他顶点做标记）

将每个不在 £ 中的顶点 V 标记为 $w(S, V)$（可能是暂时的），并且使 V 的前驱为 S（可能是暂时的）

步骤 3（扩大 £，修改标记）

Repeat

步骤 3.1（使另一个标记永久化）

把不在 £ 中且带有最小标记的顶点 U 加入到 £ 中（如果这样的顶点超过一个，则从中任意选一个）

步骤 3.2（修改临时标记）

对每个不在 £ 中并且和 U 相邻的顶点 X，把 X 的标记替换为下列两者中的较小者：X 的旧标记、U 上的标记与 w(U, X)之和。如果 X 的标记改变了，则使 U 成为 X 的新前驱（可能是暂时的）

Until　£ 中没有与不在 £ 中的顶点相邻的顶点

步骤 4（求出距离和最短通路）

顶点 T 上的标记是从 S 到 T 的距离。如果顶点 T 上的标记是 ∞，那么从 S 到 T 就没有通路，从而没有最短通路；否则，沿着下列序列的逆序就构成从 S 到 T 的一条最短通路：T，T 的前驱，T 的前驱的前驱，…，直到 S。

事实上，这个算法给出了 S 与其他各个顶点之间的距离。把关于一个顶点的设置仅看做一次操作，可以对有 p 个顶点的图分析这个算法的时间复杂性。在步骤 1 中，刚好有一次操作；在步骤 2 中，有 $p-1$ 次。步骤 3 要执行 $p-1$ 遍，每遍对标记最多执行 $p-2$ 次比较以找出最小的标记，接着最多有一次设置。另外，在修改标记时，最多检查 $p-1$ 个顶点，每次检查需要做一次加法和一次比较，还可能有两次设置，总共 4 次操作。所以，在步骤 3 中，最多执行 $(p-1)[p-2+1+4(p-1)]=(p-1)(5p-5)$ 次操作。在步骤 4 中，查找距离以及最多回溯 $p-1$ 个前驱以找出最短通路，最多执行 p 次操作。由此可以看出，算法最多执行 $1+(p-1)+(p-1)(5p-5)+p=5p^2-8p+5$ 次操作，所以，这个算法是至多 p^2 阶的。

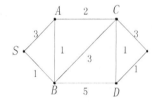

图 5.21　求最短通路

例 5.23　对如图 5.21 所示的带权图，求出从 S 到其他各个顶点的最短通路和距离。

步骤 1：设置 £＝{S}，把 S 标记为 0。在图中，在 S 旁边写下标记和前驱（在圆括号中），以表示这个操作。用星号表示 S 在 £ 中。这时的图如图 5.22(a)所示。

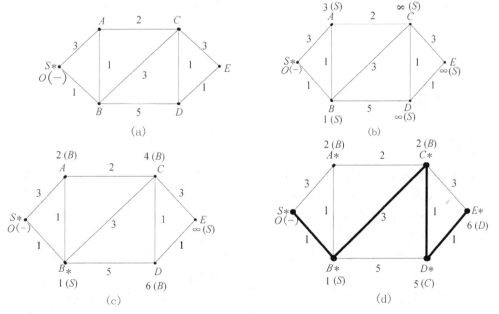

图 5.22　求最短通路过程

步骤 2：对其他各个顶点 V，设置标记 $w(S, V)$ 和前驱 S。需要指出的是，当 S 和 V 之间没有边连接时，$w(S, V)=\infty$。这时的图如图 5.22(b)所示。

步骤 3：由于在不属于 £ 的顶点中，B 的标记最小，所以把 B 放入 £ 中。不属于 £ 且与 B 相邻的顶点是 A，C 和 D；对每个这样的顶点 X，把 X 的标记替换为下列两者中的较小者：X 的旧标记、顶点 B 的标记与 $w(B, X)$ 的和。这些数如表 5.1 所示。

表5.1 X 的标记替换

顶点 X	旧标记	B 上的标记+ $w(B, X)$	最小值
A	∞	1+1=2	2
C	∞	1+3=4	4
D	∞	1+5=6	6

由于每个标记都改变了，还要将这些顶点的前驱替换为 B，得到图 5.22(c)。

继续上述步骤，£ 中没有与不在 £ 中的顶点相邻的顶点。表 5.2 显示了各阶段的标记、前驱和加入 £ 的顶点（空白的单元表示相对于前阶段没有变化）。

表5.2   各阶段的标记、前驱和加入 £ 的顶点

顶点	S	A	B	C	D	E	加入 £ 的顶点
	0(-)						S
		3(S)	1(S)	∞(S)	∞(S)	∞(S)	B
		2(B)		4(B)	6(B)		A
				5(C)	7(C)		C
					6(D)		D
							E

其中表头第二行为"标记和前驱"。

最终的图如图 5.22(d)所示。在这个图中，每个顶点上的标记给出了它与 S 之间的距离，沿着顶点的前驱回溯，可以找到一条以这个距离为长度的最短通路。例如，从 S 到 E 的距离为 6，最短通路（S，B，C，D，E）具有长度 6。

5.4.3 中国邮递员问题

从定理 5.9 和定理 5.10 可知，若一个连通图中奇点数不超过两个，则可以一笔画成，如果超过两个，则无法一笔画成。

一笔画问题，看起来似乎是一种游戏，但它在实际问题中也有用。例如，一个邮递员在递送邮件时，每天要走过他负责的固定区域内的所有街道，然后再回到邮局。现在要问，他应该怎样选择路线，使所走的路程最短？这就是由一笔画问题发展而来的**中国邮递员问题**，这个问题是在 1960 年由我国数学家管梅谷提出并解决的。

如果这一区域的街道抽象出来的图是一个欧拉图，他就可以沿着欧拉回路行走，这样每条街只经过一次，当然所走的路最少。但实际街道抽象出来的图却不一定是欧拉图，这时，邮递员必然要重复经过某些街道才能走完所有的街道。邮递员重复经过某些街道就相当于在原抽象出来的图中增加一些平行边，这样，问题就转化为：如何在原抽象出来的图上增加一

些平行边，使之成为欧拉图，同时保证所加的边权值和最小？

利用 Fleury 算法和 Dijkstra 算法，下面给出求解中国邮递员问题的方法。

（1）如果图 G 不含奇数度顶点，则任何一条欧拉回路就是问题的解，而欧拉回路可以由 Fleury 算法求得。

（2）如果图 G 恰含两个奇数度顶点 u，v，那么先由 Dijkstra 算法求出 u，v 之间的最短通路，然后将最短路上的各边连其权重复一次（增加平行边），得到图 G'，于是 G' 的顶点的度数都是偶数。转向执行（1）求解出 G' 的任何一条欧拉回路，即为问题的解。

（3）如果图 G 恰含 $2k$ 个奇数度顶点，那么先由 Dijkstra 算法求出任何两个奇数度点之间的最短路，然后在这些最短路中找出 k 条路 L_1，L_2，$\cdots$，L_k，满足以下两个条件：

（a）任何 L_i 和 L_j（$i \neq j$）没有相同的端点。

（b）L_1，L_2，$\cdots$，L_k 的长度总和最小。

然后将这 k 条最短路上的各边连其权重复一次（增加平行边），得到图 G'，于是，G' 的顶点的度数也都是偶数，转向执行（1）求解出 G' 的任何一条欧拉回路，即为问题的解。

习题 5.4

1. 用广度优先搜索算法求图 5.23 中四个图从 S 到 T 的最短通路。当前驱有多种选择时，接字母顺序选择最前面的字母。

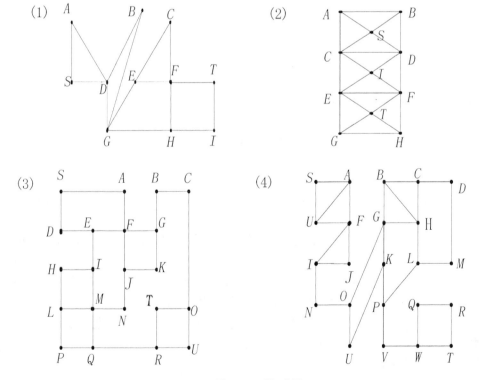

图 5.23 习题 1 的图

2．用 Dijkstra 算法求：

（1）图 5.24（a）中顶点 a 与 i 之间，c 与 g 之间的最短通路及其长度。

（2）图 5.24（b）中顶点 a 与 l 之间，c 与 f 之间的最短通路及其长度。

（3）图 5.24（c）中顶点 a 与 l 之间，b 与 p 之间，i 与 d 之间，m 与 h 之间的最短通路及其长度。

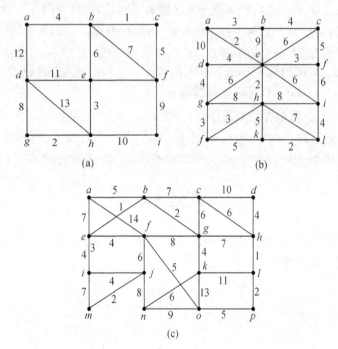

图 5.24　习题 2、3 的图

3．给出图 5.24 中每个图中国邮递员问题的解。

5.5　树

5.5.1　基本概念

前面我们讲了保持图连通性的关键顶点和关键边，这一小节我们介绍保持图连通性的关键结构——树。

在连通图中，去掉回路上的任何一条边都不影响整个图的连通性，所以，我们可以对每个回路去掉一条边，最终可以得到一个保持连通性的无回路的子图。对这样生成的子图去掉任何一条边都会破坏原图的连通性，所以这个子图便是保持连通性的关键结构，定义为树。树是保持连通图的所有顶点之间连通性的极小子图。下面给出它的形式定义。

定义 5.17　不含回路的连通图称为**树**。每个连通分图都是树的非连通图称为**林**。

根据定义，树肯定不含环和平行边，所以树一定是简单图。

定理 5.11　设 G 是 (p, q) 图，则下述命题等价。

（1）G 是树。

（2）G 中任意两点之间有唯一一条简单通路。

（3）G 连通，且任何边都是桥。

（4）G 连通，且 $q = p - 1$。

（5）G 中无回路，且 $q = p - 1$。

（6）G 中无回路，且在任意两个不同的顶点之间加一条边，则恰有一条基本回路。

证明 （1）$\Rightarrow$（2）：反证法。假设存在两点 u，v，且 u，v 之间存在不止一条简单通路。这样就可以取两条从 u 到 v 的不相同的简单通路，它们至少有一条边不相同，这样从两条路中去掉所有相同的边，在剩下的顶点之间必然至少有一条回路。这与 G 是树矛盾。

（2）$\Rightarrow$（3）：由于 G 中任何两点之间都有路，所以 G 中任何两点都是连通的，从而 G 连通。假设某条边 (u, v) 不是桥，则必然在 $G - (u, v)$ 中存在一条从 u 到 v 的路。这样，该路与边 (u, v) 就是 G 中连接 u 和 v 的两条不同的路，从而与题设条件任何两点存在唯一路矛盾，所以 (u, v) 是桥。

（3）$\Rightarrow$（4）：只须证明 $q = p - 1$，对顶点数进行归纳证明。

当 $p = 1$ 时，因 G 的任何边都是桥，所以 G 不可能含有环，即 $q = 0$，满足 $q = p - 1$。

假设当 $p \leqslant n$ 时，$q = p - 1$ 成立。当 $p = n + 1$ 时，由于任何边 e 都是桥，所以 $G - e$ 恰是两个连通分图不相交的并。分别设这两个连通分图为 G_1 和 G_2，并进一步假设 G_1 为 (p_1, q_1) 图，G_2 为 (p_2, q_2) 图，则有 $p = p_1 + p_2$，$q = q_1 + q_2 + 1$。这样就有 $p_1 \leqslant n$，$p_2 \leqslant n$，G_1 和 G_2 连通且去掉任意一条边后则不连通（若 G_1 或 G_2 去掉某条边 e' 后连通，则 G 去掉 e' 后也应连通，从而与题设条件 G 去掉任意一条边后则不连通相矛盾），所以根据归纳假设有 $q_1 = p_1 - 1$，$q_2 = p_2 - 1$。故

$$q = q_1 + q_2 + 1 = p_1 - 1 + p_2 - 1 + 1 = p - 1$$

即当 $p = n + 1$ 时，$q = p - 1$ 成立。

（4）$\Rightarrow$（5）：只须证明 G 中无回路，用反证法。假设 G 中有回路，则去掉该回路中的任何一条边后所得的图 G' 仍是连通图。若剩下的图 G' 仍然有回路，则可以继续去掉回路上的边，并保持连通性不变。最终将出现一个临界情况，即得到一个连通图 G^*，在 G^* 中去掉任何一条边后都不连通。这时 G^* 满足命题（3），上面已经证明（3）$\Rightarrow$（4），所以 G^* 中边的条数为 $p - 1$。因为从 G 产生 G^* 时至少去掉了一条边，所以 G^* 有 $p - 1$ 条边与 G 有 $p - 1$ 条边矛盾，所以 G 中无回路。

（5）$\Rightarrow$（6）：先证 G 连通。假设 G 不连通，则 G 可以看成是两个或两个以上连通分图不相交的并，设这些连通分图为 G_1，G_2，G_3，$\cdots$，G_k（$k \geqslant 2$），并且分别是 (p_1, q_1) 图，(p_2, q_2) 图，(p_3, q_3) 图，$\cdots$，(p_k, q_k) 图。由于 G 中无回路，所以每一个连通分图也无回路，即每个连通分图都是树。前面已经证了（1）$\Rightarrow$（2）$\Rightarrow$（3）$\Rightarrow$（4），因此有 $q_i = p_i - 1$，$i = 1, 2, \cdots, k$。于是，$q = \sum_{i=1}^{k} q_i = \sum_{i=1}^{k} p_i - k = q - k$，由于 $k \geqslant 2$，所以与题设条件 $q = p - 1$ 矛盾。因此，G 连通。

由于 G 连通，根据定理 5.3，G 上的任意两个不同的顶点之间必然存在基本通路，若在两个不同的顶点之间再加一条边，则两点之间的这条路与新加的边就构成了一条基本回路。若加入边后形成了两条基本回路，则说明在加入边之前，原图有回路，与题设条件矛盾，所以加入边后，有基本回路且仅有一条。

（6）⇒（1）：关键是证 G 连通，用反证法。假设 G 不连通，则其至少有两个连通分图，分别在这两个连通分图取一个顶点，显然，这两个顶点不连通。现在这两个顶点之间加入一条边，由题设条件可知恰有一条基本回路，这说明在没加入该边之前这两点有路相连，这与该两点不连通相矛盾。由此可知 G 连通，这样，根据题设条件和树的定义，G 是树。

例 5.24 顶点数大于或等于 2 的树至少有两个悬挂点；顶点数大于或等于 3 的树至少有一个点不是悬挂点。

证明 设树 T 有 p 个顶点。

（1）因为 $p \geqslant 2$，所以对 T 的任何顶点 v_i 都有 $d(v_i) \geqslant 1$。现假设 T 有 x 个悬挂点，则其他顶点的度数至少为 2，于是，所有顶点的度数之和为

$$\sum_{i=1}^{p} d(v_i) \geqslant x + 2(p-x)$$

这样，根据握手定理和定理 5.11，我们有

$$2(p-1) \geqslant x + 2(p-x)$$

由上式解出 $x \geqslant 2$。

（2）反证法。因为是树，所以其中的顶点的度数大于或等于 1。假设所有顶点都是悬挂点，则 $\sum_{i=1}^{p} d(v_i) = p$，这样根据握手定理和定理 5.11，就有 $p = 2q = 2(p-1)$，解得 $p = 2$，这与题设条件阶数大于或等于 3 矛盾。所以至少有一个点不是悬挂点。

例 5.25 （饱和炭氢化合物与树）图可以用来表示分子，其中用顶点表示原子，用边表示原子之间的化学键。英国数学家亚瑟凯莱在 1857 年发现了树，当时他正在试图列举形如 C_nH_{2n+2} 的化合物的同分异构体，它们称为饱和炭氢化合物。

在饱和炭氢化合物的图模型里，用 4 度顶点表示炭原子，用 1 度顶点表示氢原子。在形如 C_nH_{2n+2} 的化合物的表示图里有 $3n+2$ 个顶点，而边数等于顶点度数之和的一半，即等于 $(4n+2n+2)/2 = 3n+1$。因为这个图是连通的，且边数比顶点数少 1，所以它是树。

带有 n 个 4 度顶点和 $2n+2$ 个 1 度顶点的不同的树，表示的是 C_nH_{2n+2} 的同分异构体。例如，当 $n=4$ 时，存在恰好两个 C_4H_{10} 的同分异构体。它们的结构显示在图 5.25 中，这两种同分异构体称为丁烷和异丁烷。

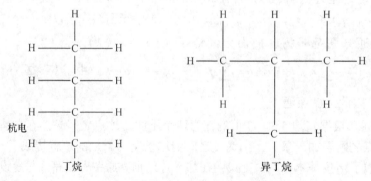

图 5.25　表示饱和炭氢化合物分子的树模型

5.5.2　生成树

任何连通图都有一种特殊的生成子图，这就是生成树。

定义 5.18　若 T 是图 G 的生成子图，且是树，则称 T 为 G 的**生成树**。$\forall e \in E(G)$，若 e 在树 T 上，则称 e 为 T 的**枝**，否则称 e 为 T 的**弦**。

有几种求图的生成树的方法，一种方法是通过删除边来消除回路。还有许多其他方法，其中有些在计算上编程比较容易，因为它们不需要找出回路。其中一种方法是使用广度优先搜索算法，广度优先搜索算法已在前面讨论过了。

回顾一下，在广度优先搜索算法中，从顶点 S 开始，然后找出与 S 相邻的顶点，将它们标记为 $1(S)$。（广度优先算法给出的顶点标记指明了该顶点与 S 之间的距离，以及从 S 到该顶点的一条最短通路上的前驱。）接下来，考虑每个与标记为 1 的顶点 V 相邻的未被标记的顶点，把这些顶点标记为 $2(V)$。按这种方式继续进行，直到没有与已被标记的顶点相邻的未被标记的顶点。

令 $\bar{T}$ 表示把每个已被标记的顶点连接到其前驱的边的集合。广度优先搜索算法步骤 2.2 中的标记过程保证：$\bar{T}$ 中的边形成一个连通图。此外，$\bar{T}$ 中的每条边连接两个被标记为相继整数的顶点，且 $\pounds$ 中没有这样的顶点 V，它通过 $\bar{T}$ 中的边连接到多个具有更小标记（比 V 的标记小）的顶点。因此，$\bar{T}$ 中没有形成回路的边的集合。由于连通图中的每个顶点最终都被标记，$\bar{T}$ 中的边构成一棵包含图中每个顶点的树，所以 $\bar{T}$ 是图的一棵生成树。（本书后面称 $\bar{T}$ 为树，树的顶点理解成与这些边关联的顶点。）

例 5.26　应用广度优先搜索算法求图 5.26 的生成树。

可以从任意顶点开始广度优先搜索算法，比如从 K 开始，把它标记为 $0(-)$。与 K 相邻的顶点是 A 和 B，把它们标记为 $1(K)$。接下来，对邻接于 A 和 B 的未被标记的顶点 D 和 E 做标记，分别将它们标记为 $2(A)$ 和 $2(B)$。按这样的方法继续，直到所有的顶点都被标记为止。一组可能的标记如图 5.27 所示。连接每个顶点到其前驱（在顶点的标记中指明）的边就构成了该图的一棵生成树，这些边在图 5.27 中以粗边显示。

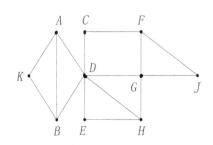

图 5.26　用广度优先搜索求生成树的图

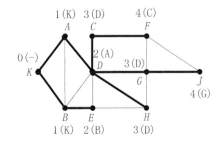

图 5.27　用广度优先搜索求出的生成树

应该注意到，在使用广度优先搜索算法时，在有些地方，前驱顶点的选取是随机的。不同的选择将产生不同的生成树。例如，在例 5.26 中，可以选择边 $(E，H)$ 和 $(F，G)$，而不选择边 $(D，H)$ 和 $(C，F)$，这就会给出另一棵生成树。

只使用生成树中的边的简单通路是两顶点之间的最短通路。由广度优先搜索算法给出的顶点的标记就是从 S 到该顶点的距离，因此，有时把通过广度优先搜索算法构成出来的生成树称为**最短通路树**（Shortest Path Tree）。

生成树的存在性与图的连通性有关。下面的定理明确地表述了这种关系。

定理 5.12 图 G 具有生成树，当且仅当 G 是连通图。

证明 必要性显然，只须证明充分性。若 G 中无回路，则 G 本身是 G 的一个生成树。若 G 中有回路，则任取一回路，随意地删除回路上的一条边，若还有回路再随意地删除回路上的一条边，直到最后无回路为止，易知，所得图无回路，连通且为 G 的生成子图，所以为 G 的生成树。

推论 1 若一个 (p, q) 图是连通图，则 $q \geqslant p-1$。

推论 2 若 T 是 (p, q) 图 G 的生成树，则 T 有 $p-1$ 条枝，$q-p+1$ 条弦。

定理 5.13 设 T 是图 G 的生成树，则

（1）G 的任何回路都至少包含 T 的一条弦。

（2）若 e 为 T 的弦，则 G 中存在且只存在一条只含弦 e，其余都是枝的基本回路，称为 G 的对应 T 的弦 e 的**基本回路**。

证明 （1）若 G 的回路 C 不包含 T 的任何弦，即 C 上的边都是枝，则 $C \subseteq T$，这与 T 是生成树，不包含任何回路相矛盾。因此，G 的任何回路都至少包含 T 的一条弦。

（2）设 $e = (u, v)$，由定理 5.11 可知，在 T 中 u, v 之间存在唯一一条基本通路 L，显然，$L \cup e$ 即是 G 中的一条基本回路，它只含弦 e，其余都是枝。

若 G 中存在两条只含弦 e，其余都是枝的基本回路，显然，这两条基本回路都在 $T \cup e$ 上。这样，从 $T \cup e$ 中去掉边 e 后，T 上就存在回路，与 T 是生成树相矛盾。所以，G 中恰好存在一条只含弦 e，其余都是枝的基本回路。

定理 5.14 设 T 是图 G 的生成树。

（1）G 的任一割集都至少含有 T 的一条枝。

（2）若 e 为 T 的枝，则 G 中恰好存在一个只含枝 e，其余都是弦的割集，称为 G 的对应 T 的枝 e 的**基本割集**。

证明 （1）若 G 的割集 S 不包含 T 的任何枝，则 $G-S$ 包含 T，而 T 是 G 的生成树，所以 $G-S$ 连通，这与 S 为割集相矛盾。因此，G 的任一割集都至少含有 T 的一条枝。

（2）由定理 5.11 可知，e 是 T 的桥，因而 $T-e$ 是两个连通分图不相交的并，设这两个连通分图为 T_1 和 T_2。令

$$S_e = \{(u, v) \mid (u, v) \in E \land u \in V(T_1) \land v \in V(T_2)\}$$

由构造可知 S_e 为 G 的割集，$e \in S_e$，且 S_e 中除 e 外都是弦，所以 S_e 即为所求。

由上面的证明可知，只含枝 e 的割集只能是上面定义的 S_e，所以 G 中有且只有一个只含枝 e，其余都是弦的割集。

例 5.27 图 5.28（b）是图 5.28（a）的一个生成树。

（1）求此生成树的所有弦以及相应的基本回路。

（2）求此生成树的枝 $(2, 3)$ 相应的基本割集。

解 （1）生成树图 5.28（b）的所有弦为：$(2, 8)$，$(8, 9)$，$(9, 5)$，$(4, 5)$，$(5, 6)$，$(8, 5)$，$(8, 7)$。它们对应的基本回路分别是：$(1, 2, 8, 1)$，$(8, 9, 3, 2, 1, 8)$，$(9, 5, 7, 1, 2, 3, 9)$，$(4, 5, 7, 1, 2, 3, 9, 4)$，$(5, 6, 1, 7, 5)$，$(8, 5, 7, 1, 8)$，$(1, 8, 7, 1)$。

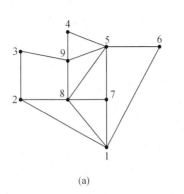
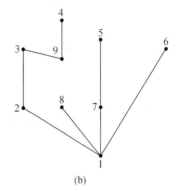

(a)   (b)

图 5.28   连通图和它的生成树

（2）去掉生成树图 5.28（b）的枝 (2, 3)，则该生成树就变成两个不连通的部分，其顶点集合分别为 {3, 9, 4} 和 {1, 2, 8, 7, 5, 6}。基本割集就是原图 G 中连接这两组顶点的所有边的集合，即 {(2, 3), (8, 9), (9, 5), (4, 5)}。

5.5.3   深度优先搜索

在前面，我们看到如何用广度优先搜索算法求连通图的生成树。该算法从一个顶点开始，扩展到其所有的相邻顶点，从这些顶点出发，再扩展到所有没有到达过的相邻顶点，按这种方式继续，直到不能进一步扩展为止。这样，就得到从起始点到其他每个顶点的距离和一棵生成树。

另一种求连通图生成树的算法是深度优先搜索算法。在这个算法中，用连接的整数标记顶点，这些整数指明了遇到顶点的顺序。这个算法的基本思想是：标记顶点 V 后，在寻找应紧接着做标记的顶点时，首先要考虑的顶点是与 V 相邻但还未被标记的顶点。如果有一个与 V 相邻的未被标记的顶点 W，就为 W 指定下一个标记数，再从 W 开始搜索下一个要标记的顶点。如果 V 没有未被标记的相邻顶点，就沿着给 V 做标记时所走过的边后退，并且，如果有必要，连续后退，直到到达一个顶点，它有未被标记的相邻顶点 U。接着为顶点 U 指定下一个标记数，并从 U 开始搜索下一个要标记的顶点。

深度优先算法的关键思想是：当已经走到所能够到达的最远端时，就后退。作为这个过程的一个例子，考虑图 5.29。下面将给每个顶点 V 指定一个标记，这个标记指明了 V 被标记的顺序及其前驱（我们从这个前驱顶点到达 V）。从任意一个顶点开始，比如说 A，给它指定标记 1(-)，指明它是第一个被标记的顶点，而且没有前驱。接着，在两个相邻顶点 B 和 D 中，任意选择一个，比如说 B，把它标记为 2(A)。下一步，在与 B 相邻的两个未被标记的顶点中，任意选择 C，把它标记为 3(B)。由于 C 没有未被标记的相邻顶点，所以退回到 B（C 的前驱），并在下一步走到 D，将 D 标记为 4(B)。当所有的顶点都被标记以后，通过选取连接每个顶点与其前驱的边（以及它们的关联顶点），就可以构造出图的一棵生成树。这些边如图 5.29 中的粗边所示。

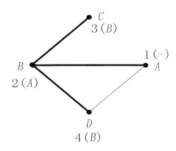

图 5.29   深度优先搜索

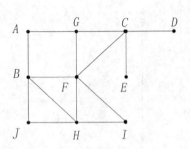

图 5.30 用深度优先搜索求生成树

连接一个顶点到其前驱的边。

下面的例子将在一个更复杂的图上演示这种方法。

例 5.28 本例将应用深度优先搜索法求出图 5.30 的一棵生成树。在这个例子中，将遵循惯例，即当需要对顶点做选择时，按字母顺序选择顶点。从选择起始顶点开始，按照惯例选择 A，接着给 A 指定标记 1(-)，这表明 A 是第一个被标记的顶点且没有前驱。选择一个与 A 相邻的未被标记的顶点，可能的选择是 B 和 G，按照字母顺序选择 B，并给 B 指定标记 2(A)。如图 5.31(a) 所示，我们在每个顶点的近旁列出其标记，并用粗边表示

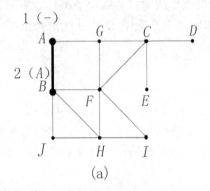

(a)

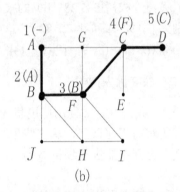

(b)

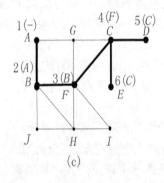

(c)

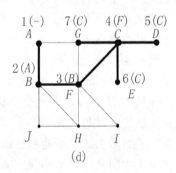

(d)

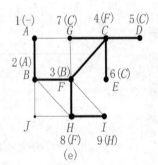

(e)

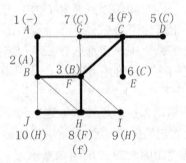

(f)

图 5.31 用深度优先求生成树的过程

现在从 B 出发继续，在 F, J 和 H 中选择一个与 B 相邻的未被标记的顶点。这里选择 F，并将 F 标记为 3(B)。从 F 出发继续，选择 C，并将 C 标记为 4(F)。下一步，选择 D，并将 D 标记为 5(C)。现在的情况如图 5.31(b)所示。

此时，没有与 D 相邻的未被标记的顶点，于是，必须从 D 退回到其前驱 C。由于存在与 C 相邻的未被标记的顶点，所以选择一个，即 E，并将 E 标记为 6(C)。现在的情况如图 5.31(c)所示。

因为不存在与 E 相邻的未被标记的顶点，所以退回到 E 的前驱 C。下一步选择 G，并将 G 标记为 7(C)，如图 5.31(d)所示。

此时必须再一次后退，因为不存在与 G 相邻的未被标记的顶点。于是回到 C（G 的前驱）。但是，这次不存在与 C 相邻的未被标记的顶点，所以只得继续后退到 F（C 的前驱）。由于存在与 F 相邻的未被标记的顶点，所以从 F 出发继续做标记。下一步选择 H，将 H 标记为 8(F)。从 H 出发继续，选择 I，将 I 标记为 9(H)。现在的情况如图 5.31(e)所示。

因为不存在与 I 相邻的未被标记的顶点，因此退回到 H。现在选择 J，将 J 标记为 10(H)。此时，每个顶点都已被标记，如图 5.31(f)所示，所以停止标记。在图 5.31(f)中，粗边（及其关联顶点）构成一棵生成树。

下面将例 5.28 中的过程算法化。

深度优先搜索算法：本算法为至少有两个顶点的图 G 求出一棵生成树（如果存在）。在算法中，£ 是已被标记的顶点的集合，顶点 Y 的前驱是 £ 中的一个顶点，它被用于标记 Y，⊤ 是连接各个顶点与其前驱的边的集合。

步骤 1（标记起始顶点）

（a）选择一个顶点 U，将它标记为 1，并令 U 没有前驱

（b）令 £ = {U}，⊤ = Φ

（c）令 $k=2$，$X=U$

步骤 2（标记其他顶点）

Repeat

步骤 2.1（标记一个与 X 相邻的顶点）

While 存在与 X 相邻且不属于 £ 的顶点 Y

（a）将边(X, Y)加入到 ⊤ 中

（b）指定 X 为 Y 的前驱

（c）将 Y 标记为 k

（d）将 Y 包括到 £ 中

（e）令 $k=k+1$

（f）令 $X=Y$

Endwhile

步骤 2.2（后退）

令 $X=X$ 的前驱

Until X=null 或者 G 的每个顶点都在 £ 中

步骤 3（生成树存在吗？）

If G 的每个顶点都在 £ 中

$\overline{T}$中的边及其关联顶点构成 G 的一棵生成树

Otherwise

G 没有生成树，因为 G 不是连通的

Endif

广度优先搜索算法和深度优先搜索之间有根本的区别。对于广度优先搜索，我们从一个顶点扩展到其所有的相邻顶点，并在每个顶点上重复这个过程。此外，在任何时候都不会为了继续搜索而后退。但是，对于深度优先搜索，我们从一个顶点出发走到所能够到达的最远端，当不能再继续时，就后退到最近的、在其上还存在选择的顶点，然后再重新开始，走到所能够到达的最远端。

勘探有许多分叉的洞穴可以采用两种不同的方法，类似于广度优先搜索和深度优先搜索。若采用广度优先搜索方法，则由一个勘探队搜索洞穴，并且每当一条涵洞分叉为若干条涵洞时，勘探队就分成几个小队，同时分别搜索每条涵洞。若采用深度优先搜索方法，则一个人搜索洞穴，方法是留下磷的痕迹标记他已经到过的地方，当要选择涵洞时，随机地选择一条没有搜索过的涵洞作为下一条要勘探的涵洞。当到达尽头时，就根据所标记的痕迹后退，找到下一条未走过的涵洞。

通常，把通过深度优先搜索算法构成出来的生成树称为**深度优先搜索树**（**Depth-first Search Tree**）。

为了分析深度优先搜索算法的时间复杂性，把标记一个顶点和使用一条边都看做是基本操作。对一个有 p 个顶点和 q 条边的图，每个顶点最多被标记一次，每条边最多使用两次，一次在从一个已被标记的顶点走到一个未被标记的顶点时使用，另一次在回溯到前一个已被标记的顶点时使用。因此，最多有

$$p + 2q \leqslant p + 2C_p^2 = p + 2 \cdot \frac{1}{2} p(p-1)$$

次操作，所以这个算法的阶是至多 p^2 的。

5.5.4 最小生成树

政府计划修建连接 6 个城市的公路系统，应当修建哪些公路，以便保证在任何两个城市之间都有公路相连，而且修建道路的总成本是最小的？可以用图 5.32 所示的赋权图为这个问题建模，其中，顶点表示城市，边表示修建的公路，边上的权表示修建该条公路的成本。通过找出一个生成树，使得这个树的各边的权之和最小，就可以解决这个问题。这样的生成树称为最小生成树。

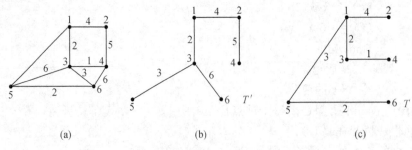

图 5.32　赋权图和它的最小生成树

定义 5.19 设 G 是赋权图，G 的具有最小权值总和的生成树称为 G 的**最小生成树**。

例 5.29 图 5.32（b）是图 5.32（a）的一个生成树，其总权值为 20。图 5.32（c）也是图 5.43（a）的一个生成树，其总权值是 12。后面将证明图 5.32（c）是图 5.32（a）的最小生成树。

一种寻找最小生成树的算法叫做**普里姆（Prim）算法**。该算法首先由一个顶点开始，每次循环都增加一个权值最小的边，且不形成回路，直到形成一个最小生成树。另一个找出最小生成树的算法叫做**克鲁斯卡尔（Kruskal）算法**，将作为习题。

Prim 算法：求解连通赋权图 $G=<V$，E，$W>$ 的最小生成树 T。

输入：一个连通赋权图，其顶点用 1, 2, …, p 表示，起始顶点为 s；权值向量 $W=(w(i, j)|i, j=1, 2, …, p)$，其中，如果 (i, j) 是一条边，$w(i, j)$ 就是边 (i, j) 上的权值，否则，$w(i, j)$ 取无穷大。

输出：最小生成树的边集合 $\overline{T}$。

1. **procedure** $Prim\,(G，s，E_T)$
2. $£=\{s\}$ //将起始顶点加入到集合 $£$ 中
3. $\overline{T}=\phi$ //初始边集合为空
        //第 4～17 行在边集 $\overline{T}$ 放入 $n-1$ 条边
4.   **for** $i=1$ **to** $p-1$ **do**
            //第 5～16 行增加一条最小权值的边，它的一个顶点在 $£$ 中，另一个不在 $£$ 中
5.   min: $=\infty$
6.   **for** $£$ 中的每个点 j **do**
7.   **for** 不在 $£$ 中的每个点 k **do**
8.   **if** $w(j, k)<$min **then**
9. $add\_v:=k$
10. $add\_e:=(j, k)$
11.   min: $=w(j, k)$
12.   **end** *if*
13.   **end** *for*
14.   **end** *for*
15. $£=£ \cup\{add\_v\}$ //将选中的顶点放入 $£$ 中
16. $\overline{T}=\overline{T}\cup\{add\_e\}$ //将选中的边放入 $\overline{T}$ 中
17.   **end** *for*
18.   **return**（$\overline{T}$）
19. **end** *Prim*

例 5.30 用 Prim 算法寻找图 5.32（a）的最小生成树，假设开始顶点 s 的编号是 1。

解 在第 2 行，增加顶点 1 到 $£$ 中，第一次执行第 6～14 行的 for 循环，要求所增加的边必须有一个顶点在 $£$ 内，另一个顶点暂时不在 $£$ 内。

选择具有最小权值的边（1，3），在 15，16 行，将顶点 3 增加到 $£$ 中，将边（1，3）加到 $\overline{T}$ 中（如图 5.33 所示的循环 1）。然后执行循环体 6～14 行，涉及的边是一个顶点在 $£$ 内，另一个顶点暂时不在 $£$ 内的。

循环	选择	边	权值
1	(1,3)	(1,2)	4
		(1,3)	2
		(1,5)	3
2	(3,4)	(1,2)	4
		(1,5)	3
		(3,4)	1
		(3,5)	6
		(3,6)	3
3	(1,5)	(1,2)	4
		(1,5)	3
		(2,4)	5
		(3,5)	6
		(3,6)	3
		(4,6)	6
4	(5,6)	(1,2)	4
		(2,4)	5
		(3,6)	3
		(4,6)	6
		(5,6)	2
5	(1,2)	(1,2)	4
		(2,4)	5

图 5.33　用 Prim 算法求最小生成树

选择具有最小权值的边（3，4），在 15，16 行，将顶点 4 增加到 £ 中，将边（3，4）加到 〒 中（如图 5.33 所示的循环 2）。

然后执行循环 6～14，涉及的边是一个顶点在 £ 内，另一个顶点暂时不在 £ 内的。

这时有两条边具有最小权值 3，加入任何边都可以，如选择边（1，5），在 15，16 行，将顶点 5 增加到 £ 中，将边（1，5）加到 〒 中（如图 5.33 所示的循环 3）。

然后执行循环体 6～14 行，涉及的边是一个顶点在 £ 内，另一个顶点暂时不在 £ 内的。

选择有最小权值的边（5，6），在 15，16 行，将顶点 6 增加到 £ 中，将边（5，6）加到 〒 中。

最后执行循环体 6～14 行，涉及的边是一个顶点在 £ 内，另一个顶点暂时不在 £ 内的。

选择权值最小的边（1，2），在 15，16 行，将顶点 2 增加到 £ 中，将边（1，2）加到 〒 中，形成最小生成树如图 5.32（c）所示。

在 Prim 算法中，因为需要得到最小生成树，所以在每次循环中只增加一条最小权值的边，因此，Prim 算法是一种贪心算法。所谓**贪心算法**，是指一类采用“局部最优”方式的算法，它在每次循环时都只考虑如何使本次选择做到最优，而不考虑总体是否达到最优。但是，每一步最优并不一定就会导致全局最优，例如，如果采用贪心算法在图 5.34 中求解由 a 到 c 的最短路径，即在每一步都选择到已选顶点最小权值的边，将得到路径 (a, d, c)，但这并不是从 a 到 c 的最短路径。

不过下面的定理将证明 Prim 算法是正确的，即用 Prim 算法确实能得到最小生成树。

定理 5.15　Prim 算法是正确的，也就是说，算法结束得到的边集 〒 组成的图是最小生成树。

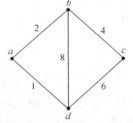

图 5.34　贪心算法不成功的例子

证明　令 〒$_i$ 表示由 Prim 算法第 i 次循环（第 4～17 行）后得到的边集。显然，〒0 为空集。

在 Prim 算法结束后，最后产生的边集 〒$_{n-1}$ 组成图 G 的连通无回路子图，即组成了一棵 G 的生成树。

下面用归纳法证明，对任意的 $i(0 \leq i \leq n-1)$，〒$_i$ 都在某个最小生成树中。

当 $i = 0$，〒0 为空集，因此在每个最小生成树中，验证了基本步。

假设 〒$_i$ 在最小生成树 T 中，令 £$_i$ 是 〒$_i$ 中边的顶点集合，Prim 算法选择最小权值的边 (j, k)，其中 $j \in$ £$_i$，$k \notin$ £$_i$，将 (j, k) 加入 〒$_i$ 后生成 〒$_{i+1}$。如果 (j, k) 在 T 中，则 〒$_{i+1}$ 包含在最小生成树 T 中。如果 (j, k) 不在 T 中，则 $T \cup$ 并 (j, k) 必包含某个回路 C，在 C 中选一条不同于 (j, k) 的边 (x, y)，且 $x \in$ £$_i$ 而 $y \notin$ £$_i$，则

$$w(x, y) \geqslant w(j, k)。$$

由上式，图 $T' = T \cup$ 并 $(j, k) - (x, y)$ 的总权值小于等于 T 的总权值，因为 T' 也是生成树，所以 T' 是最小生成树，因此，$\top_{i+1}$ 在最小生成树 T' 中，归纳步也得到验证。

根据数学归纳法原理，对任意的 $i(0 \leqslant i \leqslant n-1)$，$\top_i$ 都在某个最小生成树中。

因为 $\top_{n-1}$ 既在一棵最小生成树中，而它本身又组成一棵生成树，因此它组成一棵最小生成树。

根据 Prim 算法的迭代步骤，不难得出其时间复杂性最多为 p^3 阶的。我们可以将 Prim 算法中第 6 行对 £ 中的每个点 j 改为对最近的顶点进行，就可以降低计算复杂性，得到一个复杂度为 p^2 阶的算法，称为 **Prim_Alternate 算法**。

习题 5.5

1．一个树 T 有 5 个 1 度顶点，3 个 2 度顶点，其余的顶点都是 3 度顶点，问 T 一共有几个顶点？

2．一个树有 2 个 2 度顶点，3 个 3 度顶点，4 个 4 度顶点，问这个树有几个 1 度顶点？

3．证明：若 (p, q) 图 G 是 k 个树组成的森林，则 $q = p - k$。

4．证明：p 阶树的顶点度数之和为 $2p - 2$。

5．用广度优先搜索算法求出图 5.35 中每个连通图的一棵生成树（从 A 开始，在选择顶点时，使用字母顺序）。

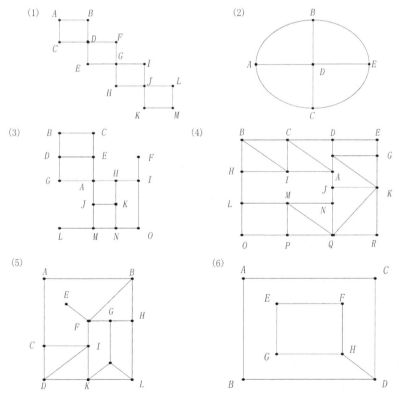

图 5.35 习题 5 的图

6．找出图 5.9 中两个图的生成树，并求该生成树的所有弦及相应基本回路，该生成树的所有枝及相应基本割集。

7．在什么情况下，图 G 的某条边是 G 的所有生成树所共有的？

8．用深度优先搜索算法求出图 5.36 中每个连通图的一棵生成树（从 A 开始，在选择顶点时，使用字母顺序）。

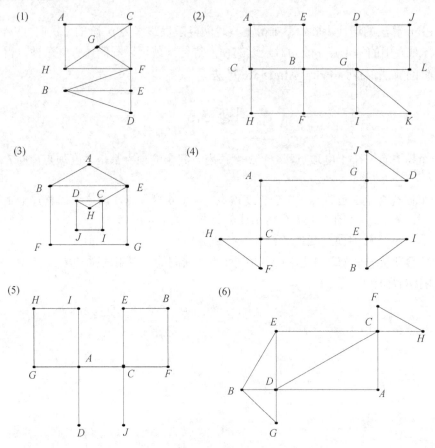

图 5.36　习题 8 的图

9．写出 Prim_Alternate 算法的算法步骤，并证明 Prim_Alternate 算法是正确的，即算法执行的结果会产生一棵最小生成树。

10．**Kruskal 算法**用来求解有 n 个顶点的连通加权图的最小生成树。它假设图 T 开始只包含 G 的顶点，不包含边，每次循环都增加权值最小的边 e 到 T 中，且不产生回路，当 T 有 $n-1$ 条边时，停止。请写出 Kruskal 算法的算法步骤，并证明 Kruskal 算法是正确的，即算法执行的结果会产生最小生成树。

11．用 Prim 算法、Prim_Alternate 算法和 Kruskal 算法为图 5.24 的每个图找出最小生成树。

12．判断下面说法是否正确，如果是对的，加以证明，否则给出反例。其中，G 是连通加权图。

（1）如果 G 中所有边的权值都不一样，则不同的生成树的权值都不一样。

（2）如果 e 是 G 的一条边，权值最低，则 e 被 G 中任意一个最小生成树所包含。

（3）如果一直删除 G 中权值最大的边且不导致非连通，则最后得到的图为 G 的最小生成树。

5.6　平面图及图的着色

5.6.1　平面图

图的平面性是图的一个十分重要的性质，它有许多实际的应用。例如，电路设计经常考虑布线是否可以避免交叉以减少元器件之间的相互干扰。如果必须交叉，那么怎样才能使交叉处尽可能地少？又如地下水管、煤气管和电缆线等各种管道的铺设，为了安全起见，怎样布局才能不交叉？这些问题都可以抽象为图论中平面图的判定问题。

定义 5.20　将图 G 的图形画在一个曲面 S 上，使 G 的任何两条边均不交叉，则称 G 被**嵌入曲面 S**。可以嵌入平面的图称为**平面图**，平面图嵌入平面后得到的任何两条边均不交叉的图称为平面图的一个**平面嵌入**。

有些图形从表面上看有些边是相交的，但是不能就此肯定它不是平面图。例如，图 5.37(a) 从表面上看它们有边相交，但把它们改画成图 5.37(b)后（即平面嵌入），可以看出它是平面图。

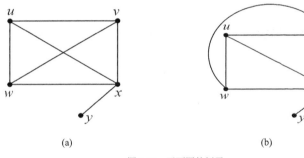

(a)　　　　　　　　　　　　(b)

图 5.37　平面图的例子

但有些图形无论怎么改画，总有边相交，如完全图 K_5 和二部图 $K_{3,3}$ 就是非平面图，如图 5.38 所示。

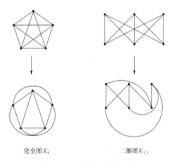

完全图 K_5　　　　　二部图 $K_{3,3}$

图 5.38　非平面图的例子

定义 5.21　设 G 是平面图的一个平面嵌入。由 G 的边将 G 所在平面划分成若干个连通区域，每个连通区域都称为 G 的一个**面**。面积无限的区域称为**外部面**，面积有限的区域称为

内部面。包围面的所有边组成的边界的长度称为该面的**围数**。常记外部面为 R_0，内部面为 R_1，R_2，$\cdots$，R_{f-1}，面 R 的围数记为 bou(R)。

显然，一个平面嵌入有唯一的外部面，其他的都是内部面。例如，图 5.37(b) 有 4 个面，其中 1 个外部面，3 个内部面。

显而易见，当且仅当一个图的每个连通分图都是平面图时，这个图是平面图。因此，研究平面图的性质时，只须讨论连通图即可。

定理 5.16 设 G 是 (p, q) 连通平面图的一个平面嵌入，其面为 R_0，R_1，R_2，$\cdots$，R_{f-1}，则这些面的围数之和等于边数的两倍，即

$$\sum_{i=0}^{f-1} \text{bou}(R_i) = 2q$$

并称 $\sum_{i=0}^{f-1} \text{bou}(R_i)$ 为该平面图的**总围数**，记为 bou(G)。

证明 $\forall e \in E(G)$，若 e 为面 R_i 和 R_j（$i \neq j$）的公共边界上的边，如图 5.37(b) 的边 $<u, v>$，则在计算 R_i 和 R_j 的围数时，e 各提供 1。而当 e 只在某一个面的边界上出现时，如图 5.37(b) 的边 $<x, y>$，则在计算该面的围数时，e 提供 2。于是，每条边在计算总围数时都提供 2，因而 $\sum_{i=0}^{k} \text{bou}(R_i) = 2q$。

定理 5.17 （平面图的欧拉公式） 设 G 是 (p, q) 连通平面图的一个平面嵌入，其面数为 f，则有

$$p - q + f = 2$$

证明 将数学归纳法施归纳于边数 q 上。

当 $q = 1$ 时，公式显然成立。

假设当 $q = n$ 时公式成立。

当图 G 有 $n+1$ 条边时，若图 G 不含回路，任取一个顶点 u，从 u 出发沿着某条路一直往下走。因为 G 不含回路，所以每次沿一条边总能到达一个新结点，最后会到达一个度数为 1 的结点，不妨设为 v，在结点 v 不能再继续前进。删除结点 v 及其关联的边得到图 G'，则 G' 含有 n 条边。由假设知，公式对图 G' 成立，而图 G 比图 G' 多一个顶点和一条边，且图 G 与图 G' 的面数相同，故公式对图 G 仍成立。

若图 G 含回路，设 e 是该回路上的一条边，则边 e 一定是两个不同面的边界的一部分。删除边 e 得到图 G'，则 G' 含有 n 条边。由假设知，公式对图 G' 成立，而图 G 比图 G' 多一边一面，且图 G 与图 G' 的顶点数相同，故公式对图 G 仍成立。

根据数学归纳法原理，命题得证。

例 5.31 如图 5.39 所示，三维空间长方体有 8 个顶点，6 个面，12 条边，分别记为 $p = 8$，$f = 6$，$q = 12$，满足 $p - q + f = 2$。试证明对三维空间的任意一个多面体，这个等式也成立。

证明 如图 5.39 所示，左边的长方体与右边的平面图对应，图中长方体被填充的

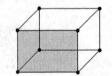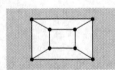

图 5.39 满足欧拉公式的例子

平面映射成平面图的外部区域，这样，三维空间长方体中的等式 $p-q+f=2$ 实际上就是相应平面图的欧拉公式。对三维空间的任意一个多面体，同样可以把它的某个面映射成平面图的外部平面，从而转化成一个平面图 G'，而该平面图的点、边和面与原空间多面体的点、边和面是一一对应的，所以根据欧拉公式，等式 $p-q+f=2$ 也成立。

机械零件一般都是多面体，根据上例，它的顶点、边和面的个数满足欧拉公式，因此在三维实体造型（如 AutoCAD）中，机器零件的设计一般都应满足欧拉公式，当删除一些边时，顶点或面的个数也要做相应的改动。

为了判断一个图是否是平面图，我们来介绍图同胚的概念。为了定义图同胚，我们先定义图的两个操作：2 度顶点的插入和消去。

定义 5.22 设 $e=(u, v)$ 为图 G 的一条边，在 G 中增加新顶点 w，用 (u, w) 和 (w, v) 替换原来的边 (u, v)，这样的操作称为在 G 中**插入 2 度顶点**。设 w 为 G 中的一个 2 度顶点，w 与 u，v 相邻，删除 w 及其相关联的边，增加新边 (u, v)，这样的操作称为在 G 中**消去 2 度顶点** w。

定义 5.23 两个图 G_1 和 G_2，如果通过反复插入或消去 2 度顶点后变成同一个图，则称 G_1 和 G_2 **同胚**。

例 5.32 在图 5.40 中，通过对图 5.40（a）进行 2 度顶点的插入和消去操作可以得到图 5.40（b），所以，图 5.40（a）和图 5.40（b）同胚。

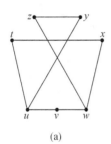 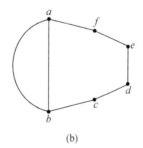

(a)   (b)

图 5.40   2 度顶点的插入和消去操作

定理 5.18 （库拉托斯基（Kuratowski）定理）一个图是平面图，当且仅当它没有与 K_5 或 $K_{3,3}$ 同胚的子图。

此定理证明比较复杂，这里省略。

例 5.33 利用库拉托斯基定理证明图 5.41（a）不是平面图。

解 根据库拉托斯基定理，证明图 G 不是平面图，只须证明图 G 有与 K_5 或 $K_{3,3}$ 同胚的子图。在图 G 中，只有 4 个点的度数为 4，而 K_5 中有 5 个顶点的度数都是 4，所以不可能通过去掉点或边得到与 K_5 同胚的子图，所以就试图找到与 $K_{3,3}$ 同胚的子图。

注意到 $K_{3,3}$ 中，每个顶点的度都是 3，而图 5.41（a）中顶点 a，b，f 和 e 的度都是 4，因此将边 (a, b) 和边 (f, e) 删除使得所有顶点的度数也都是 3，得到图 5.41（b）。由于图 5.41（b）有 8 个顶点而 $K_{3,3}$ 只有 6 个顶点，所以须删除 2 个顶点。若直接删除顶点将使留下来的图的某些顶点度数为 2，与 $K_{3,3}$ 所有的顶点度数都为 3 不一致，所以应先删除一些边得到 2 度顶点，然后消去 2 度顶点得到同胚图，于是，删除边 (g, h) 得到图 5.41（c），再消去 2 度顶点 g 和 h 得到图 5.41（d）。图 5.41（d）实际上就是一个 $K_{3,3}$，从而，

G 不是平面图。

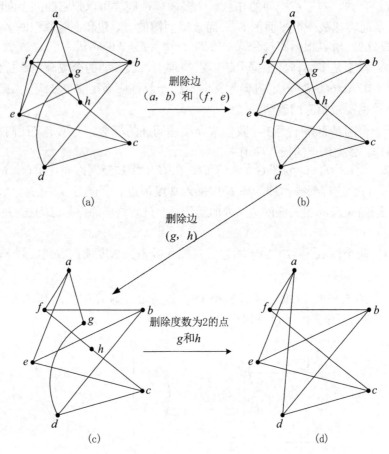

图 5.41　一个非平面图的判断过程

5.6.2　图的着色

与地图着色有关的问题，已经在图论里产生了许多结果。当为一幅地图着色时，具有公共边界的两个区域要涂上不同的颜色。要确保两个相邻的区域永远没有相同的颜色（只相交于一个顶点的两个区域不算是相邻的），一种方法是对每个区域使用不同的颜色。不过，这是低效的方法，而且在具有许多区域的地图上，可能难以区分相似的颜色。替代的方法是尽量使用不多的几种颜色来填充地图。于是提出这样的问题：给一幅地图着色所需的最小颜色数目是多少？

下面给出地图以及地图着色的形式定义。

定义 5.24　连通无桥平面图的平面嵌入称为**平面地图**或**地图**，地图的面称为**区域**。若两个区域的边界至少有一条公共边，则称这两个区域是**相邻**的。

定义 5.25　对地图 G 的每个区域涂上一种颜色，使相邻的区域涂不同的颜色，称为对 G 的一种**面着色**。若能用 k 种颜色给 G 面着色，就称 G 是 k **面可着色**的。若 G 是 k 面可着色的，但不是 $k-1$ 面可着色的，就称 G 的**面色数**为 k，记作 $\chi^*(G) = k$。

每个地图都对应一个平面图。为了建立这样的对应关系，地图的每个区域都表示成一个顶点。若两个顶点所表示的区域具有公共边界，则用边连接这两个顶点。这样所得到的图称为这个地图的对偶图。

下面给出对偶图的形式定义，为了更具普遍性，我们对更一般的平面图定义对偶图。

定义 5.26　设 G 是平面图的一个平面嵌入，构造 G 的**对偶图** G^* 如下：在 G 的面 R_i 中放置 G^* 的顶点 v_i^*。设 e 为 G 的任意一条边，若 e 在 G 的面 R_i 与 R_j 的公共边界上，则作 G^* 的边 e^*，使它关联 G^* 的位于 R_i 和 R_j 中的顶点 v_i^* 与 v_j^*，即 $e^* = (v_i^*, v_j^*)$。若 e 为 G 中的桥且在面 R_i 的边界上，则 e^* 是 G^* 的位于 R_i 中的顶点 v_i^* 上的环，即 $e^* = (v_i^*, v_i^*)$。

在图 5.42 中，实线边的图为原平面图，虚线边的图为其对偶图。

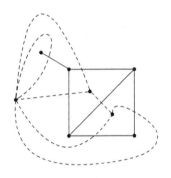

图 5.42　平面图及它的对偶图

根据平面图的对偶图的构造方式，显然，任何平面图都有平面图作为它的对偶图。而且，由于地图是无桥的连通平面图，所以，地图的对偶图是无环图。

有了对偶图的概念后，给地图的面着色的问题就转化为给对偶图的点着色。下面主要讨论图的点着色问题，而且由于地图的对偶图是无环图，所以只讨论无环图的点着色问题。

定义 5.27　对无环图 G 的每个顶点涂上一种颜色，使相邻的顶点涂不同的颜色，称为对 G 的一种**点着色**。若能用 k 种颜色给 G 点着色，就称 G 是 k 点可着色的。若 G 是 k 点可着色的，但不是 $k-1$ 点可着色的，就称 G 的**点色数**为 k，记作 $\chi(G) = k$。

根据上面两个定义，易知：地图 G 是 k 面可着色的当且仅当它的对偶图 G^* 是 k 点可着色的。

定理 5.19　（四色定理）平面图的点色数不超过 4，因而，平面图的面色数不超过 4。

四色定理是作为猜想在 19 世纪 50 年代提出的。两位美国数学家最终在 1976 年证明了它。在 1976 年之前，发表过许多不正确的证明，其中的错误常常难以发现，还在通过画出需要超过四色的地图来构造反例上面做过许多无效的尝试。

两位数学家对四色定理的证明依赖于计算机所完成的逐个对各种情形的仔细分析。他们首先证明，若四色定理为假，则存在一个反例，它是大约 2000 种不同类型中的一种，然后验证这种反例不存在。在他们的证明中使用了超过 1000 小时的机时。这个证明在当时引起了广泛争论，原因是计算机在里面起到如此重要的作用。有人提出，计算机程序里有没有导致不正确结果的错误？假如他们的论证依赖于或许不可靠的计算机输出，那么它是不是真正的证明？

四色定理只适用于平面图，非平面图可以有很大的色数。从点色数的定义不难看出：

（1）若 G 是无环图，则 $\chi(G) = 1$，当且仅当 G 是零图。

（2）若 G 是非零无环图，则 $\chi(G) = 2$，当且仅当 G 为二部图。

（3）完全图的点色数等于它的阶数，即 $\chi(K_p) = p$。

例 5.34　求图 5.43 中环型图 C_n、轮型图 W_n 的点色数。

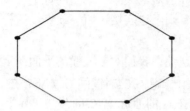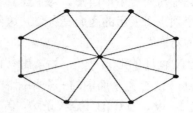

图 5.43　环型图和轮型图

解　（1）当 n 为偶数时，环型图 C_n 是二部图，所以偶阶环型图的点色数 2。

当 n 为奇数时，环型图 C_n 不是二部图，所以它的点色数大于或等于 3。另一方面，C_n 可 3 点着色：任取其中一点 v，由于 $C_n - v$ 是二部图，所以 $C_n - v$ 存在用 2 点着色方案，于是 C_n 就可以 3 点着色。

（2）由于轮型图 W_n 中包含了 3 阶环型图，所以轮型图的点色数大于或等于 3。

当 n 为偶数时，轮型图 W_n 的一个 3 着色方案是：将其中的偶阶环型图进行 2 着色，将中心顶点着第 3 种颜色。所以当 n 为偶数时，轮型图 W_n 的点色数为 3。

当 n 为奇数时，轮型图 W_n 不可能 3 点可着色，因为其中的奇阶环型图就需要 3 点着色，而中心顶点不可能用已用的 3 种颜色中的任何一种进行着色，因为中心顶点与奇阶环型图的每个顶点都相邻接。

另一方面，当 n 为奇数时，轮型图 W_n 的一个 4 着色方案是：将其中的奇阶环型图进行 3 着色，将中心顶点着第 4 种颜色。所以当 n 为奇数时，轮型图 W_n 的点色数为 4。

上面举的例子都是针对非常简单的图进行的，对复杂的图求图的点色数是非常困难的，现在已知的求图点色数的算法都具有指数阶时间复杂度。下面给出 **Wwlch_powell 着色法**，它可以给出点色数一个较好的上界，其基本思路如下。

（1）将图中的顶点按其度数不增的方式从左到右排成一个序列。

（2）用一种颜色对序列中的第一个顶点着色，并按从左到右的顺序，凡与前面已着色的顶点不邻接的顶点均涂上同一种颜色，直到序列末尾。然后从序列中去掉已着色的顶点得到一个新的序列。

（3）对新序列重复（2）直至得到空序列，其中每个序列所使用的颜色不一样。

图的点着色在与调度与指派有关的实际问题中具有各种应用，下面给出例子。

例 5.35　如何安排一所大学里的期末考试，使得没有学生在同一时间有两门考试？

解　这样的安排问题可以用图点着色模型来解决。用顶点表示课程，若在两个顶点所表示的课程里有公共的学生，则在这两个顶点之间有边。用不同颜色来表示期末考试的每个时间段。考试的安排就对应于所关联的图的着色。

例如，假定要安排七门期末考试，假定这七门课程的编号为 1～7。不妨设下列成对的课程有公共的学生：1 和 2，1 和 3，1 和 4，1 和 7，2 和 3，2 和 4，2 和 5，2 和 7，3 和 4，3 和 6，3 和 7，4 和 5，4 和 6，5 和 6，5 和 7，以及 6 和 7。图 5.44（a）显示了这组课程所关联的图。一种安排就是由这个图的一种点着色来组成的。

因为这个图的色数为 4（读者应当验证这一点），所以需要 4 个时间段。在图 5.44（b）中显示使用了 4 种颜色的这个图的着色以及所关联的安排。

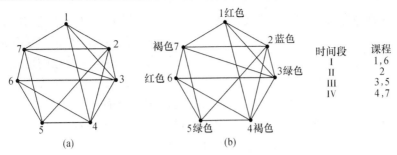

图 5.44 期末考试安排与图的点着色

例 5.36 在有效的编译器里，当把频繁使用的变量暂时地保存在中央处理单元而不是保存在常规内存中，可以加速循环的执行。对于给定的循环来说，需要多少个变址寄存器？可以用图的点着色模型来讨论这个问题。为了建立这个模型，设图的每个顶点表示循环里的一个变量。若在循环执行期间两个顶点所表示的变量必须同时保存在变址寄存器里，则在这两个顶点之间有边。这样，这个图的点色数就给出所需要的变址寄存器数，因为当表示变量的顶点在图中相邻时，就必须给这些变量分配不同的寄存器。

习题 5.6

1. 假定一个连通平面图有 8 个顶点，每个顶点的度数都为 3。请问，这个图的平面嵌入将平面分成多少个面？

2. 设 G 是具有 k 个连通分图的 (p, q) 平面图的一个平面嵌入，其面数为 f，证明：

$$p - g + f = k + 1。$$

3. 假定一个 (p, q) 图是连通的平面二部图，且 $p \geqslant 3$，则 $q \leqslant 2p - 4$。

4. 图 5.45 中的 4 个图是平面图吗？如果是，给出一个平面嵌入；如果不是，找出与 K_5 或 $K_{3,3}$ 同胚的子图。

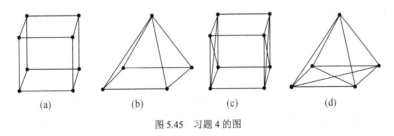

图 5.45 习题 4 的图

5. 一个简单图的**交叉数**是指在平面里画这个图且不允许任何三条边在同一点交叉时，各边交叉的最少次数。求以下非平面图的交叉数：

$$K_{3,3}, \quad K_5, \quad K_6, \quad K_7, \quad K_{3,4}, \quad K_{4,4}, \quad K_{5,5}$$

6. 下面的算法可以用来为简单图点着色。首先，以度递减的顺序列出顶点 v_1, v_2, $\cdots$, v_n，使得 $d(v_1) \geqslant d(v_2) \geqslant \cdots \geqslant d(v_n)$。把颜色 1 指定给 v_1 和表中不与 v_1 相邻的下一个顶点（若存在一个这样的顶点），并且继续把颜色 1 指定给在表中不与已经指定了颜色 1 的顶点相邻的每个顶点。然后把颜色 2 指定给表中还没有着色的第一个顶点，并继续把颜色 2 指定给那些在表中还没有着色而且不与指定了颜色 2 的顶点相邻的每个顶点。若还有未着色的顶点，则指定颜色 3 给表中还没有着色的第一个顶点，并且用颜色 3 继续对还没有着色而且不与指定了颜色 3 的顶点相邻的每个顶点着色。继续这个过程，直到所有顶点都着色为止。

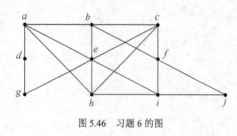

图 5.46　习题 6 的图

用这个算法构造图 5.46 所示的点着色。

7. 数学系有六个委员会，都是每月开一次会。假定委员会是 C_1={阿林豪斯，布兰得，沙斯拉夫斯基}，C_2={布兰得，李，罗森}，C_3={阿林豪斯，罗森，沙斯拉夫斯基}，C_4={李，罗森，沙斯拉夫斯基}，C_5={阿林豪斯，布兰得}，C_6={布兰得，罗森，沙斯拉夫斯基}，那么必须用多少个不同的会议时间，来确保没有人被安排同时参加两个会议？

8. 动物园想建动物自然栖息地，在里面展出它的动物。不幸的是，一些动物一有机会就会吃掉另外一些动物。如何用图模型和点着色来确定所需要的不同栖息地的数目，以及在这些栖息地里的动物安置？

第 5 章上机练习

编写下列程序并计算至少一个算例

1. 编程使得程序可以接受一个图的点边作为输入，然后显示出这个图。

2. 给定一个图的邻接矩阵，编程求它的连通矩阵并判断它是否连通，若不连通，求出连通分图个数。

3. 编程判断一个图中是否是欧拉图。

4. 将 Fleury 算法实现为程序，在一个所有顶点的度为偶数的连通图中寻求欧拉回路。

5. 编程检查指定的回路是否是一个哈密尔顿回路。

6. 将广度优先搜索算法实现为程序，在连通简单图中，求两个顶点之间的最短路。

7. 将 Dijkstra 算法实现为程序，在连通简单非负赋权图中，求两个顶点之间的最短通路。

8. 编程求解中国邮递员问题。

9. 将深度优先搜索算法实现为程序，求一个连通图的生成树。

10. 将 Prim 算法实现为程序，在连通赋权图中，求最小生成树。

11. 将 Prim_Alternate 算法实现为程序，在连通赋权图中，求最小生成树。

12. 将 Kruskal 算法实现为程序，在连通赋权图中，求最小生成树。

13. 将 Wwlch_powell 着色法实现为程序，求图点色数的上界。

14. 设计程序，输入一个平面三角形网格，用纯色来填充每一个三角形，使得相邻的三角形采用不同的颜色，渲染出网格，并使所用的颜色个数最少。

15. 给定学生及其注册课程的表，编程安排期末考试日程表。

第6章 有 向 图

很多应用问题涉及有向图。有向图除了（无向）图类似的性质之外，还有一些（无向）图所不具备的特殊性质。本章除介绍有向图的基本概念外，着重介绍根树、网络流及其应用等。

6.1 有向图概述

6.1.1 基本概念

定义 6.1 一个**有向图** D 是一个序偶 $<V, E>$，其中，V 是一个非空集合，E 是 V 上的笛卡儿集 $V \times V$ 的子集。分别称 V 和 E 是有向图 D 的顶点集和边集，V 中的元素是有向图 D 的顶点，E 中的元素是有向图 D 的有向边。

从有向图的定义来看，它与（无向）图是相似的，区别在于有向图的边是有方向的，而（无向）图的边是无方向的。在有向图中，$<u, v>$ 和 $<v, u>$ 表示的是两个不同的边，称为**对称边**，虽然这两条边的端点一样。如果把一个有向图 D 的每条有向边的方向去掉，得到的无向图 G，称为 D 的**底图**。

在有向图中有如下的度数定义。

定义 6.2 设 $D = <V, E>$ 是有向图，$v \in V$，E 中以 v 为起始点的有向边的个数称为 v 的**出度**，记作 $d^+(v)$；E 中以 v 为终点的有向边的个数称为 v 的**入度**，记作 $d^-(v)$。出度与入度之和称为 v 的**度**，记作 $d(v)$。若 v 处有环，则 v 的出度和入度各增加 1。

在有向图 D 中，除了可以像（无向）图一样定义**最大度** $\Delta(D)$，**最小度** $\delta(D)$ 外，还可以定义**最大出度、最大入度、最小出度**和**最小入度**：

$$\Delta^+(D) = \max\{d^+(v) \mid v \in V\}, \qquad \Delta^-(D) = \max\{d^-(v) \mid v \in V\}$$
$$\delta^+(D) = \min\{d^+(v) \mid v \in V\}, \qquad \delta^-(D) = \max\{d^-(v) \mid v \in V\}$$

显然，对于 p 阶简单图，$\Delta^+(G) \leqslant p-1$，$\Delta^-(G) \leqslant p-1$。

类似于（无向）图，也可以定义有向图中点子集的出度、入度和度。若 $D = <V, E>$，取 V 的一个子集 V_1，定义边的集合

$$R^+(V_1) = \{<v_i, v_j> \mid v_i \in V_1 \wedge v_j \notin V_1 \wedge <v_i, v_j> \in E\}$$
$$R^-(V_1) = \{<v_i, v_j> \mid v_i \notin V_1 \wedge v_j \in V_1 \wedge <v_i, v_j> \in E\}$$

其中，$R^+(V_1)$ 表示以 V_1 中的点为起始点，V_1 外的点为终止点的所有有向边的集合；$R^-(V_1)$ 表示以 V_1 中的点为终止点，V_1 外的点为起始点的所有有向边的集合。称集合 $R^+(V_1)$ 的基数

$|R^+(V_1)|$ 为点子集 V_1 的**出度**；称集合 $R^-(V_1)$ 的基数 $|R^-(V_1)|$ 为点子集 V_1 的**入度**。而 $d(V_1) = d^+(V_1) + d^-(V_1)$，称为点子集 V_1 的**度**。

在有向图中，也有类似的握手定理。

定理 6.1 （有向图握手定理） 设 $D = <V, E>$ 是 (p, q) 有向图，$V = (v_1, v_2, \cdots, v_p)$，则

$$\sum_{i=1}^{p} d^+(v_i) = \sum_{i=1}^{p} d^-(v_i) = q$$

证明 由于每条有向边提供且仅提供一个出度和一个入度，所以，$\displaystyle\sum_{i=1}^{p} d^+(v_i) = \sum_{i=1}^{p} d^-(v_i) = q$。

在有向图中，若两个顶点之间有两条或两条以上的边，并且方向相同，则称它们为**平行边**，它强调了边的方向性。有向图中的其他一些概念，像图的**阶**、**零图**、**平凡图**、**环**、**带环图**、**无环图**、**简单图**、**多重图**、**(p, q) 图**、**邻接**、**关联**、**孤立点**、**孤立边**、**二部图**、**赋权图**、**子图**、**真子图**、**导出子图**、**生成子图**、**奇点**、**偶点**、**悬挂点**、**悬挂边**等，都与（无向）图中相应概念的定义一样，这里不再重复。

6.1.2 有向图的连通性

在有向图中，**通路**、**回路**、**通路的长度**、**简单通路**、**简单回路**、**基本通路**、**基本回路**等概念与无向图中相应概念非常类似，只要注意有向边方向的一致性即可。

有向图中从一点到另一点的**距离**的定义与（无向）图中的定义类似，距离的记号为 $d<u, v>$，不过它是有向的。（无向）图中的距离满足非负性、对称性和三角不等式，但有向图中距离只满足非负性和三角不等式，不满足对称性。

有向图的连通性比（无向）图的连通性包含了更多的内容，下面我们来讨论它。

定义 6.3 设 $D = <V, E>$ 是有向图。$\forall v_i, v_j \in V$，若从 v_i 到 v_j 存在通路，则称 v_i **可达** v_j，记作 $v_i \rightarrow v_j$。若 $v_i \rightarrow v_j$，且 $v_j \rightarrow v_i$，则称 v_i 与 v_j 是**相互可达**的，记作 $v_i \leftrightarrow v_j$。规定 v_i 总是可达自身的，即 $v_i \leftrightarrow v_i$。

定义 6.4 设 $D = <V, E>$ 是有向图。

（1）若 $\forall v_i, v_j \in V$，都有 $v_i \leftrightarrow v_j$，则称 D 为**强连通**的，否则称 D 为**非强连通**的。非强连通图中的极大强连通子图称为**强连通分图**。

（2）若 $\forall v_i, v_j \in V$，都有 $v_i \rightarrow v_j$ 或 $v_j \rightarrow v_i$，则称 D 为**单向连通**的，否则称 D 为**非单向连通**的。非单向连通图中的极大单向连通子图称为**单向连通分图**。

（3）若 D 的底图是连通（无向）图，则称 D 是**弱连通**的，否则称 D 为**非弱连通**的。非弱连通图中的极大弱连通子图称为 D 的**弱连通分图**。

显然，对于任一有向图 D，若 D 是强连通的，则 D 一定是单向连通的；若 D 是单向连通的，则 D 一定是弱连通的。

例 6.1 图 6.1 所示的有向图中，（a）是强连通的，（b）是单向连通的，（c）是弱连通的。

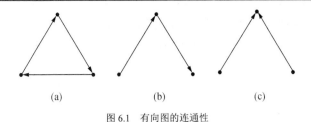

图 6.1　有向图的连通性

例 6.2　图 6.2 是一个单向连通图，当然也是弱连通图，但不是强连通图，它有两个强连通分图，分别为<{2，3，4，5}，{<2，3>，<3，4>，<4，5>，<5，2>}>和 < {1}，ϕ >。

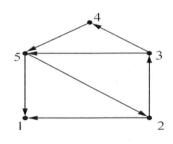

图 6.2　单项连通有向图

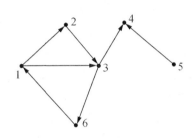

图 6.3　弱连通有向图

图 6.3 是弱连通图，不是单向连通图，当然也就不是强连通图。它有 2 个单向连通分图，3 个强连通分图。2 个单向连通分图分别是<{4，5}，{<5，4>}和<{1，2，3，4，6}，{<1，2>，<2，3>，<1，3>，<3，6>，<6，1>，<3，4>}>。3 个强连通分图分别是<{1，2，3，6}，{<1，2>，<2，3>，<1，3>，<3，6>，<6，1>}>， < {4}，ϕ >和 < {5}，ϕ >。

从例 6.2 还可以看到，有向图的每一个顶点都唯一地属于某一个强连通分图，这是因为相互可达 ↔ 是有向图顶点集合上的等价关系。该等价关系将顶点集划分成互不相交的几部分，每部分对应于一个强连通分图。不过，由于可达 → 仅仅是有向图顶点集合上的二元关系，而不是等价关系，所以"有向图的每一个顶点都唯一地属于某一个单向连通分图"并不成立，例如，图 6.3 中的顶点 4 就同时属于两个单向连通分图。

对于有向图的有向边，则相反，即每条有向边都唯一地属于某一个单向连通分图，如图 6.3 所示，但"有向图的每一条有向边都唯一地属于某一个强连通分图"却不成立，例如，图 6.2 中的有向边<2，1>和<5，1>，以及图 6.3 中的有向边<3，4>和<5，4>。

由于弱连通分图是根据有向图的底图的连通性定义的，所以有向图的每一个顶点都唯一地属于某一个弱连通分图，每一条有向边也唯一地属于某一弱连通分图。

下面给出强连通图和单向连通图的判别定理。

定理 6.2　有向图 $D=<V，E>$ 是强连通的，当且仅当 D 中存在一条经过所有顶点的有向回路。

证明　充分性：因为 D 中存在一条经过所有顶点的有向回路，所以从 D 中任一点 u 沿此通路前进，可达其他任一点 v，因此 D 是强连通的。

必要性：设 $V=\{v_1，v_2，\cdots，v_p\}$，因为 D 是强连通的，所以从 v_1 出发，存在有向通路可达 v_2。同样，从 v_2 出发，存在有向通路可达 v_3，等等。最后，从 v_p 存在有向通路可达 v_1，所有这些有向通路所围成的有向回路就经过 D 的所有顶点。

定理 6.3 有向图 $D=<V, E>$ 是单向连通的，当且仅当 D 中存在一条经过所有顶点的有向通路。

该定理的证明类似于定理 6.2，这里不再重复。

6.1.3 有向图的矩阵表示

类似于无向图，有向图的邻接矩阵也可以定义如下。

定义 6.5 设有向图 $D=<V, E>$ 是 p 阶图，$V=\{v_1, v_2, \cdots, v_p\}$。$p$ 阶方阵 $A_D=(a_{ij})_{p \times P}$ 称为 D 的**邻接矩阵**。其中，元素 a_{ij} 为从顶点 v_i 到 v_j 的有向边的数目，即 $a_{ij}=|R_{ij}|$，$R_{ij}=\{<v_i, v_j>|<v_i, v_j>\in E\}$。

（无向）图的邻接矩阵是对称的，有向图的邻接矩阵则不一定对称。有向图的邻接矩阵中第 i 行元素之和为第 i 个顶点的出度，第 j 列元素之和为第 j 个顶点的入度，矩阵中所有元素之和为边的条数。有向图邻接矩阵的其他结论与（无向）图的一样，在这里就不重复了。

如果我们仅需知道从一个顶点到另一个顶点之间是否可达，而不必知道从一个顶点到另一个顶点之间存在多少条有向边，则可以引入可达矩阵的定义。

定义 6.6 设有向图 $D=<V, E>$ 是 p 阶图，其中，$V=\{v_1, v_2, \cdots, v_p\}$。$p$ 阶方阵 $C_D=(c_{ij})_{p \times p}$ 称为 D 的**可达矩阵**，元素

$$c_{ij}=\begin{cases} 1 & v_i可达v_j \\ 0 & v_i不可达v_j \end{cases}$$

同（无向）图一样，可以利用邻接矩阵来计算可达矩阵。求出可达矩阵后，可以利用可达矩阵求出有向图的单向连通分图和强连通分图。

设 $C_D=(c_{ij})_{p \times p}$ 是有向图 D 的可达矩阵，C_D^{T} 是 C_D 的转置矩阵，它的元素设为 c_{ij}'。我们知道，$c_{ij}=1$ 表示 v_i 可达 v_j，$c_{ij}=0$ 表示 v_i 不可达 v_j，$c_{ij}'=1$ 表示 v_j 可达 v_i，$c_{ij}'=0$ 表示 v_j 不可达 v_i。所以，当且仅当 C_D^{T} 和 C_D 的对应元素 c_{ij} 和 c_{ij}' 至少有一个为 1 时，v_i 可达 v_j，当且仅当 C_D^{T} 和 C_D 的对应元素 c_{ij} 和 c_{ij}' 都为 1 时，v_i 和 v_j 相互可达。因此，求出矩阵 C_D^{T} 和 C_D 对应元素的布尔和与布尔积，就可求出有向图 D 的所有单向连通分图和强两通分图。

例 6.3 利用可达矩阵求有向图 6.3 的单向连通分图和强连通分图。

解 先给出有向图 6.3 的邻接矩阵，

$$A=\begin{bmatrix} 0 & 1 & 1 & 0 & 0 & 0 \\ 0 & 0 & 1 & 0 & 0 & 0 \\ 0 & 0 & 0 & 1 & 0 & 1 \\ 0 & 0 & 0 & 0 & 0 & 0 \\ 0 & 0 & 0 & 1 & 0 & 0 \\ 1 & 0 & 0 & 0 & 0 & 0 \end{bmatrix}$$

然后求它的幂和，

$$C_A = A^0 + A + A^2 + \cdots + A^6 = \begin{bmatrix} 4 & 3 & 6 & 5 & 0 & 5 \\ 2 & 2 & 3 & 3 & 0 & 3 \\ 3 & 2 & 4 & 3 & 0 & 3 \\ 0 & 0 & 0 & 1 & 0 & 0 \\ 0 & 0 & 0 & 1 & 1 & 0 \\ 3 & 3 & 5 & 3 & 0 & 4 \end{bmatrix}$$

由此得出可达矩阵和它的转置矩阵，

$$C_D = \begin{bmatrix} 1 & 1 & 1 & 1 & 0 & 1 \\ 1 & 1 & 1 & 1 & 0 & 1 \\ 1 & 1 & 1 & 1 & 0 & 1 \\ 0 & 0 & 0 & 1 & 0 & 0 \\ 0 & 0 & 0 & 1 & 1 & 0 \\ 1 & 1 & 1 & 1 & 0 & 1 \end{bmatrix}, \quad C_D^T = \begin{bmatrix} 1 & 1 & 1 & 0 & 0 & 1 \\ 1 & 1 & 1 & 0 & 0 & 1 \\ 1 & 1 & 1 & 0 & 0 & 1 \\ 1 & 1 & 1 & 1 & 1 & 1 \\ 0 & 0 & 0 & 0 & 0 & 0 \\ 1 & 1 & 1 & 0 & 0 & 1 \end{bmatrix}$$

进一步得出它们的布尔和与布尔积，

$$C_D \vee C_D^T = \begin{bmatrix} 1 & 1 & 1 & 1 & 0 & 1 \\ 1 & 1 & 1 & 1 & 0 & 1 \\ 1 & 1 & 1 & 1 & 0 & 1 \\ 1 & 1 & 1 & 0 & 1 & 1 \\ 0 & 0 & 0 & 1 & 0 & 0 \\ 1 & 1 & 1 & 1 & 0 & 1 \end{bmatrix}, \quad C_D \wedge C_D^T = \begin{bmatrix} 1 & 1 & 1 & 0 & 0 & 1 \\ 1 & 1 & 1 & 0 & 0 & 1 \\ 1 & 1 & 1 & 0 & 0 & 1 \\ 0 & 0 & 0 & 1 & 0 & 0 \\ 0 & 0 & 0 & 0 & 1 & 0 \\ 1 & 1 & 1 & 0 & 0 & 1 \end{bmatrix}$$

由上面可达矩阵的的布尔和与布尔积可以看出，它有 2 个单向连通分图，3 个强连通分图。2 个单向连通分图分别是顶点子集{4，5}和{1，2，3，4，6}的导出子图。3 个强连通分图分别是顶点子集{1，2，3，6}，{4}和{5}的导出子图，与例 6.2 的结果一致。

定义 6.7　设无环有向图 $D = \langle V, E \rangle$ 是 $\langle p, q \rangle$ 图，$V = \{v_1, v_2, \cdots, v_p\}$，$E = \{e_1, e_2, \cdots, e_q\}$。$p \times q$ 阶矩阵 $M_D = (m_{ij})_{p \times q}$ 称为有向图 D 的**关联矩阵**，其中，元素 m_{ij} 为

$$m_{ij} = \begin{cases} 1 & v_i \text{为} e_j \text{的始点} \\ 0 & v_i \text{与} e_j \text{不关联} \\ -1 & v_i \text{是} e_j \text{的终点} \end{cases}$$

有向图的关联矩阵有如下性质：

（1）每一列的元素之和为零，从而整个矩阵的所有元素之和为零。

（2）平行边所对应的列相同。

（3）第 i 行中，1 的个数等于 $d^+(v_i)$，−1 的个数等于 $d^-(v_i)$。

（4）矩阵中，−1 的个数等于 1 的个数，都等于边数 q。这正是有向图握手定理的内容。

（5）若某行元素全为 0，则对应的顶点为孤立点；若某列元素全为 0，则对应的边为孤立边。

习题 6.1

1. 已知一有向图 D 的度数列为(2，3，2，3)，并已知出度数列为(1，2，1，1)，求 D 的入度数列，并求最大度 $\Delta(D)$、最小度 $\delta(D)$、最大出度 $\Delta^+(D)$、最大入度 $\Delta^-(D)$、最小出度 $\delta^+(D)$ 和最小入度 $\delta^-(D)$。

2. 设 $D = <V, E>$ 是简单有向图，$\delta(D) \geqslant 2$，$\delta^-(D) > 0$，$\delta^+(D) > 0$。证明 D 中存在长度大于或等于 $\max\{\delta^-(D), \delta^+(D)\} + 1$ 的回路。

3. 给彼得松（Petersen）图（图 5.10(G_1)）的边加方向，使其
（1）成为强连通图。
（2）成为单向连通图，但不是强连通图。

4. 有向图 6.4 是否是弱连通图？是否是单向连通图？是否是强连通图？若不是，求出它相应的连通分图。

5. 求图 6.5 中两个有向图的邻接矩阵、可达矩阵和关联矩阵。

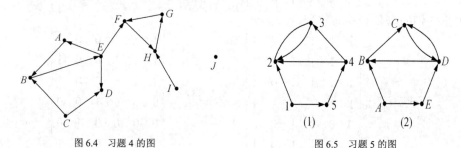

图 6.4 习题 4 的图　　　　图 6.5 习题 5 的图

6. 考虑图 6.6 中的三个有向图。
（1）求它的邻接矩阵。
（2）图中从 d 到 c 的长度为 4 的通路有几条？
（3）图中从 c 到 c 的长度为 3 的回路有几条？
（4）图中长度为 4 的通路总数是多少？其中几条是回路？
（5）图中长度小于或等于 4 的通路总数是多少？其中几条是回路？

7. 求图 6.6 中的三个有向图的可达矩阵，并判断它们是否强连通图和单向连通图。若不是，求出相应的强连通分图和单向连通分图。

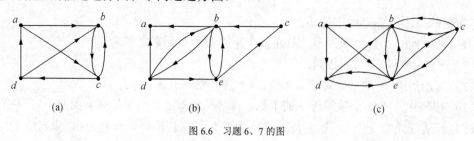

图 6.6 习题 6、7 的图

6.2 根 树

6.2.1 基本概念

设 D 是有向图，若 D 的底图是（无向）树，则称 D 为**有向树**。在所有的有向树中，根树最重要，所以我们这里只讨论根树。

定义 6.8 设 T 为有向树，若 T 中有一个顶点的入度为 0，其余的顶点的入度均为 1，则称 T 为**根树**。入度为 0 的顶点称为**根结点**，又称**树根**，入度为 1 的顶点称为**子结点**。出度为 0 的顶点称为**树叶**，出度不为 0 的顶点称为**分支点**。既不是树叶又不是树根的顶点称为**内点**。从树根到任意顶点 v 的路的长度称为 v 的**层数**，层数最大的顶点的层数称为**树高**。将平凡图也看成根树，称为**平凡树**。

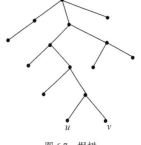

图 6.7 根树

在根树中，由于各有向边的方向是一致的，所以画根树时可以省去各边上的所有箭头，并将树根画在最上方。图 6.7 所示的根树中，有 8 片树叶，6 个内点，7 个分支点，它的高度为 5，在树叶 u 或 v 处达到。

常将根树看成家族树，家族中成员之间的关系可由下面的定义给出。

定义 6.9 设 T 为非平凡根树，$\forall v_i$，$v_i \in V$，若 v_i 可达 v_j，则称 v_i 为 v_j 的**祖先结点**，v_j 为 v_i 的**后代结点**。若 v_i 邻接到 v_j（即 $<v_i$，$v_j> \in E$），则称 v_i 为 v_j 的**父结点（父亲）**，v_j 为 v_i 的**子结点（儿子）**。若 v_j，v_k 的父结点（父亲）相同，则称 v_j 与 v_k 是**兄弟**。$\forall v \in V$，称顶点 v 及其后代结点的导出子图为以 v 为根的**根子树**。

定义 6.10 设 T 为非平凡根树，如果 T 的每个分支点至多有 2 个儿子，则称 T 为**二叉树**；若 T 的每个分支点都恰好有 2 个儿子，则称 T 为**正则二叉树**。若 T 是正则二叉树，且每片树叶的层数均为树高，则称 T 为**完全正则二叉树（满正则二叉树）**。

定义 6.11 若 T 为二叉树，$\forall v \in V(T)$，则称 v 左边的子结点为 v 的**左子结点（左儿子）**，称 v 右边子结点为 v 的**右子结点（右儿子）**；称以 v 的左子结点为根的根子树为 v 的**左子树**，以 v 的右子结点为根的根子树为 v 的**右子树**。

定理 6.4 设 T 为正则二叉树，有 p 个顶点，p_2 个分支点，t 片树叶，则 $p = 2t-1$，$p_2 = t-1$。

证明 因为每个分支点都有两条边，所以总共有 $2p_2$ 条边，所以，顶点总数为 $p = 2p_2 + 1$。由于树叶的片数等于总顶点数减去分支点数，所以

$$t = p - p_2 = 2p_2 + 1 - p_2 = p_2 + 1$$

所以 $p = 2t-1$，$p_2 = t-1$。

例 6.4 单淘汰赛是指如果在一场比赛中失利，则自动淘汰。单淘汰赛组成的图是一棵正则二叉树（见图 6.8）。比赛选手的名单列在左边，胜利者写在右边。最后的胜利者就是根结点，如果参赛选手个数不是 2 的幂，则一些选手会轮空，如图 6.8 所示，参赛选手 7 在第一轮轮空。

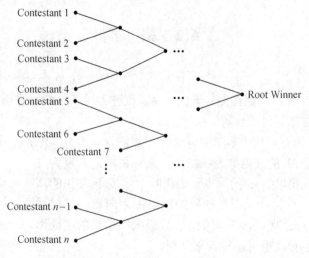

图 6.8　单淘汰赛图（正则二叉树）

可以证明如果在一次单淘汰赛中，有 n 名选手，则一共要有 $n-1$ 场比赛。这是因为参赛选手的数目与树叶的数目一样多，比赛次数 i 与分支点数目一样多，因此由定理 6.4，$i=n-1$。

定理 6.5　设 T 是一个有 t 片树叶且树高为 h 的二叉树，则 $h \geqslant \log_2 t$。特别地，当 T 是完全正则二叉树时，$h=\log_2 t$。

证明　$h \geqslant \log_2 t$ 等价于 $t \leqslant 2^h$，下面用数学归纳法进行证明。

当 $h=0$ 时，二叉树是平凡树，只包含一个顶点，此时 $t=1$，命题成立。

假设对于树高小于等于 $h-1$ 的二叉树，命题成立。

假设 T 是一个有 t 片树叶且树高为 h（$h \geqslant 2$）的二叉树。若 T 的根结点只有一个子结点，则除去根结点和与之关联的有向边得到的新树的树高为 $h-1$，而树叶片数不变，由归纳假设，对这个新树，命题应该成立，即 $t \leqslant 2^{h-1}$，所以 $t \leqslant 2^h$。

若 T 的根结点有两个子结点 v_1 和 v_2，令 T_i 是 T 的以 v_i 为根的根子树，其数高为 $h_i = h-1$，树叶片数为 t_i，$i=1$，2。则由归纳假设，有

$$t_i \leqslant 2^{h_i}, \qquad i=1，2$$

T 的树叶由 T_1 树叶和 T_2 树叶组成，所以

$$t = t_1 + t_2 \leqslant 2^{h_1} + 2^{h_2} = 2^{h-1} + 2^{h-1} = 2^h$$

因此，不论哪种情况都有 $t \leqslant 2^h$。根据数学归纳法原理，命题得证。

用类似的方法可以证明，当 T 是完全正则二叉树时，$t = 2^h$。

6.2.2　二叉搜索树

设集合 S 是有序集合，例如，S 由数字组成，可以按照数的大小排序，如果 S 由字符串组成，可以按照字典序排序。二叉树可以用来存储有序集合的元素，比如数字集合或字符串集合。下面给出它的形式化定义。

定义 6.12　**二叉搜索树**是一种二叉树，它对应于某个有序集合。有序集合里的数据都存放在二叉树的顶点之中，使得对于树中的任意顶点 v，v 的左子树中的任意数据都比 v 中的数据小，而 v 的右子树中的任意数据都比 v 中的数据大。

例 6.5 下面的一组词

OLD   PROGRAMMERS   NEVER   DIE

THEY   JUST   LOSE   THEIR   MEMORIES

可以放在如图 6.9 所示的二叉搜索树上（根据字母表），对于任意顶点 v 来说，v 的左子树上的任意数据项都比 v 中的数据项小，而 v 的右子树上的任意数据项都比 v 中的数据项大。

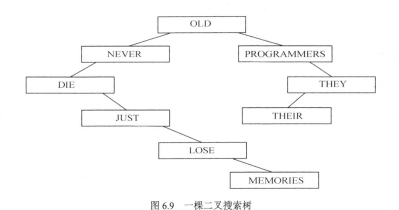

图 6.9 一棵二叉搜索树

一般来说，有很多方法将有序数据放入二叉搜索树中，图 6.10 展示了另一种存储例 6.5 中词的二叉搜索树。

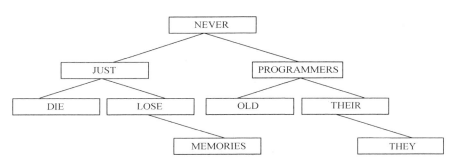

图 6.10 例 6.5 的另一种二叉搜索树

用二叉搜索树存储有序数据后，查找数据非常方便。例如，查找数据 data，我们从根结点查起，将 data 与当前顶点的数据不断进行比较，如果 data 与当前顶点的数据相等，则找到 data，停止。如果小于当前顶点 v 的数据，则移动到 v 的左子结点，重复上述操作。如果 data 大于当前顶点 v 的数据，则移动到 v 的右子结点，重复上述操作。如果要移动到的某个子结点不存在，则可以得出结论认为 data 不在该树中。

当数据不在二叉搜索树上时，搜索的时间花费最多，此时要搜索从树根到树叶的整条路径，因此，二叉树的最大搜索时间与树高成正比。有许多方法可以尽可能地降低二叉搜索树的高度。

现在详细讨论一下二叉搜索树的搜索次数。令 T 是一个二叉搜索树，有 n 个顶点，在 T 的基础上增加左子结点和右子结点，使得到的新树 T^* 是一个正则二叉树，图 6.11 就是由图 6.9 根据这样的方法得到的一个正则二叉树。新增加的顶点用小盒子表示，在 T 中不成功的搜索

对应于 T^* 中搜索到新增加的盒子上。显然，T 的搜索次数最多为 T^* 的高度 h，由定理 6.5 知，$h \geqslant \log_2 t$，这里 t 是 T^* 的叶顶点数目。设正则二叉树有 n 个分支点，由定理 6.4 知，$t = n+1$。因此，搜索次数最多为 $h \geqslant \log_2 t = \log_2(n+1)$。如果 T 的高度达到最小化，则搜索次数最多等于 $\lceil \log_2(n+1) \rceil$。因为 $\lceil \log_2(2\,000\,000+1) \rceil = 21$，所以可以在二叉树上存储 200 万个数据，并且查找一个数据所需的最大搜索次数不超过 21。

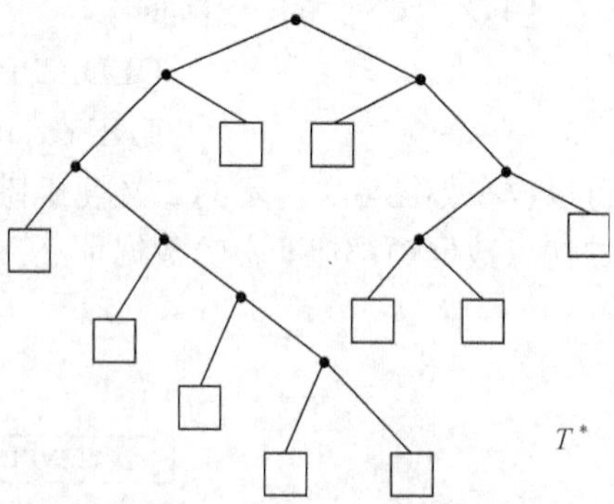

图 6.11　将二叉搜索树扩展到满二叉树

6.2.3　最优二叉树

定义 6.13　设二叉树 T 有 t 片树叶 v_1，v_2，$\cdots$，v_t，树叶的权值分别为 w_1，w_2，$\cdots$，w_t，称 $w(T) = \sum\limits_{i=1}^{t} w_i l(v_i)$ 为 T 的**总权值**，其中，$l(v_i)$ 是树叶 v_i 的层数。在所有有 t 片树叶，带权值 w_1，w_2，$\cdots$，w_t 的二叉树中，总权值最小的二叉树称为**最优二叉树**。

例 6.6　图 6.12 所示的 T_1，T_2，T_3 都是带权 2，2，3，3，5 的二叉树，它们的总权值为

$$w(T_1) = 2 \times 2 + 2 \times 2 + 3 \times 3 + 5 \times 3 + 3 \times 2 = 38$$
$$w(T_2) = 3 \times 4 + 5 \times 4 + 3 \times 3 + 2 \times 2 + 2 \times 1 = 47$$
$$w(T_3) = 3 \times 3 + 3 \times 3 + 5 \times 2 + 2 \times 2 + 2 \times 2 = 36$$

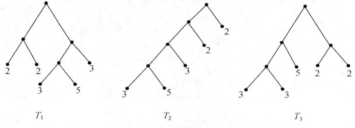

图 6.12　非最优二叉树

以上三棵二叉树都不是带权 2，2，3，3，5 的最优二叉树，那应该如何求解带权 $w_1, w_2, \cdots, w_t$（$w_1 \leqslant w_2 \leqslant \cdots \leqslant w_t$）的最优二叉树呢？下面介绍一种赫夫曼（**Huffman**）**算法**，其基本步骤如下。

（1）连接权为 w_1，w_2 的两片树叶，得一个分支点，其权为 w_1+w_2。

（2）在 w_1+w_2，w_3，$\cdots$，w_t 中选出两个最小的权，连接它们对应的顶点（不一定是树叶），得新分支点及所带的权。

（3）重复（2），直到形成 $t-1$ 个分支点，t 片树叶为止。

由于每一步选择两个最小的权的选法不唯一，且两个最小的权对应的顶点所放左右位置的不同，画出的最优二叉树可能不同，但有一点是肯定的，就是它们的总权值应该相等而且最小，即它们都应该是最优二叉树。

例 6.7　利用 Huffman 算法求带权 2，2，3，3，5 的最优二叉树。

解　为了熟悉 Huffman 算法，在图 6.13 中给出了计算最优二叉树的过程。最优二叉树为

图 6.13（d），其总权值为 $W(T)=34$。

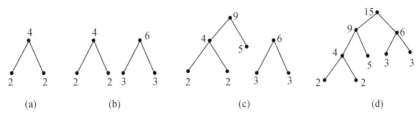

图 6.13　用 Huffman 算法求最优二叉树

在通信中，常用二进制编码表示符号。例如，可用长为 2 的二进制编码 00，01，10，11 分别表示 A，B，C，D。这种表示法叫做**等长码表示法**。若在传输中，A，B，C，D 出现的频率大体相同，用等长码表示是很好的方法，但当它们出现的频率相差悬殊，为了节省二进制数位，以达到提高效率的目的，就要寻找非等长的编码，用短码表示常用的符号，用长码表示不常用的符号。

定义 6.14　设 $\alpha_1\alpha_2\cdots\alpha_{n-1}\alpha_n$ 为长为 n 的符号串，称子串 α_1，$\alpha_1\alpha_2$，$\cdots$，$\alpha_1\alpha_2\cdots\alpha_{n-1}$ 分别为该符号串的长度为1，2，$\cdots$，$n-1$ 的**前缀**。设 $A=\{\beta_1$，β_2，$\cdots$，$\beta_m\}$ 为一个符号串集合，若对于任意的 β_i，$\beta_j\in A(i\neq j)$，β_i，β_j 互不为前缀，则称 A 为**前缀码**，其中的 β_i 称为**码子**。若码子 $\beta_i(i=1,2,\cdots,m)$ 中只出现 0，1 两个符号，则称 A 为**二元前缀码**。

这里只讨论二元前缀码（简称为前缀码）。例如，{00，010，011，1}为前缀码，而{00，001，011，1}不是前缀码，因为 00 是 001 的前缀。采用前缀码可以对数据进行编解码。如把 a，b，c，d 分别用上述前缀码中的码子 00，010，011，1 来表示，则字符串 ba 就可编码为 01000，当接收到该串符号，通过查找码子可解码为 ba。由于要解码，必须要求码子互不为前缀。例如，若用 00，001，011，1 分别表示 a，b，c，d，则 ba 编码为 00100，解码就会产生歧义，可解为 ada 或 ba。因此，前缀码定义中要求码子互不为前缀。

下面给出用二叉树产生前缀码的方法。

设 T 是具有 t 片树叶的二叉树，则 T 的每个分支点有 1~2 个子结点。设 v 为 T 的分支点，若 v 有两个儿子，在由 v 引出的两条边上，左边的标上 0，右边的标上 1。若 v 只有一个儿子，由它引出的边可标上 0，也可以标上 1。设 u 是 T 的任意一片树叶，从树根到 u 的通路上各边的标号（0 或 1）按通路上边的顺序组成的符号串放在 u 处，则 t 片树叶处 t 个符号串组成的集合为一个前缀码。由上面的做法可知，树叶 u 处的符号串的前缀均在 u 所在的通路上，因而所有树叶处的符号串组成的集合必为前缀码。若 T 是正则二叉树，则由 T 产生的前缀码是唯一的。

例 6.8　求如图 6.14 所示两棵二叉树所产生的前缀码。

解　图 6.14（a）为二叉树，将每个分支点引出的两条边分别标上 0 和 1，如图 6.15（a）所示，产生的前缀码为{11，01，000，0010，0011}。若将其中只有一个儿子的那个分支点引出的边标上 0，则产生的前缀码为{10，01，000，0010，0011}。

图 6.14（b）是正则二叉树，它产生唯一的前缀码。它标定后的正则二叉树为图 6.15（b），前缀码为{01，10，11，000，

（a）　　　　　（b）

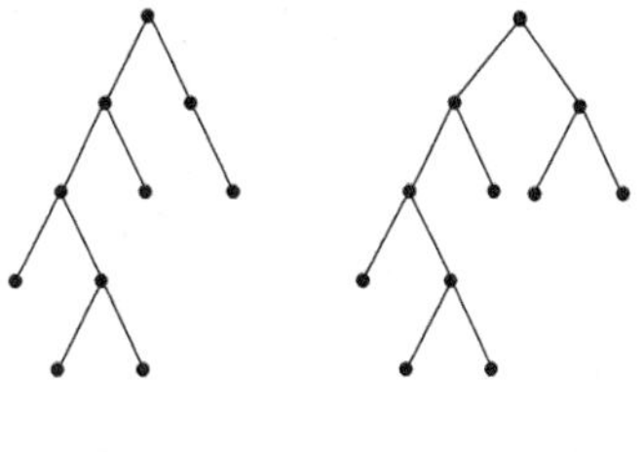

图 6.14　产生前缀码的二叉树

0010，0011}。

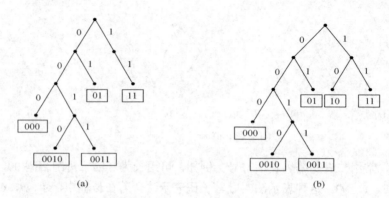

图 6.15　用二叉树产生前缀码

例 6.8 中的任一个前缀码都可以传输 5 个符号，比如 A，B，C，D，E，都不会传错。现在要问的是，当字母出现频率不同时，用哪个符号串传输哪个字母最有效率呢？这就要用各符号出现的频率为权，利用 Huffman 算法求最优二叉树。由最优二叉树产生的前缀码称为**最佳前缀码**。用最佳前缀码传输对应的各符号能使传输的二进制数位最省。

例 6.9　在通信中，八进制数字出现的频率如下：

0：25%　　　　　　　　　　　　　　　1：20%

2：15%　　　　　　　　　　　　　　　3：10%

4：10%　　　　　　　　　　　　　　　5：10%

6：5%　　　　　　　　　　　　　　　　7：5%

求传输它们的最佳前缀码，并求传输 $10^n (n \geqslant 2)$ 个按上述频率出现的八进制数字需要多少个二进制数字？若是用等长的（长为 3）码子传输，需要多少个二进制数字？

解　用 100 个八进制数字中各数字出现的个数，即以 100 乘频率得到的积为权，并将各权由小到大排列，得 $w_1=5$，$w_2=5$，$w_3=10$，$w_4=10$，$w_5=10$，$w_6=15$，$w_7=20$，$w_8=25$（记住它们各自对应哪个数字），用 Huffman 算法求最优二叉树，然后根据此最优二叉树用上面介绍的方法求前缀码，即为最佳前缀码，如图 6.16（a）所示。

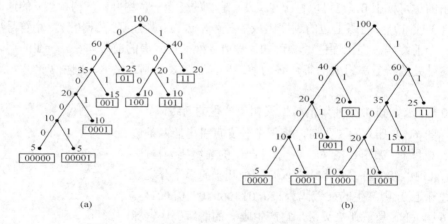

图 6.16　用最优二叉树产生最佳前缀码

图中矩形框中的符号串为对应数字的码子：01 传 0，11 传 1，001 传 2，100 传 3，101 传 4，0001 传 5，00000 传 6，00001 传 7。8 个码子的集合

$$\{01,\ 11,\ 001,\ 100,\ 101,\ 0001,\ 00000,\ 00001\}$$

为前缀码，而且是最佳前缀码。

将图 6.16（a）表示的二叉树记为 T。易知，$w(T)$ 即为传输 100 个按题中给定频率出现的八进制数字所用二进制数字的个数。除了可用树的总权值定义计算 $w(T)$ 外，$w(T)$ 还等于各分支点权之和，所以，

$$w(T)=10+20+35+60+100+40+20=285。$$

这说明传输 100 个按题中给定频率出现的八进制数字需要 285 个二进制数字，因而传输 $10^n(n\geqslant 2)$ 个按题中给定频率出现的八进制数字需要 $10^{n-2}\times 285=2.85\times 10^n$ 个二进制数字。而用长为 3 的 0，1 组成的符号串传输 10^n 个八进制数字（如 000 传 0，001 传 1，…，111，传 7）显然需要用 3×10^n 个二进制数字，由此可见最佳前缀码节省二进制数字，能提高效率。

由于一般情况下最优二叉树不唯一，所以最佳前缀码一般也不唯一。例如，图 6.16（b）所示的正则二叉树 T' 也是一个最优二叉树，因为

$$w(T')=10+20+40+100+60+35+20=285$$

在这个最优二叉树上，各数字对应的码子如下：11 传 0，01 传 1，111 传 2，001 传 3，1000 传 4，1001 传 5，00000 传 6，00001 传 7。

习题 6.2

1．分别画出符合要求的图，如果不能画出，请解释原因。

（1）正则二叉树，4 个非叶顶点，5 个叶顶点。

（2）正则二叉树，9 个叶顶点，高度为 3。

（3）正则二叉树，9 个叶顶点，高度为 4。

2．求有 t 个叶顶点的正则二叉树的最大高度。

3．给出一个构造二叉搜索树的算法，要求树的高度最低，并写出这个算法的步骤。

4．证明：对于 n 个顶点的二叉搜索树，其最小高度为 $\lceil\log_2(n+1)\rceil-1$。

5．如果对于每个顶点 v 来说，v 的右子树与左子树的高度差不超过 1，则称二叉树是平衡的。试说明图 6.7、图 6.12 和图 6.14 中的二叉树是否为平衡二叉树。

6．定义 N_h 为一个高度为 h 的平衡二叉树的最少顶点数，证明：

（1）$N_0=1$，$N_1=2$，$N_2=4$。

（2）当 $h\geqslant 2$，有 $N_h=1+N_{h-1}+N_{h-2}$。

7．画出一个权为 3，4，5，6，7，8，9 的最优二叉树，并计算出它的总权值。

8．下面给出的各符号串集合哪些是前缀码？

$A_1=\{0,\ 10,\ 110,\ 1111\}$，

$A_2=\{1,\ 01,\ 001,\ 000\}$，

$A_3=\{1,\ 11,\ 101,\ 001,\ 0011\}$，

$A_4=\{b,\ c,\ aa,\ ac,\ aba,\ abb,\ abc\}$。

9．用 Huffman 算法为图 6.17 的字母集构造最佳前缀码，画出相应的最优二叉树，并指

出传输 $10^n (n \geqslant 2)$ 个按这种频率出现的字母需要多少个二进制数字。

10．用 Huffman 算法为图 6.18 的字母构造两个最佳前缀码，画出相应的最优二叉树，要求两个最优二叉树的树高不同。

11．为图 6.19 的字母集构造最佳前缀码，并用得到的最佳前缀码为下列词进行编码：BUS，CUPS，MUSH，PUSS，SIP，PUSH，CUSS，HIP，PUP，PUPS，HIPS。

字母	频率
a	2
b	3
c	5
d	8
e	13
f	21

图 6.17　习题 9 的图

字母	频率
α	5
β	6
γ	6
δ	11
ε	20

图 6.18　习题 10 的图

字母	频率
I	7.5
U	20.0
B	2.5
S	27.5
C	5.0
H	10.0
M	2.5
P	25.0

图 6.19　习题 11 的图

6.3　网络流

6.3.1　基本概念

本节使用有向图来讨论网络模型。这里的网络可以是通过货物流的运输网、输送石油的输油管道网、传送数据流的计算机网络或许多其他可能的情况，即所谓的运输网络。我们重点关注的是如何最大化网络的流量，即如何求网络最大流。其他许多表面上看来不是流的问题，也可以用网络流模型来解决。

定义 6.15　**运输网络**是一个简单的、赋权有向图 G，满足：

（1）有一个顶点没有入边，该顶点称为**源点**，并用 a 表示。

（2）有一个顶点没有出边，该顶点称为**收点**，并用 z 表示。

（3）有向边 (i, j) 的权值 C_{ij} 是非负数，C_{ij} 称为 (i, j) 的**容量**。

在本节我们只讨论运输网络，不讨论其他有向网络，所以在本节有时将运输网络简称为网络。网络的流给网络的每条有向边赋予一个不超过这条边容量的流量，而且对于一个既不是源点也不是收点的顶点 v，流入 v 的流量等于流出 v 的流量。下面给出严格的定义。

定义 6.16　设 $G = <V, E>$ 是运输网络，C_{ij} 表示有向边 (i, j) 的容量。G 中的**流** F 赋予每条有向边 (i, j) 一个非负数 F_{ij}，$F_{ij} \leqslant C_{ij}$，且使得对每个既不是源点也不是收点的顶点 j，都满足**流量守恒**：

$$\sum_{i \in V} F_{ij} = \sum_{i \in V} F_{ji}$$

其中，F_{ij} 称为流 F 在边 (i, j) 上的**流量**，$\sum_{i \in V} F_{ij}$ 称为顶点 j 的**流入量**，$\sum_{i \in V} F_{ji}$ 称为 j 的**流出量**。

例 6.10　（原油管道运输网络）图 6.20（a）是一个输油管道网络的有向图。原油在码头 a 卸下并通过网络泵送到炼油厂 z。顶点 b、c、d 和 e 表示中间泵站。有向边表示系统的子管道并表明了原油能够流动的方向。边上的标记表明了子管道的通过能力。问题是找出一个方法来最大化从码头到炼油厂的流并计算出这个最大流的流量。

显然，图 6.20（a）是一个运输网络，源点是顶点 a，收点是顶点 z。给此网络定义一个流：

$$F_{ab} = 2 ，\quad F_{bc} = 2 ，\quad F_{cz} = 3 ，\quad F_{ad} = 3 ，\quad F_{dc} = 1 ，\quad F_{de} = 2 ，\quad F_{ez} = 2 ，$$

并将图 6.20（a）的网络重画于图 6.20（b）中，如果边 e 的容量是 x，流量是 y，则 e 标记为 "x, y"。本节都将使用这种标记法。

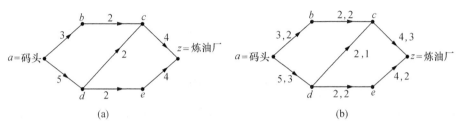

图 6.20　一个运输网络

从图 6.20（b）可以看出，顶点 d 的流入量 $F_{ad} = 3$，与顶点 d 的流出量 $F_{dc} + F_{de} = 1 + 2 = 3$ 相等，这表明原油在泵站 d 既不消耗也不补充，这就是流量守恒的含义。

注意，在图 6.20（b）中，源点 a 的流出量 $F_{ab} + F_{ad}$，与收点 z 的流入量 $F_{cz} + F_{ez}$ 相等。下面的定理说明源点的流出量等于收点的入量总是成立的。

定理 6.6　给定网络中的一个流 F，源点 a 的流出量等于收点 z 的流入量，即

$$\sum_{i \in V} F_{ai} = \sum_{i \in V} F_{iz}$$

证明　设 V 是顶点集，则

$$\sum_{j \in V} \left(\sum_{i \in V} F_{ij} \right) = \sum_{j \in V} \left(\sum_{j \in V} F_{ji} \right)$$

这是因为等式的每一边都是 F_{ij} 对所有 $i, j \in V$ 求和。

又因为对所有的 $i \in V$，$F_{zi} = 0 = F_{ia}$，并且根据流量守恒原则，有

$$\sum_{i \in V} F_{ij} - \sum_{i \in V} F_{ji} = 0 ，\quad j \in V - \{a, z\}$$

所以

$$
\begin{aligned}
0 &= \sum_{j \in V} \left(\sum_{i \in V} F_{ij} - \sum_{i \in V} F_{ji} \right) \\
&= \left(\sum_{i \in V} F_{iz} - \sum_{i \in V} F_{iz} \right) + \left(\sum_{i \in V} F_{iz} - \sum_{i \in V} F_{ai} \right) + \sum_{\substack{j \in V \\ j \neq a, z}} \left(\sum_{i \in V} F_{ij} - \sum_{i \in V} F_{ji} \right) \\
&= \sum_{i \in V} F_{iz} - \sum_{i \in V} F_{ai}
\end{aligned}
$$

设 F 是网络 G 的流，一般地，我们称值 $\displaystyle\sum_{i \in V} F_{ai} = \sum_{i \in V} F_{iz}$ 为流 F 的**流量**。显然，图 6.20（b）表示的网络流 F 的流量是 5。

例 6.11（泵送网络）图 6.21（a）表示一个泵送网络。在网络中，两个城市 A 和 B 的水由 3 口井 w_1，w_2 和 w_3 供给。中间的容量表示在边上。顶点 b，c 和 d 表示中间泵站。为了将这个系统模型化为一个运输网络，需要给出源点和收点。为此，可以将所有的源点合并成一个**超源点**，将所有的收点合并成一个**超收点**，从而得到一个等价的运输网络，如图 6.21（b）

所示。在图 6.21（b）中，∞ 表示无限的容量。

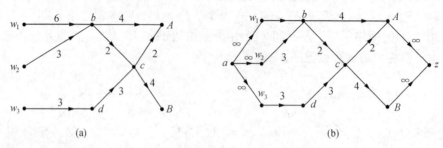

(a)   (b)

图 6.21　一个泵送网络

例 6.12　（**交通流网络**）从城市 A 到城市 C 可以直达，也可以经过城市 B。在下午 6：00 至 7：00 间，平均行驶时间是 A 到 B 需 15min，B 到 C 需 30min，A 到 C 需 30min。而路的最大容量是 A 到 B 为 3000 辆车，B 到 C 为 2000 辆车，A 到 C 为 4000 辆车。请将下午 6：00 至 7：00 间从 A 到 C 的交通流表示为网络。

解　用顶点表示特定时刻的城市。如果可以在下午 t_1 时刻离开城市 X 并在下午 t_2 时刻再到达城市 Y，则有一条边把 (X, t_1) 连接到 (Y, t_2)。边的容量是路的容量。无限容量的边把 (A, t_1) 连接到 (A, t_2)，把 (B, t_1) 连接到 (B, t_2) 表示任何数量的汽车可在城市 A 或城市 B 等待。最后，引入一个超源点和一个超收点，得到如图 6.22 所示的运输网络。

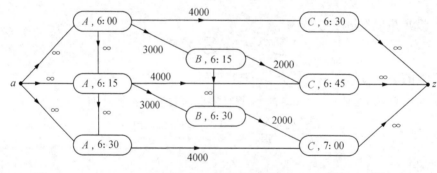

图 6.22　一个交通流网络

网络流也被用在设计高效的计算机网络上。在计算机网络的模型中，顶点是信息中心或交换中心，边表示顶点间传送数据的信道。流表示信道上每秒钟传送的平均比特数，边的容量是对应信道的容量。

6.3.2　最大流算法

如果图 G 是运输网络，G 中的最大流是流量最大的流。在本小节中，给出一个寻求最大流的算法。基本思想很简单——从某个初始流开始，反复地增加流的流量直到不能再增加为止，最后得到的流就是一个最大流。

初始流可以取为每条边上的流量都是零的流。为了增加一个已知流的流量，必须找出一条从源点到收点的路径，并沿着这条路径增加这个流。

设 $P = (a, b, \cdots, z)$ 是运输网络 G 的底图中一条从 a 到 z 的路径（本小节中，说运输网络的路径实际上都是关于底图的）。如果 P 中的一条边 e 的方向是从 v_{i-1} 指向 v_i，就称 e（相对于 P）是**正向的**；否则，称 e（相对于 P）是**反向的**。例如，在图 6.20（b）中，路径 (a, b, c, z) 中的每条边都是正向的，路径 (a, b, c, d, e, z) 中的边 (c, d) 是反向的，其他的边都是正向的。

例 6.13 考虑图 6.23（a）中从 a 到 z 的路径 P，它的所有边都是正向的。这个网络中流的流量可以增加 1，如图 6.23（b）所示。

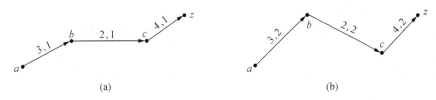

图 6.23 所有边都是正向边的路径

例 6.14 考虑图 6.24（a）中从 a 到 z 的路径 P，其中，边 (a, b)，(c, d) 和 (d, z) 是正向的，而边 (c, b) 是反向的。

将反向边 (c, b) 的流量减少 1 并将正向边 (a, b)，(c, d) 和 (d, z) 的流量增加 1（见图 6.24（b））。所得的新流的流量比原来流的流量大 1。

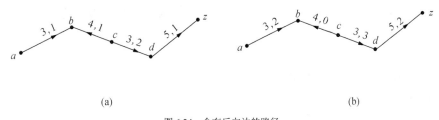

图 6.24 含有反向边的路径

可将例 6.13 和例 6.14 的方法总结为定理 6.7。

定理 6.7 设 P 是运输网络 G 中从 a 到 z 的满足以下条件的一条路径：

（1）对 P 中的每条正向边 (i, j)，都有 $F_{ij} < C_{ij}$。

（2）对 P 中的每条反向边 (i, j)，都有 $0 < F_{ij}$。

记 $\Delta = \min X$，其中，X 是由 P 中所有正向边 (i, j) 对应的数 $C_{ij} - F_{ij}$ 和 P 中所有反向边 (i, j) 对应的数 F_{ij} 组成。定义

$$
F_{ij}^* = \begin{cases} F_{i,j} & \text{如果 } (i, j) \text{ 不在 } P \text{ 中} \\ F_{ij} + \Delta & \text{如果 } (i, j) \text{ 在 } P \text{ 中且是正向的} \\ F_{ij} - \Delta & \text{如果 } (i, j) \text{ 在 } P \text{ 中且是反向的} \end{cases}
$$

则 F^* 是一个流量比 F 的流量大 Δ 的流。

证明 设 x 是路径 P 中非源点非收点的顶点（见图 6.25）。与 x 关联的边 e_1 和 e_2 的朝向有

4 种可能的情况。（a）边 e_1 和 e_2 都是正向的，这时将这两条边每条边上的流量增加 Δ，则 x 的流入量仍然等于 x 的流出量；（b）边 e_2 为正向而 e_1 为反向，这时将 e_2 的流量增加 Δ，同时将 e_1 的流量减少 Δ，则 x 的流入量仍然等于 x 的流出量；（c）边 e_1 为正向而 e_2 为反向，此时与情况（b）相似，只不过是将 e_1 的流量增加 Δ 而将 e_2 的流量减少 Δ；（d）边 e_1 和 e_2 都是反向的，此时与情况（a）相反，是将这两条边上的流量都减少 Δ。在每种情况，最后得到的每条边上的赋值都给出一个流。

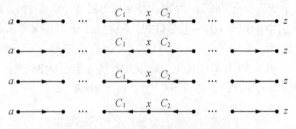

图 6.25　与点 x 关联的两条边的 4 种可能朝向

因为 P 中的第一条边必定是正向边，所以其上的流量增加了 Δ，因此 F^* 的流量比 F 的流量大 Δ。

下一节将说明如果没有路径满足定理 6.7 的条件，则流是最大的。这样，可以以定理 6.7 为基础构造一个算法，称为**标号算法**。其基本步骤如下。

（1）从一个流开始（例如，每条边上的流量都是 0 的流）。

（2）寻找一条满足定理 6.7 条件的路径。如果这样的路径不存在，停止；流是最大流。

（3）将流过这条路径的流量增加 Δ，其中，Δ 如定理 6.7 中所定义，转（2）。

标号算法：用来求运输网络的最大流，其中运输网络每条边的容量是非负数。

输入：源点 a、收点 z、容量 C、顶点 $a = v_0$，$\cdots$，$v_n = z$ 的网络和顶点数 n。

输出：一个最大流 F。

1.　**procedure** max_flow(a，z，C，V，n)

　　　　// v 的标号是（predecessor(v），val(v)）

2.　　　**for** 每条边(i，j) **do**　　//第 2～4 行给每条边赋初始流——零流

3.　　　　　F_{ij}：=0

4.　　　**end**　*for*

5.　　　**while true do**

6.　　　　**for**　i=0 **to** n **do**　　//第 6～9 行删除所有标号

7.　　　　　predecessor (v_i) = null

8.　　　　　val (v_i) =null

9.　　　　**end**　*for*

10.　　　predecesso (a) =−1　　//第 10～11 行标号顶点 a

11.　　　val (a) = ∞

12.　　　U = {a}　　　//U 是已标号且未被检查的顶点集合

　　　　//第 13～34 行给所有顶点标号直到 z 被标号

13.　　　**while** val (z)　= null **do**

14.　　　　**if**　$U = \phi$ **then**　　//此时流是最大的

15.　　　　　**return** (F)

16.　　　　**end**　*if*

17.　　　　从 U 中任意选择一个顶点 v

18.　　　　　　$U = U - \{v\}$

19.　　　　　　$\Delta = val(v)$

　　　　　//第 20～33 行检查与顶点 v 相邻接且未标号的顶点

20.　　　　　　**for** 每条满足 $val(w) = null$ 的边 (v, w) **do**

21.　　　　　　　**if** $F_{vw} < C_{uw}$ **then**

22.　　　　　　　　predecessor $(w) = v$

23.　　　　　　　　$val(w) = \min\{\Delta, C_{vw} - F_{vw}\}$

24.　　　　　　　　$U = U \bigcup \{w\}$

25.　　　　　　　**end** *if*

26.　　　　　　**end** *for*

27.　　　　　　**for** 每条满足 $val(w) = null$ 的边 (w, v) **do**

28.　　　　　　　**if** $F_{wv} > 0$ **then**

29.　　　　　　　　predecessor $(w) = v$

30.　　　　　　　　$Val(w) = \min\{\Delta, F_{wv}\}$

31.　　　　　　　　$U = U \bigcup \{w\}$

32.　　　　　　　**end** *if*

33.　　　　　　**end** *for*

34.　　　　**end** *while*

　　　　//第 35～41 行找一条用来修正它上面流量的从 a 到 z 的路径 P

35.　　　　$w_0 = z$

36.　　　　$k = 0$

37.　　　　**while** $w_k \neq a$ **do**

38.　　　　　　$w_{k+1} = predecessor(w_k)$

39.　　　　　　$k = k + 1$

40.　　　　**end** *while*

41.　　　　$P = (w_k, w_{k+1}, \cdots, w_1, w_0)$

42.　　　　$\Delta = val(z)$

43.　　　　**for** $i = 1$ **to** k **do**

44.　　　　　　$e = (w_i, w_{i-1})$

45.　　　　　　**if** e 是 P 中的正向边 **then**

46.　　　　　　　　$F_e = F_e + \Delta$

47.　　　　　　**else**

48.　　　　　　　　$F_e = F_e - \Delta$

49.　　　　　　**end** *if*

50.　　　　**end** *for*

51.　　**end** *while*

52. **end** *max_flow*

例 6.15 用标号算法求解图 6.20（a）的最大流。

解 在本讨论中，如果顶点v满足

$$\text{predecessor}(v) = p \text{ 且 val}(v) = t$$

就在图上将v的标号表示为(p, t)。

在第1～2行，将流初始化为在每条边上都为0（见图6.26（a））。然后，在第6～9行把所有的标号都置为null。接着，在第10行和第11行将顶点a标号为$(-1, \infty)$。在第12行置$U = \{a\}$。然后进入while循环（第13行）。因为z没有被标号且U非空，所以转到第17行，在这里从U中选择顶点a并在第18行将它从U中删去。此时，$U = \phi$。在第19行置Δ为∞（因为$\text{val}(a) = \infty$）。在第20行，因为b和d都没有被标号，所以检查边(a, b)和(a, d)。对于边(a, b)，有

$$F_{ab} = 0 < C_{ab} = 3$$

在第22行和第23行，因为

$$\text{predecessor}(b) = a$$

且

$$\text{val}(b) = \min\{\Delta, 3-0\} = \min\{\infty, 3-0\} = 3,$$

所以把顶点b标号为$(a, 3)$。在第24行，将b添加到U中。类似地，把顶点d标号为$(a, 5)$并把d添加到U中。此时，$U = \{b, d\}$。

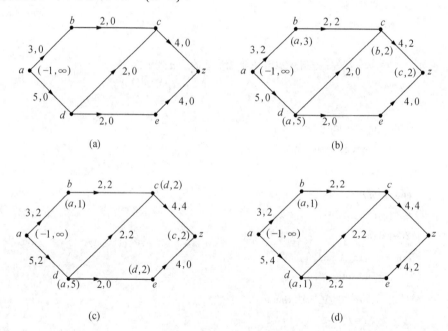

图6.26 用标号算法求最大流

然后回到while循环的开始处（第13行）。因为z没有被标号且U非空，所以转到第17行，在这里从U中选择一个顶点。假设选择b。在第18行从U中删去b。在第19行置Δ为3（因为$\text{val}(b) = 3$）。在第20行检查边(b, c)。因为

$$\text{predecessor}(c) = b,$$

且

$$\text{val}(c) = \min\{\Delta, 2-0\} = \min\{\infty, 2-0\} = 2$$

所以在第 22 行和第 23 行将顶点 c 标号为 $(b, 2)$。在第 24 行将 c 添加到 U 中。此时，$U = \{c, d\}$。

然后回到 while 循环的开始处（第 13 行）。因为 z 没有被标号且 U 非空，所以转到第 17 行，在这里从 U 中选择一个顶点。假设选择 c。在第 18 行从 U 中删去 c。在第 19 行置 Δ 为 2（因为 $val(c) = 2$）。在第 20 行检查边 (c, z)。在第 22 行和第 23 行将顶点 z 标号为 $(c, 2)$。在第 24 行将 z 添加到 U 中。此时，$U = \{d, z\}$。

然后回到 while 循环的开始处（第 13 行）。因为 z 已经被标号了，所以转到第 35 行。在第 35～41 行，通过从 z 出发追踪前驱，找到从 a 到 z 的路径

$$P = (a, b, c, z)$$

在第 42 行置 Δ 为 2。因为 P 中的每条边都是正向的，所以在第 46 行将 P 中每条边上的流量增加 $\Delta = 2$ 便得到图 6.26（b）。

然后回到 while 循环的开始处（第 5 行）。接着，在第 6～9 行将所有的标号置为 null。然后，在第 10 行和第 11 行将顶点 a 标号为 $(-1, \infty)$。在第 12 行置 $U = \{a\}$。然后进入 while 循环（第 13 行）。

因为 z 没有被标号且 U 非空，所以转到第 17 行，在这里从 U 中选择顶点 a 并在第 18 行将它从 U 中删去。在第 22 行和第 23 行将顶点 b 标号为 $(a, 1)$，并将顶点 d 标号为 $(a, 5)$。将 b 和 d 添加到 U 中，结果 $U = \{b, d\}$。

然后回到 while 循环的开始处（第 13 行）。因为 z 没有被标号且 U 非空，所以转到第 17 行，在这里从 U 中选择一个顶点。假设选择 b，在第 18 行中从 U 中删去 b，在第 20 行检查边 (b, c)。因为 $F_{bc} = C_{bc}$，所以此时不标号顶点 c。现在，$U = \{d\}$。

然后回到 while 循环的开始处（第 13 行）。因为 z 没有被标号且 U 非空，所以转到第 17 行，在这里从 U 中选择顶点 d，并在第 18 行中从 U 中删去 b，在第 22 行和第 23 行将顶点 c 标号为 $(d, 2)$，并将顶点 e 标号为 $(d, 2)$。将 c 和 e 添加到 U 中，结果 $U = \{c, e\}$。

然后回到 while 循环的开始处（第 13 行）。因为 z 没有被标号且 U 非空，所以转到第 17 行，在这里从 U 中选择顶点。假设在 U 中选择 c 并在第 18 行中从 U 中删去。在第 22 行和第 23 行将顶点 z 标号为 $(c, 2)$ 将 z 添加到 U 中，结果 $U = \{z, e\}$。

然后回到 while 循环的开始处（第 13 行）。因为 z 已经被标号了，所以转到第 35 行。在第 41 行找到

$$P = (a, d, c, z)$$

因为 P 中的每条边都是正向的，所以在第 46 行将 P 中每条边上的流量增加 $\Delta = 2$，得到图 6.26（c）。再进行一轮的迭代，又可以找到从 a 到 z 的路径

$$P = (a, d, e, z)$$

其中，顶点 a，d，e，z 的标号分别是 $(-1, \infty)$, $(a, 3)$, $(d, 2)$, $(c, 2)$。

将 P 中每条边上的流量增加 $\Delta = 2$。然后回到 while 循环的开始处（第 5 行）。接着，在第 6～9 行将所有的标号置为 null。然后，在第 10 行和第 11 行将顶点 a 标号为 $(-1, \infty)$。在第 12 行置 $U = \{a\}$。然后回到 while 循环的开始处（第 13 行）。

因为 z 没有被标号且 U 非空，所以转到第 17 行，在这里从 U 中选择顶点 a 并在第 18 行将它从 U 中删去。在第 22 行和第 23 行将顶点 b 标号为 $(a, 1)$，并将顶点 d 标号为 $(a, 1)$。将 b 和 d 添加到 U 中，结果 $U = \{b, d\}$。

　　然后回到 while 循环的开始处（第 13 行）。因为 z 没有被标号且 U 非空，所以转到第 17 行，在这里从 U 中选择顶点 d 并在第 18 行中从 U 中删去。在第 20 行检查边 (d, c) 和 (d, e)。因为 $F_{dc} = C_{dc}$ 且 $F_{de} = C_{de}$，所以，顶点 c 和顶点 e 都不标号。现在，$U = \phi$。

　　然后回到 while 循环的开始处（第 13 行）。因为 z 没有被标号且 U 非空，所以算法停止。最后的图为图 6.26（d），此时的流是最大的，值为 6。

6.3.3　最大流最小割定理

　　本小节将说明标号算法停止时，网络的流是最大的。为此，先介绍网络的割和割的容量。

　　定义 6.17　运输网络 G 中的**割** $(P, \overline{P})$ 由顶点子集 P 和 P 的余集 $\overline{P}$ 组成，满足 $a \in P$，$z \in \overline{P}$，**割的容量**是数 $C(P, \overline{P}) = \sum\limits_{i \in P} \sum\limits_{j \in \overline{P}} C_{ij}$，容量最小的割称为**最小割**。

　　例 6.16　图 6.26（d）表明了一个特定网络在标号算法停止时的标号。如果用 $P(\overline{P})$ 表示被标号（未被标号）的顶点的集合，就得到图 6.27 所示的割（我们可以通过画一条虚线将顶点划分开来表示割）。该割的容量是 $C_{bc} + C_{dc} + C_{de} = 6$，等于流的流量。

　　例 6.17　考虑如图 6.28 所示的网络 G。如果令 $P = \{a, b, d\}$，则 $\overline{P} = \{c, e, f, z\}$ 且 $(P, \overline{P})$ 是 G 中的一个割，该割的容量是 $C_{bc} + C_{de} = 8$。它的流的流量 5 小于割的容量 8。

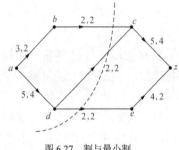

图 6.27　割与最小割

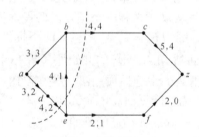

图 6.28　割与最小割

　　下面的定理 6.8 说明任意一个割的容量总是大于或等于任意一个流的流量。

　　定理 6.8　设 F 是网络 G 的流，$(P, \overline{P})$ 是 G 的割，则 $(P, \overline{P})$ 的容量大于或等于 F 的流量，即

$$\sum_{i \in P} \sum_{j \in \overline{P}} C_{ij} \geqslant \sum_{i \in V} F_{ai}$$

　　证明　注意

$$\sum_{j \in P} \sum_{i \in P} F_{ji} = \sum_{j \in P} \sum_{i \in P} F_{ij}$$

这是因为等式的每一边都是 F_{ij} 对所有 $i, j \in P$ 求和。于是

$$
\begin{aligned}
\sum_{i \in V} F_{ai} &= \sum_{i \in V} F_{ai} - \sum_{i \in V} F_{ia} + \sum_{j \in P, j \neq a} \left(\sum_{i \in V} F_{ji} - \sum_{i \in V} F_{ij} \right) \\
&= \sum_{j \in P} \sum_{i \in V} F_{ji} - \sum_{j \in P} \sum_{i \in V} F_{ij} \\
&= \sum_{j \in P} \sum_{i \in P} F_{ji} + \sum_{j \in P} \sum_{i \in \overline{P}} F_{ji} - \sum_{j \in P} \sum_{i \in P} F_{ij} - \sum_{j \in P} \sum_{i \in \overline{P}} F_{ij}
\end{aligned}
$$

$$= \sum_{j \in P} \sum_{i \in P} F_{ji} - \sum_{j \in P} \sum_{i \in P} F_{ij} \leqslant \sum_{j \in P} \sum_{i \in P} F_{ji} \leqslant \sum_{j \in P} \sum_{i \in P} C_{ij}$$

从定理 6.8 的证明过程不难得到如下结论。

定理 6.9（最大流最小割定理） 设 F 是运输网络 G 的流，$(P, \overline{P})$ 是 G 的割。如果 $\sum_{i \in P} \sum_{j \in \overline{P}} C_{ij} = \sum_{i \in V} F_{ai}$ 成立，则流是最大的且割是最小的。而且，$\sum_{i \in P} \sum_{j \in \overline{P}} C_{ij} = \sum_{i \in V} F_{ai}$ 成立当且仅当对 $i \in P, j \in \overline{P}$ 有 $F_{ij} = C_{ij}$，对 $i \in \overline{P}, j \in P$ 有 $F_{ij} = 0$。

在图 6.27 中，流的流量和割的容量都是 6，所以，流是最大的且割是最小的。

定理 6.10 如果 $P(\overline{P})$ 是标号算法停止时被标号的（未被标号的）顶点的集合，则割 $(P, \overline{P})$ 是最小，流是最大的。

证明 设 $P(\overline{P})$ 是标号算法停止时 G 的被标号的（未被标号的）顶点集合，显然，源点 a 在 P 中且收点 z 在 $\overline{P}$ 中，所以 $(P, \overline{P})$ 是一个割。

考虑边 (i, j)，其中 $i \in P$，$j \in \overline{P}$。因为 i 被标号了，所以一定有

$$F_{ij} = C_{ij}$$

否则，应该在第 22 行和第 23 行标号 j。对于边 (j, i)，其中 $j \in \overline{P}$，$i \in P$。因为 i 被标号了，所以一定有

$$F_{ji} = 0$$

否则，应该在第 29 行和第 30 行标号 j。这样，根据定理 6.9，$\sum_{i \in P} \sum_{j \in \overline{P}} C_{ij} = \sum_{i \in V} F_{ai}$，即标号算法停止时的流是最大的且割 $(P, \overline{P})$ 是最小的。

习题 6.3

1. 图 6.29 表示一个泵送网络。在网络中，3 个炼油厂 A，B，C 的原油由 3 口井 w_1，w_2，w_3 供给。中间系统的容量表示在边上，顶点 b，c，d，e，f 表示中间泵站。将这个系统模型化为一个运输网络。

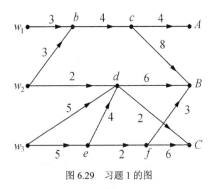

图 6.29 习题 1 的图

2. 在图 6.30(a)～图 6.30(c)中，给出了网络中一条从源点 a 到收点 z 的路径。求通过改变

路径中每条边上的流量所能达到的最大可能增量。

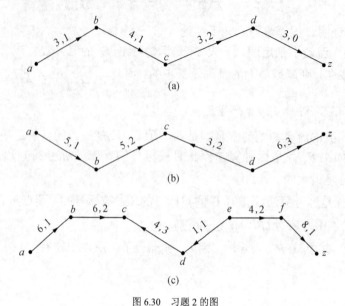

图 6.30　习题 2 的图

3．求图 6.21、图 6.22 的最大流和最小割。

4．求图 6.31 的最大流和最小割。

5．如果 F 是网络 G 的一个流，$(P,\ \overline{P})$ 是 G 的一个割且 $(P,\ \overline{P})$ 的容量大于流 F 的流量，则割 $(P,\ \overline{P})$ 不是最小的且流 F 不是最大的。如果成立，请证明它；否则，举出一个反例。

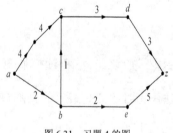

图 6.31　习题 4 的图

在习题 6～10 中，假设网络 G 除了有非负容量 C_{ij} 外，还有非负最小边流量条件 m_{ij}，即对所有的边 $(i,\ j)$，流 F 必须满足

$$m_{ij} \leqslant F_{ij} \leqslant C_{ij}$$

6．定义

$$C(P,\ \overline{P}) = \sum_{i \in P}\sum_{j \in \overline{P}} C_{ij},\quad C(\overline{P},\ P) = \sum_{i \in \overline{P}}\sum_{j \in P} C_{ij}$$

$$m(P,\ \overline{P}) = \sum_{i \in P}\sum_{j \in \overline{P}} m_{ij},\quad m(\overline{P},\ P) = \sum_{i \in \overline{P}}\sum_{j \in P} m_{ij}$$

证明任意一个流的流量 $\sum F$ 对任意一个割 $(P,\ \overline{P})$ 满足

$$m(P,\ \overline{P}) - C(\overline{P},\ P) \leqslant \sum F \leqslant C(P,\ \overline{P}) - m(\overline{P},\ P)$$

7．证明如果 G 中存在流，则 G 中存在流量为

$$\min\{C(P,\ \overline{P}) - m(\overline{P},\ P) \mid (P,\ \overline{P}) \text{是} G \text{中的割}\}$$

的最大流。

8．假设 G 有初始流 F，设计一个求 G 的最大流的算法。

9．证明如果 G 中存在流，则 G 中存在流量为

$$\max\{m(P,\ \overline{P}) - C(\overline{P},\ P) \mid (P,\ \overline{P}) \text{是} G \text{中的割}\}$$

的最小流。

10. 假设 G 有初始流 F，设计一个求 G 的最小流的算法。

6.4　匹　　配

在本节中，考虑将一个集合中的元素与另一个集合中的元素匹配的问题。

例 6.18　假设 4 个人 A，B，C 和 D 申请 5 个工作岗位 J_1，J_2，J_3，J_4 和 J_5。如果申请人 A 能胜任工作 J_2 和 J_5，申请人 B 能胜任工作 J_2 和 J_5，申请人 C 能胜任工作 J_1，J_3，J_4 和 J_5，申请人 D 能胜任工作 J_2 和 J_5，问可能为每个申请人都找到一份工作吗？

这种匹配问题可以用图 6.32 所示的有向二部图来建立模型。顶点代表申请人和工作。一条边把一个申请人连接到这个申请人所能胜任的一个工作上。通过考虑胜任工作 J_2 和 J_5 的申请人 A，B 和 D，就可以说明不可能为每个申请人匹配一个工作。如果 A 和 B 被分配了工作，则没有剩余的工作分配给 D。所以，不存在 A，B，C 和 D 的工作分配。

定义 6.18　设 G 是有向二部图，V 和 W 是相应的两个顶点集，所有边的方向都是从 V 指向 W。G 的一个**匹配**是一个没有公共顶点的边的集合 M；G 的**最大匹配**是包含了最多数量的边的匹配 M；G 的**完全匹配**是具有如下性质的匹配 M：如果 $v \in V$，则有某个 $w \in W$，使得 $(v, w) \in M$。

例 6.19　（1）在图 6.32 中，$M_1 = \{<B, J_5>, <C, J_3>\}$ 是一个匹配，表示一些人找到工作；$M_2 = \{<A, J_2>, <B, J_5>, <C, J_3>\}$ 是一个最大匹配，表示最大数量的人找到工作；例 6.18 已经说明不可能每个人都找到工作，所以，图 6.32 没有完全匹配。

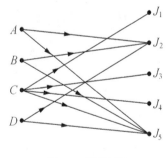

图 6.32　匹配问题

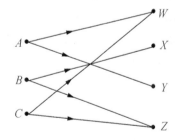

图 6.33　具有完全匹配的例子

（2）在图 6.33 中，$M = \{<A, X>, <B, Z>, <C, W>\}$ 是一个完全匹配。

匹配问题可以归结为一个运输网络的最大流问题，下面的例子说明如何将匹配问题转化为运输网络的最大流问题。

例 6.20（匹配网络）　把有向二部图 6.32 转换为运输网络。

解　指定图 6.32 中的每条边的容量为 1，然后添加超源点 a 和从 a 到 A，B，C，D 的容量为 1 的边。最后，引入超收点 z 和从 J_1，J_2，J_3，J_4，J_5 到 z 的容量为 1 的边。这样就得到一个运输网络，如图 6.34 所示，通常称这样的运输网络为**匹配网络**。

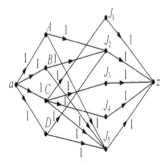

图 6.34　匹配网络

下面的定理将匹配问题与匹配网络上的流联系起来，这样，有了匹配网络，就可以通过求解匹配网络上的流来求解匹配问题。

定理 6.11 设 G 是匹配问题相应有向二部图，V 和 W 是相应的两个顶点集，所有边的方向都是从 V 指向 W。G' 为 G 的相应匹配网络，F 为 G' 的流。定义

$$M = \{<v, w>|v \in V, w \in W, G'\text{中}<v, w>\text{上的流量为}1\}$$

则

（1）M 是 G 的一个匹配。

（2）若 F 为 G' 的最大流，则 M 是 G 的最大匹配。

（3）若 F 的流量为 $|V|$，则 M 是 G 的完全匹配。

证明 设 $a(z)$ 是匹配网络的源点（收点），$<v, w> \in M$。

由于进入顶点 v 的唯一边是 $<a, v>$，而边 $<a, v>$ 上的流量是 1，所以以 v 的流出量也是 1，即 M 中以 v 为起点的边只能有一条，即 $<v, w>$。类似地，M 中以 w 为终点的边也只能有一条，即 $<v, w>$。所以，M 中的边没有公共顶点，从而，M 是 G 的一个匹配。

（2）和（3）可从以下事实得到：流 F 的流量等于匹配 M 中的边数。

因为一个最大流给出一个最大匹配，所以将标号算法应用于匹配网络可得到一个最大匹配。

例 6.21 定理 6.11 指出，可以通过匹配网络的流来求解匹配，同样，根据匹配也可以求出匹配网络的流。比如，例 6.19 的匹配 $M_2 = \{<A, J_2>, <B, J_5>, <C, J_3>\}$ 对应的匹配网络的流可以这样给定：指定匹配 $M_2 = \{<A, J_2>, <B, J_5>, <C, J_3>\}$ 中边的流量为 1，从顶点 A，B，C，D 到顶点 J_1，J_2，J_3，J_4 其他边的流量为 0。然后，根据流量守恒给出超源点 a 到顶点 A，B，C，D 的边的流量以及顶点 J_1，J_2，J_3，J_4 到超收点 z 的流量，如图 6.35 所示。因为 $M_2 = \{<A, J_2>, <B, J_5>, <C, J_3>\}$ 是最大匹配，所以，此时的流是也最大的。

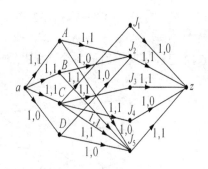

图 6.35 匹配网络的流

下面讨论完全匹配问题。设 G 是一个匹配问题的相应有向二部图，V 和 W 是相应的两个顶点集，所有边的方向都是从 V 指向 W，$S \subseteq V$，定义

$$R(S) = \{w \in W | v \in S \text{且} (v, w) \text{是} G \text{的边}\}$$

显然，若 G 有一个完全匹配，则有

$$|S| \leqslant |R(S)|$$

同时可以证明，如果对 V 的所有子集 S，都有 $|S| \leqslant |R(S)|$，则 G 有完全匹配。这个结果首先由英国数学家 Philip Hall 给出，所以被称为 Hall **婚配定理**。这是因为，如果 V 是男子的集合，W 是女子的集合，且如果 $v \in V$ 和 $w \in W$ 是合适的，则存在从 v 到 w 的边，那么，定理给出了每个男子都可以与一个合适的女子结婚的条件。

定理 6.12（Hall 婚配定理） 设 G 是一个匹配问题的相应有向二部图，V 和 W 是相应的两个顶点集，所有边的方向都是从 V 指向 W，则 G 存在完全匹配，当且仅当

$$|S| \leqslant |R(S)|, \quad \forall S \subseteq V$$

证明 必要性显然，下面证明充分性。

假设 $|S| \leqslant |R(S)|$ 对所有的 $S \subseteq V$ 成立。令 $n = |V|$ ，设 $(P, \overline{P})$ 是相应的匹配网络的一个最小割，如果能够说明这个割的容量是 n ，则最大流的流量就是 n ，对应于这个最大流的匹配将是一个完全匹配。

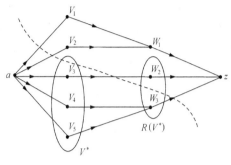

图 6.36 Hall 婚配定理

用反证法来证明。假设最小割 $(P, \overline{P})$ 的容量小于 n ，即边集 $E = \left\{ (x, y) \mid x \in P, y \in \overline{P} \right\}$ 中边的数量小于 n ，如图 6.36 所示。E 的每个成员是下面三种类型之一：

Ⅰ 型 边 ： (a, v) , $v \in V$ ； Ⅱ 型 边 ： (v, w) , $v \in V$, $w \in W$ ；Ⅲ型边： (w, z) , $w \in W$ 。所以，令 $V_1 = V \cap P$ ， $V_2 = V \cap \overline{P}$ ， $W_1 = R(V_1) \cap P$ ， $W_2 = R(V_2) \cap \overline{P}$ 。由于 Ⅰ 型边是从顶点 a 到 $V_2 = V \cap \overline{P}$ 的，所以 Ⅰ 型边的边数等于

$|V_2| = n - |V_1|$ 。Ⅲ型边是从 $W \cap P$ 到顶点 z ，由于

$$W_1 = R(V_1) \cap P \subseteq W \cap P$$

所以，E 中至少有 $|W_1|$ 条Ⅲ型边。这样，Ⅱ型边边数少于

$$n - (n - |V_1|) - |W_1| = |V_1| - |W_1|$$

因为 W_2 中的每个顶点都至少提供一条Ⅱ型边，所以

$$|W_2| < |V_1| - |W_1|$$

于是，

$$|R(V_1)| = |W_1| + |W_2| < |V_1|$$

与 $|S| \leqslant |R(S)|$ 对所有的 $S \subseteq V$ 成立矛盾。所以，完全匹配存在。

例 6.22 对于图 6.32，取 $S = \{A, B, D\}$ ，则 $R(S) = \{J_2, J_5\}$ ，且

$$|S| = 3 > 2 = |R(S)|$$

根据定理 6.12，图 6.32 没有完全匹配。

习题 6.4

1. 通过找出一个容量为 3 的最小割来证明图 6.35 中的流是最大的。

2. 求出对应于图 6.33 的流。通过找出一个容量为 3 的最小割来证明这个流是最大的。

3. 申请人 A 能胜任工作 J_1 和 J_4；B 能胜任工作 J_2 , J_3 和 J_6，C 能胜任工作 J_1 , J_3 , J_5 和 J_6，D 能胜任工作 J_1 , J_3 和 J_4，E 能胜任工作 J_1 , J_3 和 J_6。

（1）将这种情况模型化为匹配网络。

（2）用标号算法求出一个最大匹配。

（3）存在完全匹配吗？

4. 申请人 A 能胜任工作 J_1 , J_2 和 J_4；B 能胜任工作 J_3 , J_4 , J_5 和 J_6；C 能胜任工作 J_1

和 J_5；D 能胜任工作 J_1，J_3，J_4 和 J_8；E 能胜任工作 J_1，J_2，J_4，J_6 和 J_8；F 能胜任工作 J_4 和 J_6；G 能胜任工作 J_3，J_5 和 J_7。

（1）将这种情况模型化为匹配网络。

（2）用标号算法求出一个最大匹配。

（3）存在完全匹配吗？

5．5 个学生 V，W，X，Y 和 Z 是 4 个委员会 C_1，C_2，C_3 和 C_4 的成员。C_1 的成员是 V，X 和 Y；C_2 的成员是 X 和 Z；C_3 的成员是 V，Y 和 Z；C_4 的成员是 V，W，X 和 Z。每个委员会向政府部门派出一个代表，但一个学生不能代表两个委员会。

（1）将这种情景模型化为匹配网络。

（2）怎样解释最大匹配？

（3）怎样解释完全匹配？

（4）用标号算法求出一个最大匹配。

（5）存在完全匹配吗？

6．"任何一个匹配都包含在一个最大匹配中"这句话是否正确？如果正确，证明之；如果不正确，给出一个反例。

第 6 章上机练习

编写下列程序并计算至少一个算例

1．给定一个有向图的邻接矩阵，编程求它的可达矩阵并判断：它是否弱连通的？是否是单向连通的？是否是强连通的？若不连通，求出相应的连通分图个数。

2．编写一个程序，接受一个根树和树上的一个顶点 v。

（1）找出 v 的父结点。　　　　　　（2）找出 v 的祖先结点。

（3）找出 v 的子结点。　　　　　　（4）找出 v 的后代结点。

（5）找出 v 的兄弟结点。　　　　　　（6）确定 v 是否为叶结点。

3．编写一个程序来产生所有有 n 个顶点的二叉树。

4．编写一个程序，接受字符串并将它们放到一个二叉搜索树上，而且要求这个二叉树的高度最低。

5．将 Huffman 算法实现为程序，并根据字母的频率表，构造一个最佳前缀码。

6．随机输入 500～1000 个英文小写字母，保存为文本文件（ASCII 文件），然后设计和实现以下两个程序。

（1）压缩程序：用 Huffman 编码压缩文本文件成为二进制文件。

（2）解压缩程序：对压缩后的文件进行解压缩，还原为原始文件。

7．编写一个程序，接受带有给定流的有向网络作为输入，输出所有可能的从源点到收点的路径，使流可以在路径上面增加。

8．将标号算法实现为程序，使它既输出最大流也输出最小割。

9．编写一个程序，将匹配问题转化为运输网络问题，然后调用求最大流的程序，求最大匹配。

参 考 文 献

［1］ J.A.Dossey，A.D.Otto，L.E.Spence，C.V.Eynden（章炯民，王新伟，曹立译）. 离散数学，北京：机械工业出版社，2007.

［2］ R.Johnsonbaugh（石纯一，金滏等）. 离散数学，北京：人民邮电出版社，2003.

［3］ K.H.Rosen（袁崇义等）. 离散数学及其应用. 北京：机械工业出版社，2002.1.

［4］ S. Lipschutz，M.L. Lipson（林成森）. 2000 离散数学习题精解. 北京：科学出版社，2002.

［5］ 耿素云，屈婉玲. 离散数学. 北京：高等教育出版社，1998.

［6］ 傅彦. 离散数学基础及应用. 成都：电子科技大学出版社，2000.

［7］ 李滨. 离散数学. 成都：四川大学出版社，2003.

［8］ 魏晴宇等. 离散数学. 北京：中国人民大学出版社，1993.

［9］ Graham R L，Knuth D E and Patashnik O. *Concrete Mathematics*. 2nd ed.，Addison-Wesley，Reading，MA，1994.

［10］ Gries D and Schneider F B. *A Logical Approach to Discrete Math*. Springer-Verlag，New York，1993.

［11］ Gruska J. *Foundations of Computing*. International Thomsen Computer Press，London，1997.

［12］ Gross J L and Yellen J. *Graph Theory and Its Applications*. CRC press，BocaRaton，FL，1999.

［13］ Knuth D E. *The Art of Computer Programming*，Vol.III: *Sorting and Searching*. 2nd ed.，Addison-Wesley，Reading，MA，1998.

［14］ Craighurst R and Martin W. *Enhancing GA Performance through Crossover Prohibitions Based on Ancestry*. Proceedings of 6th International Conference On Genetic Algorithms，Morgan Kaufmann，San Mateo，CA，1995: 130-135.

［15］ Srinivas M Patnaik L M. *Adaptive Probabilities of Crossover and Mutation in Genetic Algorithms*. IEEE Transactions on Systems，Man，and Cybernetics，1994，24(4): 17.

［16］ Mühlenbein H and Schlierkamp-Vosen D. *Predictive Models for the Breeder Genetic Algorithm*，Evolutionary Computation，1993，1(1): 25-49.

［17］ Rosen C et al. *New Methods for Competitive convolution*，Evolutionary Computation，1997，5(1): 1-29.